U0243586

羊病类症鉴别与诊治彩色图谱

马玉忠　主编

化学工业出版社
·北京·

图书在版编目（CIP）数据

羊病类症鉴别与诊治彩色图谱 / 马玉忠主编．—北京：化学工业出版社，2021.1（2024.10重印）

ISBN 978-7-122-38036-4

Ⅰ．①羊…　Ⅱ．①马…　Ⅲ．①羊病-鉴别诊断-图谱
Ⅳ．①S858.26-64

中国版本图书馆CIP数据核字（2020）第244064号

责任编辑：邵桂林　　装帧设计：史利平
责任校对：宋　夏

出版发行：化学工业出版社（北京市东城区青年湖南街13号　邮政编码100011）
印　　装：涿州市般润文化传播有限公司
787mm×1092mm　1/16　印张15　字数389千字　　2024年10月北京第1版第4次印刷

购书咨询：010-64518888　　售后服务：010-64518899
网　　址：http://www.cip.com.cn
凡购买本书，如有缺损质量问题，本社销售中心负责调换。

定　　价：120.00元

本书编写人员名单

主　　编　马玉忠

副 主 编　汪恩强　牛国利　刘玉芝

　　　　　刘茂军　金东航　史书军

编写人员（按姓氏笔画排列）

王　星　王建强　牛旭东　牛国利

田梦悦　史书军　刘玉芝　刘若楠

刘茂军　李　可　邹东敏　汪恩强

张　婷　和建华　段景龙　金东航

侯铭源　宣超莹　聂祖荫　贾　丽

梁艳艳

前言

PREFACE

随着国民经济的快速发展和人们生活水平的不断提高，对畜产品的质量要求越来越高。羊肉富含蛋白质、矿物质和维生素，脂肪、胆固醇含量较低，是理想的营养保健食品。羊奶以其营养丰富、易于吸收等优点被视为乳品中的精品，被称为“奶中之王”，是世界上公认的最接近人奶的乳品。羊奶干物质中蛋白质、脂肪、矿物质含量均高于人奶和牛奶，乳糖低于人奶和牛奶。羊奶的脂肪颗粒体积为牛奶的三分之一，更利于人体吸收，并且长期饮用羊奶不会引起发胖。因而人们对羊肉和羊奶的需求量日益增多，这大大促进了养羊业的发展。近年来，规模化、集约化的大羊场不断出现，养羊业呈现出蓬勃发展之势。在养羊业的发展过程中，不可避免地伴随羊病的发生。为了有效地预防、诊断和治疗羊病，使羊的发病率和死亡率控制在最低程度，促进养羊业健康、稳定地发展，我们组织相关专家和一线工作人员，编写了《羊病类症鉴别与诊治彩色图谱》一书。

本书将养羊生产中一些常见传染病、寄生虫病、内科病、外科病、产科病、代谢病和中毒病等分门别类地列出，并配以大量高清彩图。本书最大的特点是：对每种病与其他疾病的相同点和不同点作了类症鉴别，能起到举一反三、触类旁通的效果，这为有效地预防和控制羊病打下了坚实的基础。

本书科学实用、简明扼要、图文并茂，可供养羊企业、养羊专业户、基层畜牧兽医工作者、羊场技术人员使用，也可为大专院校畜牧兽医专业学生、教师和科研人员提供参考。

本书的编写人员中，有来自河北省唐县的和建华、聂祖荫兽医师，曲阳县的王建强兽医师，山东省广饶县的牛国利兽医师，山东农业大学的牛旭东高级兽医师，江苏省农科院的刘茂军研究员，其余人员为来自河北农业大学的教授、博士生和硕士生。很多羊场为我们提供了大量的病例资料，同时我们也参考了大量的相关文献，听取了许多专家的意见，在此一并表示衷心的感谢。由于编者水平有限，书中疏漏之处在所难免，恳请各位专家和读者不吝赐教，给予指正。

本书得到国家重点研发计划子课题“绵羊营养代谢等普通病综合防控技术与安全用药技术集成与示范”（2018YFD0502106）资助。

编者

2020年12月

CONTENTS 目录

第一章 羊传染病的类症鉴别及诊治

第二章　羊寄生虫病的类症鉴别及诊治

第三章　羊内科病的类症鉴别及诊治

第四章　羊外科病的类症鉴别及诊治

第五章　羊产科病的类症鉴别及诊治

第六章　羊代谢病和中毒病的类症鉴别及诊治

参考文献

羊病类症相关视频目录

第一章　羊传染病的类症鉴别及诊治

一、炭疽

炭疽病是一种急性、败血性人兽共患传染病。绵羊、山羊可互相传染，绵羊更易感染。

【病原】

病原为炭疽杆菌，该菌为革兰氏阳性菌，在体内不形成芽孢，但在外界适宜的条件下可形成芽孢。形成芽孢的炭疽杆菌抵抗力非常强，在土壤中可存活10年以上。

【流行特点】

病羊排泄物、分泌物中含有大量的炭疽杆菌，健康羊采食了被污染的饲料、饮水，吸入带有炭疽芽孢的灰尘，被吸血昆虫叮咬等均可感染炭疽杆菌，皮肤破损也有感染的危险。以夏季多雨季节多发，呈散发或地方性流行。

【症状】

潜伏期一般1～5天。多呈急性经过，病羊突然倒地，全身抽搐、磨牙、呼吸困难（图1-1-1）。体温升高到40～42℃，从口腔、鼻、肛门等天然孔流出暗红色不易凝固的血液，数分钟内死亡，尸体很快发生膨胀腐败，尸僵不全。

【病理变化】

脾脏肿大（图1-1-2），全身淋巴结出血和肿大，内脏充血和出血（图1-1-3），皮下胶冻样水肿。对炭疽病羊尸体严禁剖检，应注意根据临床症状做出综合判断，以免误剖。

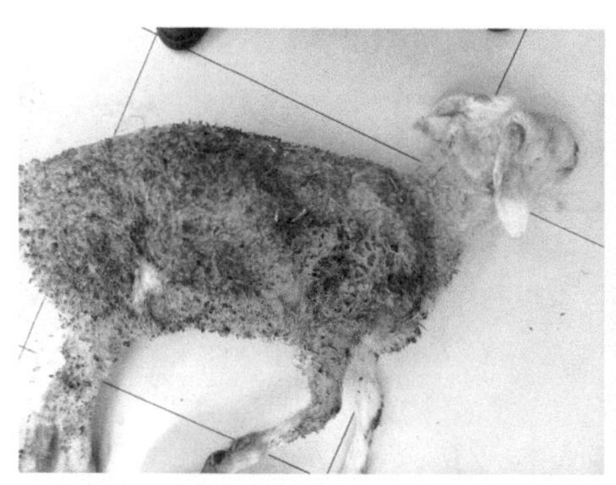

图1-1-1　病羊突然倒地，呼吸困难

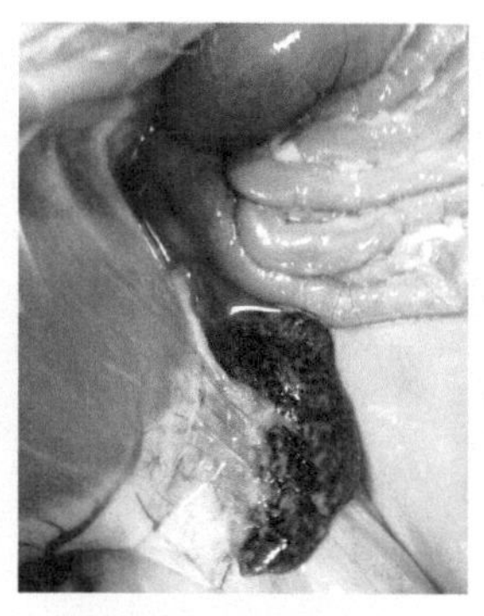

图1-1-2　脾脏肿大

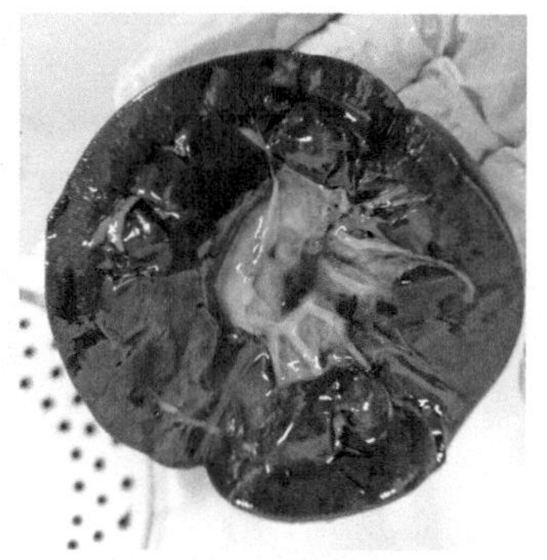

图1-1-3　肾脏充血

【诊断】

根据流行特点和症状进行诊断。

【类症鉴别】

1.与羊快疫鉴别

（1）相似点　在临床症状上相似，都是突然发病，病程短促，很快死亡。

（2）不同点　羊快疫类疾病发生于肥壮、膘情好的羊只；而炭疽导致羊只急性败血性消耗而使羊只消瘦、营养不良。患快疫病羊一般体温不高；患炭疽类病羊出现高热症状。患快疫病羊只见死亡不见症状，剖检时以皱胃黏膜呈出血性炎性损害为特征（图1-1-4）；患炭疽类病羊出现急性败血症。

2.与羊链球菌病鉴别

（1）相似点　都是突然发病，病程短促，很快死亡。

（2）不同点　患链球菌的病羊流鼻涕，咳嗽，呼吸困难，胆囊肿大，纤维素性肺炎（图1-1-5、图1-1-6）。患炭疽的病羊天然孔出血，分泌物、排泄物带血，血凝不良，尸僵不全，脾脏肿大。

图1-1-4　皱胃黏膜出血

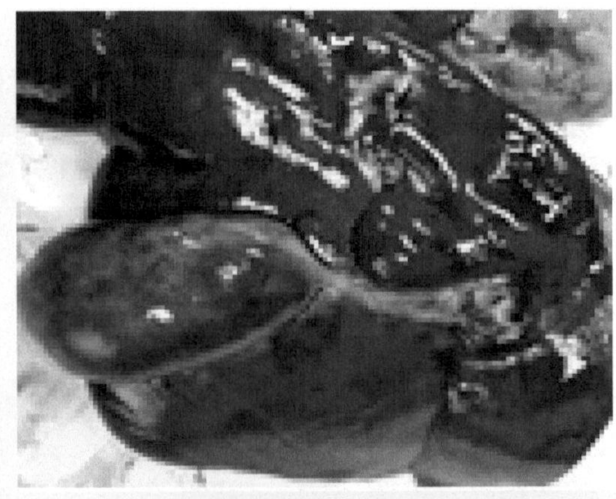

图1-1-5　胆囊肿大

图1-1-6　纤维素性肺炎

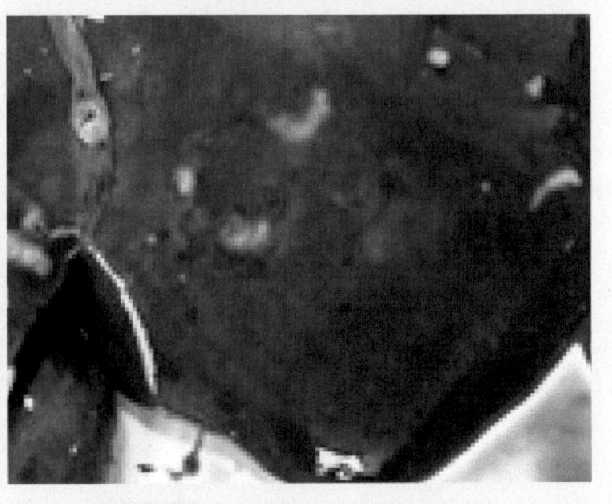

图1-1-7　肝表面的灰黄色坏死灶

3.与羊黑疫鉴别

（1）相似点　都是突然发病，病程短促，很快死亡。

（2）不同点　羊黑疫时，病羊死前不挣扎，剖检时肝脏坏死（图1-1-7）。患炭疽的病羊天然孔出血，分泌物、排泄物带血，血凝不良，尸僵不全，脾脏肿大。

4.与羊巴氏杆菌病鉴别

（1）相似点　都是突然发病，病程短促，很快死亡。

（2）不同点　患羊巴氏杆菌病的羊流脓性鼻液，咳嗽，呼吸困难，肺瘀血、水肿、出血（图1-1-8）。

胃肠道黏膜水肿、溃疡和弥漫性出血（图1-1-9、图1-1-10），腹泻，便中带血。

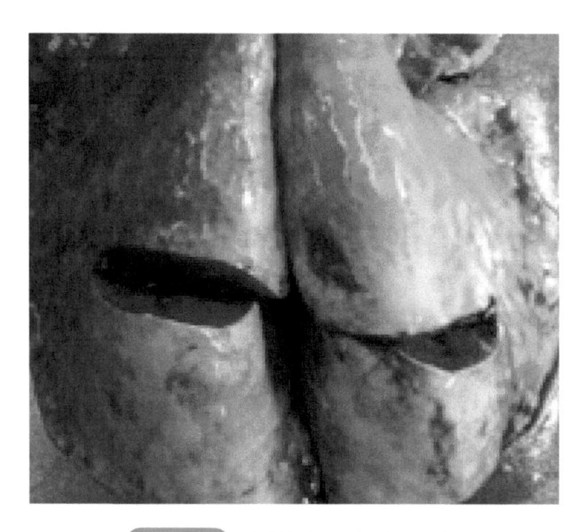

图1-1-8　肺瘀血、水肿、出血

图1-1-9　皱胃黏膜出血

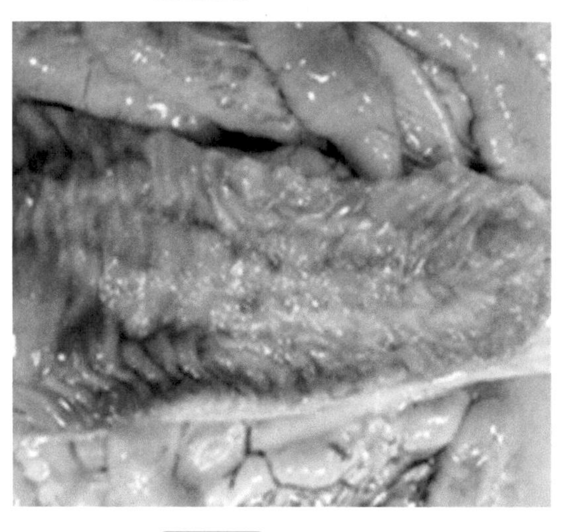

图1-1-10　肠黏膜出血

【防治】

1.预防

（1）免疫接种　在发生过炭疽病的地区，皮下注射炭疽2号芽孢苗1毫升，每年1次。

（2）隔离封锁、紧急接种　疾病发生时，应立即封锁发病场所，并及时报告当地兽医防疫部门。病羊的尸体及粪便、垫草和其他废弃物品，应进行焚烧或深埋，深埋地点应远离水源、道路及牧地。被病羊污染的圈舍、场地、饲具，用10%热碱液、20%～30%漂白粉溶液或0.2%升汞溶液消毒，以杀死芽孢。

2.治疗

病羊必须在严格隔离条件下进行治疗。炭疽杆菌对青霉素、链霉素、土霉素及氯霉素敏感，其中青霉素、链霉素最为常用。

（1）抗炭疽血清　30～60毫升，皮下或静脉注射，12小时后再注射1次。

（2）青霉素　第一次用160万单位，以后每隔4～6小时用80万单位，肌内注射。

（3）链霉素　200万单位，肌内注射，每日2次。

二、羊巴氏杆菌病

羊巴氏杆菌病又称羊出血性败血病，以败血症和肺炎为特征。

【病原】

病原为多杀性巴氏杆菌，该菌两端钝圆，中央微凸的革兰氏阴性短杆菌，一般存在于病羊的血液、内脏器官、淋巴结内。该菌对干燥、热和阳光敏感，用一般消毒剂在数分钟内可将其杀死。

【流行特点】

多发于幼龄绵羊，山羊不易感染。病羊和带菌羊是此病的传染源。病原随分泌物和排泄物排出体外，经呼吸道、消化道及损伤的皮肤而感染。本病的发生无明显季节性，呈地方性流行或散发。当饲养环境不佳、气候剧变、长途运输等使机体抵抗力降低，易使羊只发病。

【症状】

1.最急性型

多见于哺乳羔羊，突然发病，出现寒战、呼吸困难等症状，常于数分钟至数小时内死亡。

2.急性型

病羊精神沉郁，体温升高到41～42℃，咳嗽，鼻孔出血，有时混有黏液。初期便秘，后期腹泻，有时粪便全部变为血水。病羊常在严重腹泻后虚脱而死，病程2～5天。

3.慢性型

病羊消瘦，不思饮食，流脓性鼻液，咳嗽，呼吸困难（视频1-2-1）。有时颈部和胸下部发生水肿。角膜炎，腹泻。临死前极度衰弱，体温下降。病程可达3周。

视频1-2-1

扫码观看：羊巴氏杆菌病（慢性型，病羊消瘦，不思饮食，流脓性鼻液，咳嗽，呼吸困难）

【病理变化】

皮下有液体浸润和点状出血；胃肠道黏膜水肿、溃疡和弥漫性出血（图1-2-1、图1-2-2）；胸腔内有黄色渗出物；肺瘀血、水肿、出血（图1-2-3），常见纤维素性胸膜肺炎；肝脏肿胀、瘀血；心包积液，主要是黄色的混浊液体。

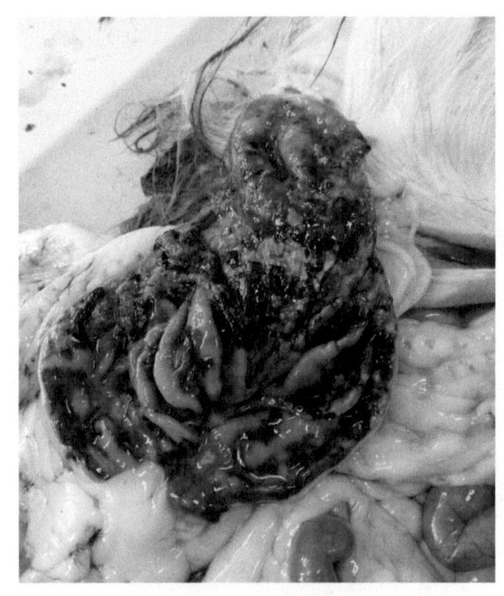

图1-2-1　皱胃黏膜出血

【诊断】

根据流行特点、临床症状及病理变化可进行初步诊断，确诊要进行实验室鉴定。

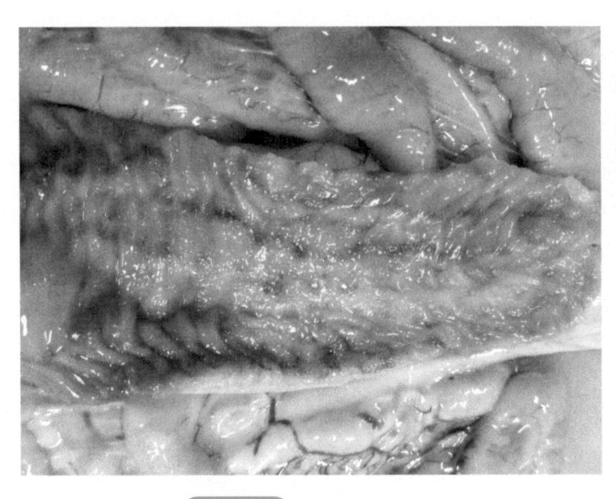

图1-2-2　肠黏膜出血

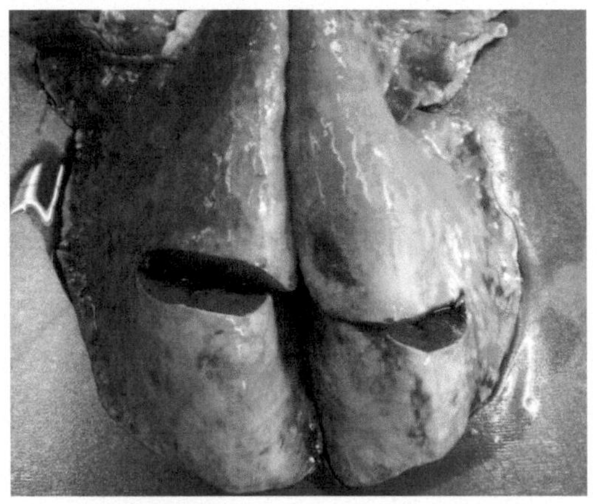

图1-2-3　肺瘀血、水肿、出血

【类症鉴别】

1. 与羊肠毒血症鉴别

（1）相似点　临床症状相似，都是突然发病，病程短，死亡很快。

（2）不同点　羊肠毒血症病死羊皮下存在少量带血的胶样浸润，肾脏变软如泥状，大肠出血明显（图1-2-4、图1-2-5）。

2. 与羊链球菌病鉴别

（1）相似点　都存在咳嗽、打喷嚏、呼吸困难等症状，以高热、肺炎或内脏广泛出血为主要特征。

（2）不同点　患链球菌的病羊流鼻涕（图1-2-6），胆囊肿大（图1-2-7）。羊巴氏杆菌病主要发生于幼龄羔羊，成年羊少见。本病在临床上与羊链球菌等不易区别，有时为混合感染，应加以注意，建议进行实验室诊断。

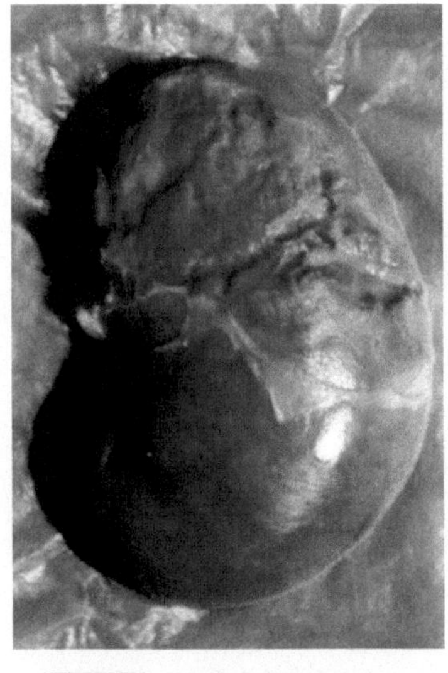

图1-2-4　肾脏皮质柔软如泥

图1-2-5　肠黏膜充血、出血

3.与羊结核病鉴别

（1）相似点　都有咳嗽、呼吸困难的症状。

（2）不同点　结核病羊在肺脏、脾脏和其他器官上形成结核结节和干酪样坏死灶（图1-2-8、图1-2-9）。原发性结核病灶常见于肺脏和纵膈淋巴结，可见白色或黄色结节，有时发展成小叶性肺炎（图1-2-10）。在胸膜上可见灰白色半透明珍珠状结节。

4.与羊炭疽鉴别

参见炭疽与巴氏杆菌病的类症鉴别。

5.与肺线虫病鉴别

（1）相似点　都可引起病羊咳嗽。

（2）不同点　肺线虫病可见肺气肿（图1-2-11），支气管中有黏性或脓性混有血丝的分泌

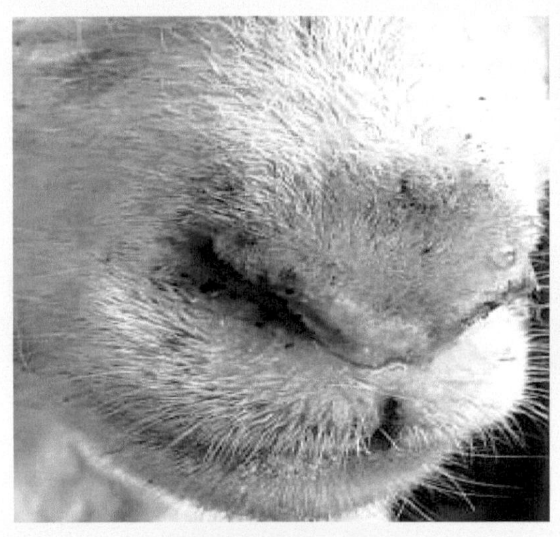

图1-2-6　病羊流鼻涕

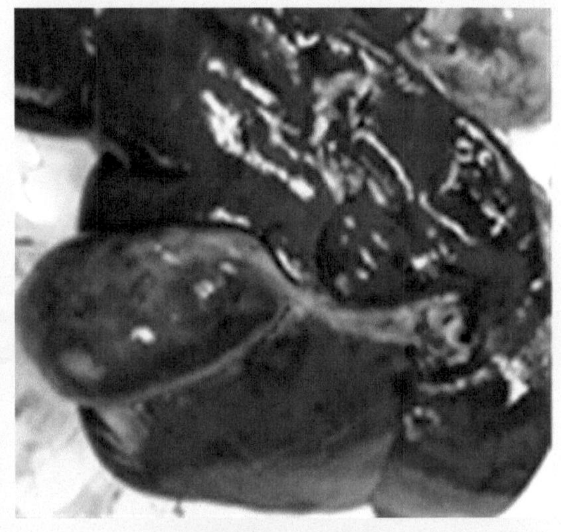

图1-2-7　胆囊肿大

图1-2-8　肺结核结节和干酪样坏死灶

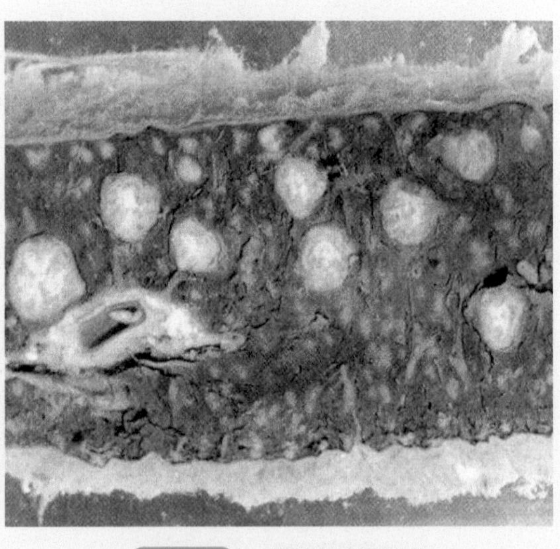

图1-2-9　脾脏的结核结节

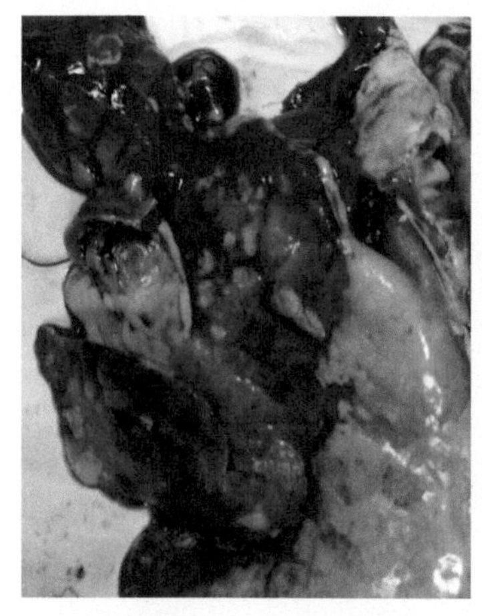

图1-2-10 羊肺部感染，呈小叶性肺炎

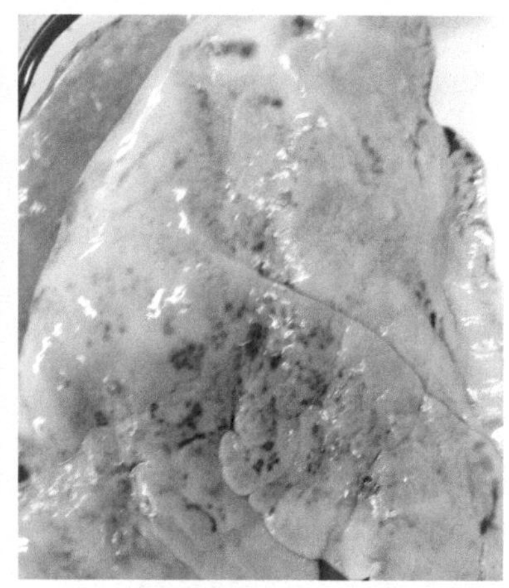

图1-2-11 肺气肿

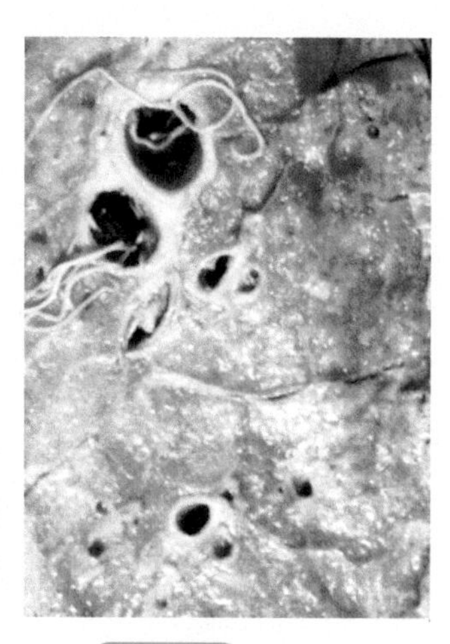

图1-2-12 支气管中的肺丝虫

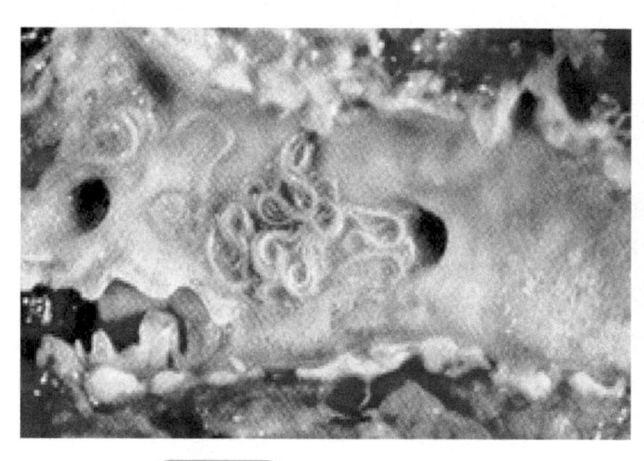

图1-2-13 气管中的肺线虫

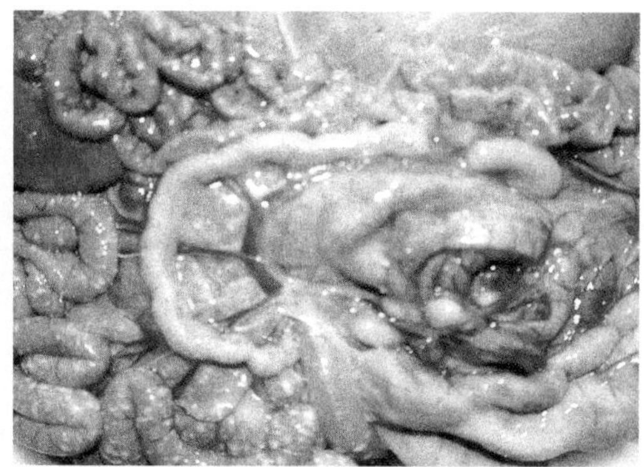

图1-2-14 肠系膜淋巴结肿大

团块和肺线虫（图1-2-12）。气管内分泌物增多，见有肺线虫（图1-2-13）。巴氏杆菌病常见纤维素性胸膜肺炎。

6.与羊球虫病鉴别

（1）相似点　均有腹泻带血症状。

（2）不同点　羊巴氏杆菌病以败血症和肺炎为特征。羊球虫病可见肠系膜淋巴结索状肿胀，苍白色或浅黄色（图1-2-14），呈点状或带状出血。

【防治】

1.预防

发现病羊后要立即进行隔离，将被污染的垫料、垫草清除干净，并对病羊污染的圈舍、运动场及各种用具进行彻底消毒。必要时用高免血清或菌苗作紧急免疫接种。

2.治疗

使用最敏感的药物控制原发病。氯霉素、庆大霉素、四环素以及磺胺类药物都有良好的治疗效果。氯霉素按每千克体重10～30毫克，庆大霉素按每千克体重1000～1500单位，20%磺胺嘧啶钠5～10毫升，均肌内注射，每日2次，直到体温下降，食欲恢复为止。

三、布氏杆菌病

布氏杆菌病是一种人兽共患的慢性传染病，主要侵害生殖系统。羊感染后，以母羊发生流产和公羊发生睾丸炎为特征。

【病原】

病原为布氏杆菌，它存在于羊的生殖器官、内脏和血液中。70℃消毒10分钟可以杀灭该菌，高压消毒瞬间即亡。该菌在干燥的土壤中可存活37天，在冷暗处和胎儿体内可存活6个月。该菌对寒冷的抵抗力较强，低温下可存活1个月左右。2%来苏尔3分钟，5%生石灰水15分钟即可杀死病菌。

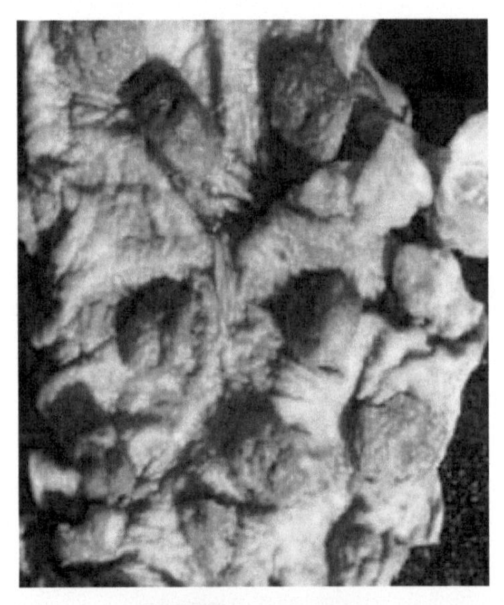

图1-3-1　子宫内膜炎

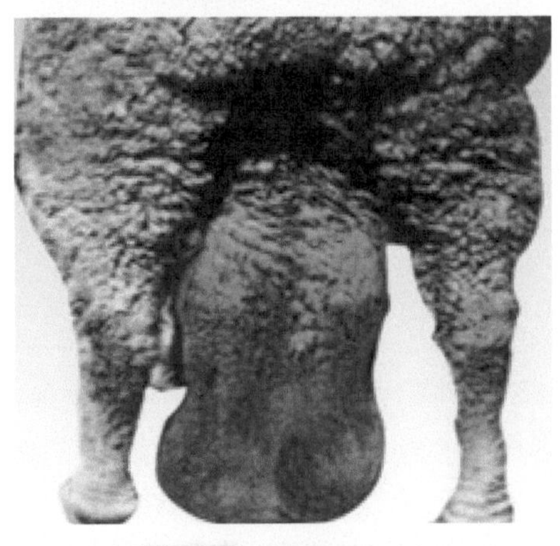

图1-3-2　阴囊肿胀拖地

【流行特点】

该病的传染源主要是病畜及带菌动物，最危险的是受感染的妊娠母畜在流产和分娩时，将大量病原随胎儿、胎水和胎衣排出。母羊较公羊易感性高，本病主要通过采食被污染的饲料、饮水经消化道感染，皮肤、黏膜、呼吸道以及配种也可感染。本病不分性别年龄，一年四季均可发生。

【症状】

本病首先被注意到的症状是流产，流产多发生于怀孕的3～4个月。流产前食欲减退、口渴，阴道流出黄色黏液。流产母羊多数胎衣不下，继发子宫内膜炎，影响受胎（图1-3-1）。公羊表现睾丸炎，阴囊肿胀拖地（图1-3-2），行走困难，拱背，饮食减少，逐渐消瘦，失去配种能力。另外还有乳腺炎、支气管炎、关节炎等症状。

【病理变化】

急性期时附睾尾比正常大1～2倍，切面有大小不等的囊腔，内有乳白色絮状或干酪样物（图1-3-3），精索呈结节或串珠状（图1-3-4）。胎盘水肿，子叶出血、坏死（图1-3-5）。胎儿皱胃中有淡黄色或白色黏液絮状物，脾和淋巴结肿大。

【诊断】

根据流行病学、临床症状，结合平板凝集试

验或试管凝集试验即可确诊。

【类症鉴别】

1.与链球菌病鉴别

（1）相似点　都可导致妊娠母羊流产。

（2）不同点　链球菌病患羊结膜充血（图1-3-6），大量眼角分泌物，甚至流出脓性浆液。鼻腔内有浆液性鼻液，口角流涎（图1-3-7），体温高升，排泄粪便松软，甚至间杂血丝。

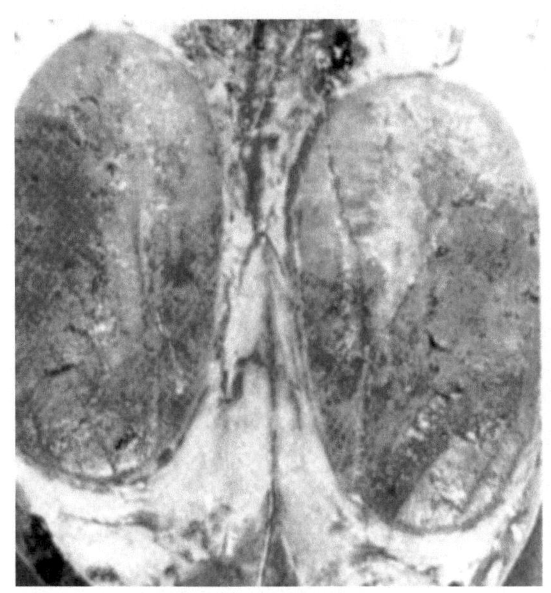

图1-3-3　急性睾丸炎和附睾炎

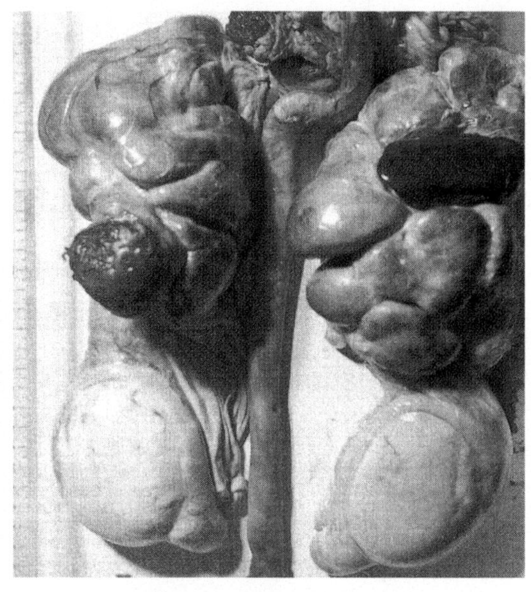

图1-3-4　精索呈结节或串珠状

图1-3-5　胎盘水肿、出血

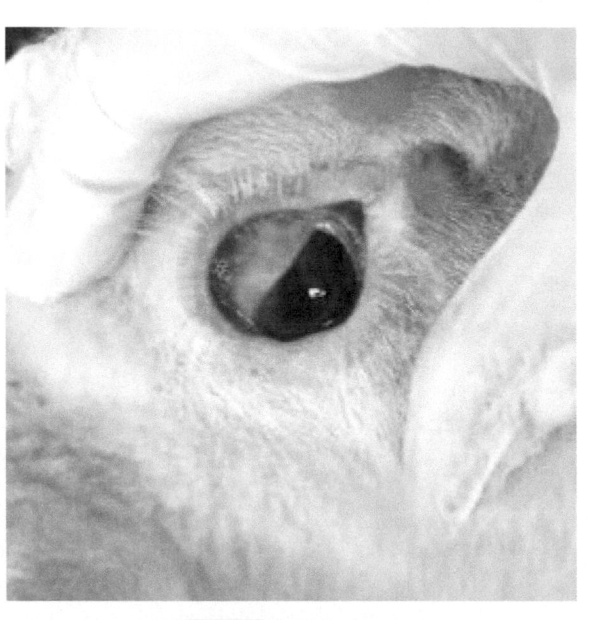

图1-3-6　眼结膜充血

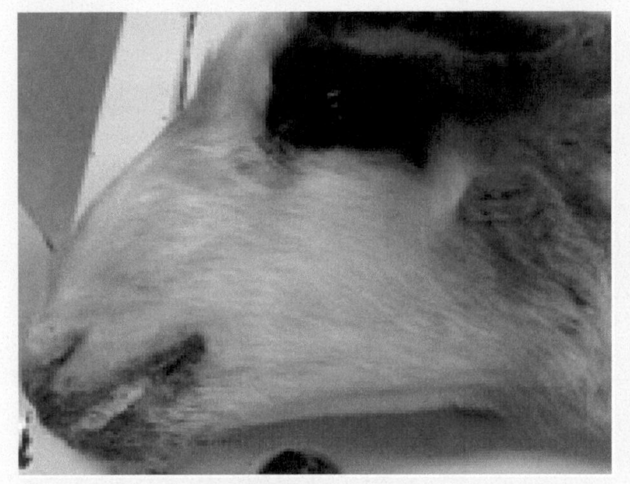

图1-3-7 口流涎水

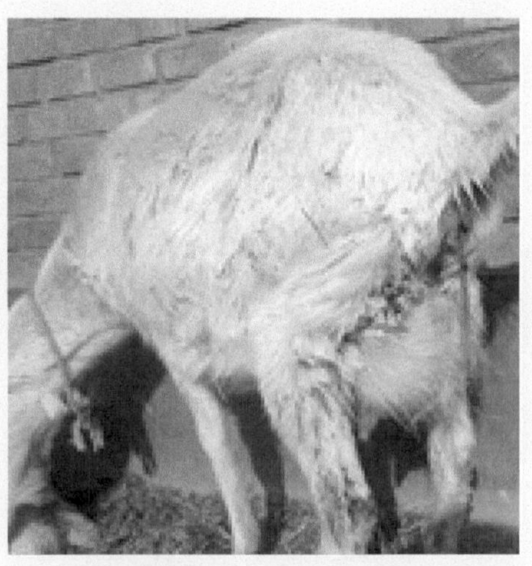

图1-3-8 病羊阴唇肿胀，流产前流出带血黏液

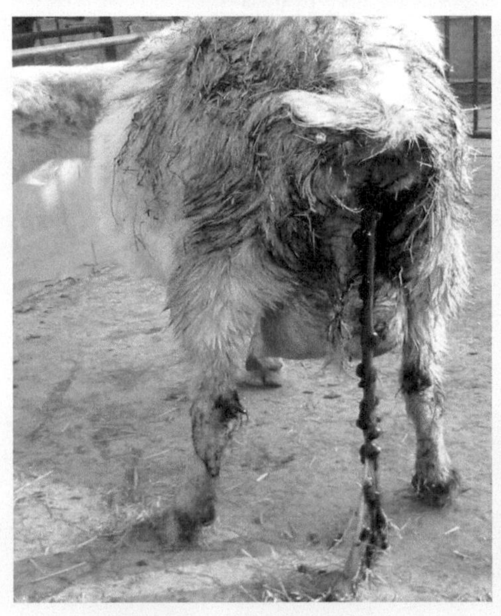

图1-3-9 流产母羊胎衣不下

图1-3-10 衰弱的羔羊

2.与沙门氏菌病鉴别

（1）相似点　妊娠母羊出现流产，或产后羔羊很快死亡。

（2）不同点　患沙门氏菌病的母羊发热、腹泻，在流产前或流产时阴道排出恶臭分泌物（图1-3-8），流产母羊胎衣不下（图1-3-9）。病羊产下的活羔羊比较衰弱（图1-3-10），不吃奶，并有腹泻，常患有严重的败血症或肺炎等。

3.与睾丸炎鉴别

（1）相似点　阴囊肿大，触诊可发现睾丸紧张、压痛，失去配种能力。

（2）不同点　睾丸炎阴囊表面常见外伤，多由外伤引起。

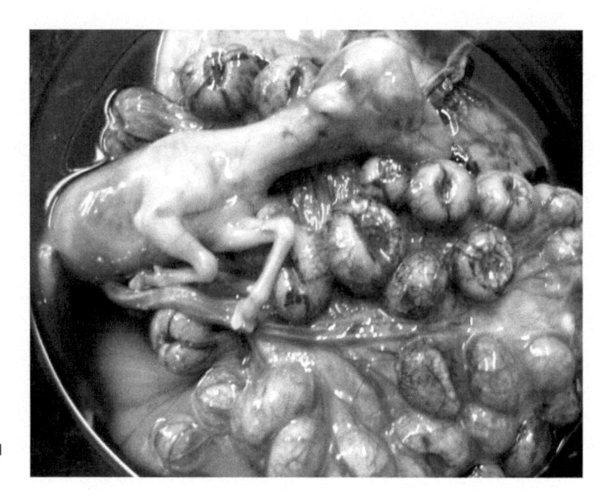

图1-3-11 产出的死羔皮下水肿

4.与弓形体病鉴别

（1）相似点　都可导致妊娠母羊流产。

（2）不同点　布氏杆菌病所致的流产多发生于怀孕的3～4个月。弓形体病主要表现为妊娠羊于正常分娩前4～6周出现流产，产出的死羔皮下水肿（图1-3-11）。

【防治】

本病目前尚无特效的药物治疗，只有加强预防检疫。

1.定期检疫

羔羊每年断乳后进行一次布氏杆菌病检疫。成羊两年检疫一次或每年预防接种而不检疫。对检出的阳性羊要扑杀处理，不能留养或给予治疗。

2.免疫接种

当年新生羔羊通过检疫呈阴性的，用“2号弱毒活菌苗”口服或注射。羊不分大小每只口服500亿个活菌。疫苗注射，每只羊25亿个菌，肌内注射。

3.呈阳性反应的羊

应及时隔离，以淘汰为宜，无治疗价值。严禁与假定健康羊接触。对污染的用具和场所进行彻底消毒；流产胎儿、胎衣、羊水和产道分泌物应深埋。

四、坏死杆菌病

坏死杆菌病是畜禽共患的一种慢性传染病。在临床上表现为皮肤、皮下组织和消化道黏膜的坏死，有时在其他脏器上形成转移性坏死灶。

【病原】

病原是坏死杆菌，革兰氏阴性。具有明显的多形性，小的成球杆状，大的呈长丝状。本菌严格厌氧，较难培养。该菌至少可产生两种毒素，其外毒素皮下注射可引起组织水肿，静脉注射则数小时内死亡；内毒素皮下或皮内注射可致组织坏死。坏死杆菌对热及常用消毒剂敏感，但在污染的土壤中能长时间存活。

【流行特点】

坏死杆菌在自然界分布很广，动物的粪便、死水坑、沼泽和土壤中均有存在，通过皮肤和黏膜而感染，多见于低洼潮湿地区和多雨季节，呈散发性或地方性流行。该病多发于山羊。

【诊断】

根据发病特点、症状，可作出诊断。必要时，可从病羊的病灶与健康组织的交界处采取病料涂片，用稀释石炭酸复红或碱性美蓝加温染色，可发现着色不匀、细长丝状的坏死杆菌。

【病理变化与症状】

病原侵害羊蹄部时，引起腐蹄病。病羊初期跛行，多为一肢患病。蹄间隙、蹄踵和蹄冠皮肤红肿（图1-4-1），继而发生溃疡。随病程的发展，蹄底部变黑、坏死（图1-4-2），严重者蹄匣脱落。羔羊发生坏死性口炎，齿龈、颊、硬腭、舌及咽喉黏膜肿胀、坏死、脱落，露出溃疡面。该病轻者很快恢复，重症若治疗不及时，往往由于内脏形成转移病灶，俗称“羊烂肝、烂肺病”而导致死亡。

【类症鉴别】

1.与蹄叶炎鉴别

（1）相似点　病羊跛行，局部皮肤红肿，蹄温升高。

（2）不同点　急性蹄叶炎常发生在羊分娩完成后和子宫炎同时发生，慢性蹄叶炎常伴随食欲减少，体型消瘦，产奶量降低。由于病羊长期站立，常导致蹄子向上卷曲而变为“雪橇蹄”，或者由于病蹄一半负重，导致蹄底一侧显著增厚，而无法全面着地。

2.与葡萄球菌病鉴别

（1）相似点　都可使组织化脓、坏死。

（2）不同点　葡萄球菌病多为金黄色葡萄球感染，流黄白色脓汁，皮下、肌肉与内脏器官常形成大小不等的脓肿，肝、脾、肾、肺表面有灰白色的化脓灶或紫黑色的出血点（图1-4-3、图1-4-4）。而坏死杆菌病多流出黑色坏死组织分泌物，有突出的臭味。

图1-4-1　蹄间隙、蹄冠皮肤红肿

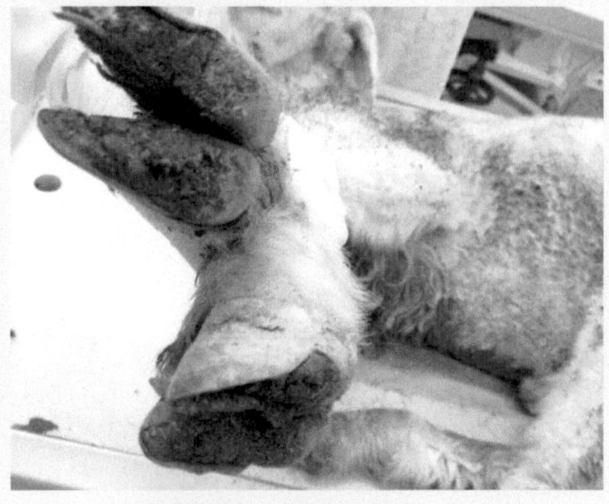

图1-4-2　蹄底部变黑、坏死

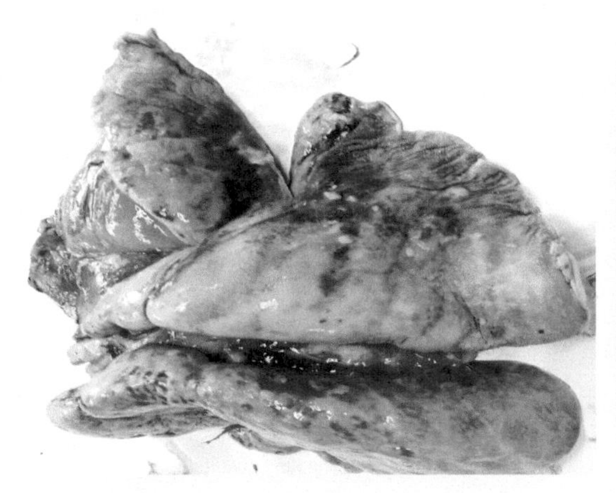

图1-4-3 肺表面有灰白色的化脓灶和紫黑色出血点

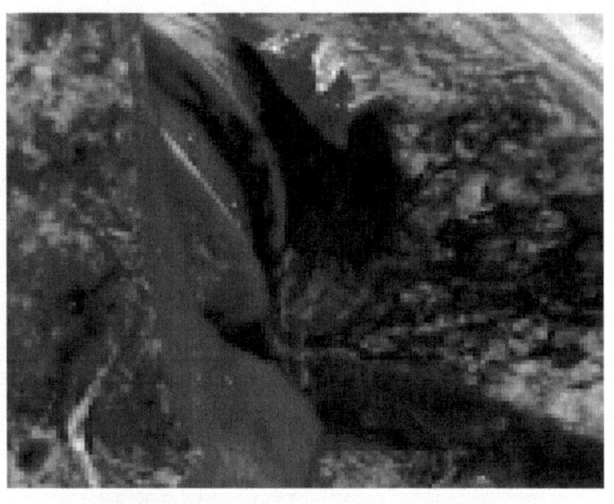

图1-4-4 肺中有许多大小不等的脓肿

3.与口蹄疫鉴别

（1）相似点　病羊蹄部发生溃疡和坏死性口炎。

（2）不同点　口蹄疫可使病羊口腔黏膜、蹄部和乳房发生水疱和溃疡（图1-4-5、图1-4-6）。坏死杆菌引起的腐蹄病可使病羊蹄间隙、蹄踵和蹄冠皮肤红肿（图1-4-1）、溃疡。蹄底部变黑、坏死（图1-4-2），严重者蹄匣脱落，但不产生水泡。

4.与传染性脓疱鉴别

（1）相似点　都会出现蹄部病变。

（2）不同点　坏死杆菌病蹄型特征是组织坏死，无水泡、脓疱过程，也无疣状增生物。健康组织和坏死组织交界处能检出坏死杆菌。传染性脓疱会出现脓疱及结节状痂皮（图1-4-7、图1-4-8）。

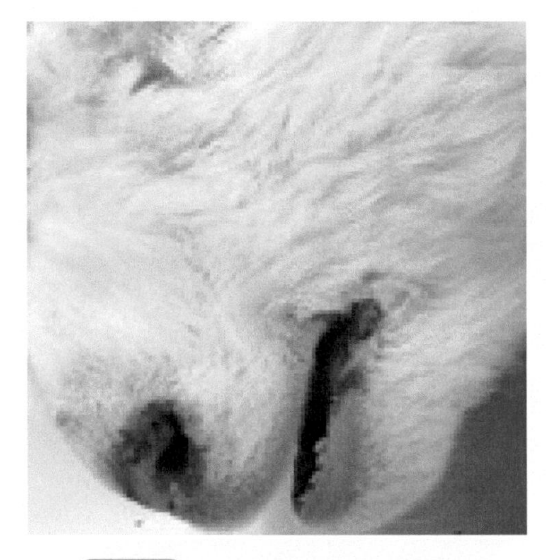

图1-4-5 口腔黏膜发生水疱和溃烂

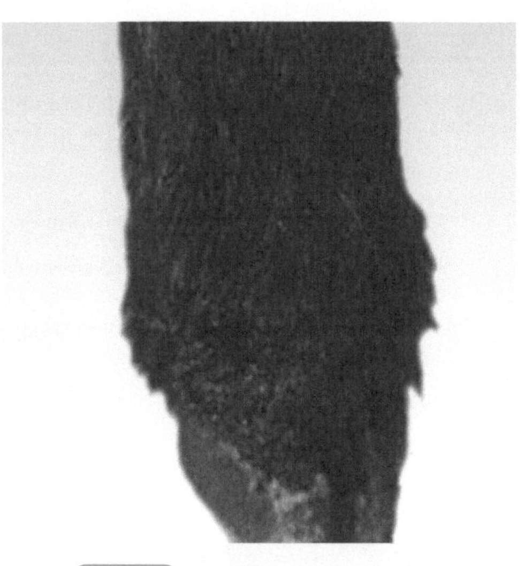

图1-4-6 蹄冠部皮肤溃烂、坏死

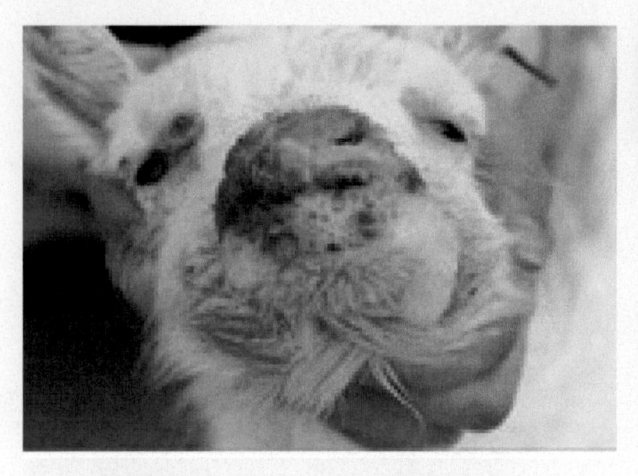

图1-4-7 唇部和鼻镜出现增生性结节

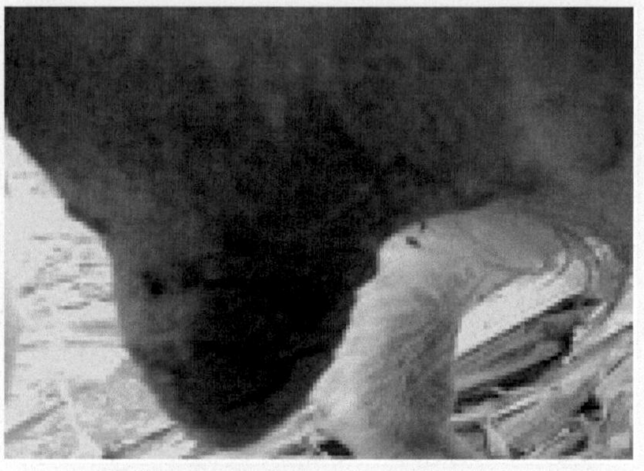

图1-4-8 被感染母羊乳房的脓疱和硬痂

【防治】

1.预防

（1）加强饲养管理，保持圈舍及羊体清洁卫生，防止过度拥挤，不在低洼潮湿地区放牧。

（2）发生外伤时，应及时用5%碘酊涂擦伤口，以防感染。

2.治疗

（1）在四肢及皮肤发生病变时，先清除患部坏死组织，用3%来苏尔、6%甲醛、5%～10%硫酸铜，或2%食盐水加1%高锰酸钾蹄浴，然后用抗生素软膏、磺胺软膏或鱼石脂软膏涂抹。

（2）对坏死性口炎，先除去口腔内的伪膜，每天用1%高锰酸钾溶液洗涤两次，然后涂抹碘甘油或撒布冰硼散，每天3次，连用3～5天。

（3）对溃疡面，先清洗干净，再将青霉素生理盐水溶液经引流管注入，每天3次，每次10毫升左右，每毫升生理盐水含青霉素4000～6000单位。

（4）出现全身症状时，用土霉素，肌内注射，按每千克体重3～5毫克，每天2次，连用3～5天。

（5）磺胺嘧啶钠注射液，肌内注射，按每千克体重0.1克，每天2次，连用3～5天，并配合强心解毒药物，可促进康复，提高治愈率。

五、羊流产沙门氏菌病

羊流产沙门氏菌病是由羊流产沙门氏菌引起的一种急性传染病，以子宫炎和流产为主要特征。

【病原】

本病病原为羊流产沙门氏菌，在水、土壤和粪便中能存活几个月。但不耐热，一般消毒药物均能迅速将其杀死。

【流行特点】

本病发生于不同年龄的羊，多见于怀孕的最后两个月。无明显的季节性，主要在晚冬、早春季节发生，主要经消化道传染。病羊和健康羊交配或用病公羊的精液人工授精也可感染。寒冷、拥挤和长途运输等不良因素均可促进本病的发生。

【症状】

流产前体温升高到40 ～ 41℃，厌食，精神沉郁，腹泻。病羊阴唇肿胀，流产前1 ～ 2天流出带血黏液（图1-5-1），流产母羊胎衣不下（图1-5-2）。病羊产下的活羔羊比较衰弱，不吃奶，并有腹泻（图1-5-3），常于产后1 ～ 7天死亡。病羊伴发肠炎、胃肠炎和败血症。

【病理变化】

流产羊产出死胎或初产羔羊几天内死亡，呈现败血症病变。胎儿皮下组织水肿、充血，肝、脾肿大，胎盘水肿出血（图1-5-4）。流产的母羊子宫肿胀，有坏死组织、渗出物和胎盘滞留。

图1-5-1 病羊阴唇肿胀，流产前流出带血黏液

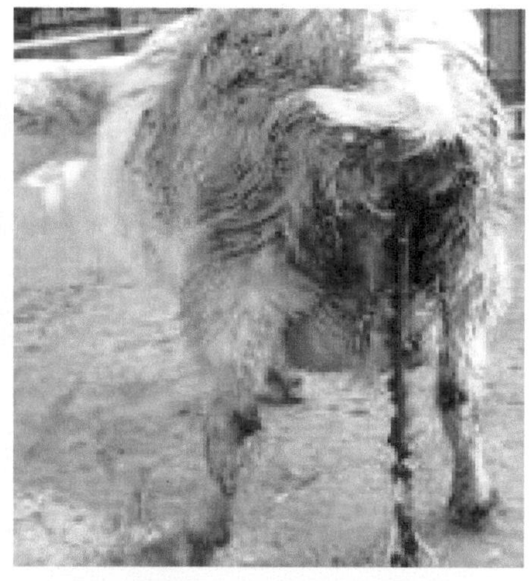

图1-5-2 流产的母羊胎衣不下

图1-5-3 衰弱的羔羊

图1-5-4 胎盘水肿、出血

【诊断】

根据流行特点、症状和病理变化即可做出初步诊断。确诊需要取病母羊的粪便、阴道分泌物、血液和胎儿组织进行细菌分离鉴定。

【类症鉴别】

1.与饲养管理不当引起流产的鉴别

（1）相似点　怀孕母羊出现流产症状。

（2）不同点　饲养管理不当引起的流产。母羊没有表现出典型的症状就突然发生流产。病程持续较长时，会表现出精神萎靡，食欲废绝，腹部疼痛，有黏液从阴门流出，但胎盘、胎儿没有任何异样。细菌检查呈阴性。

2.与布氏杆菌病引起流产的鉴别

（1）相似点　怀孕母羊出现流产症状。

（2）不同点　布氏杆菌病引起的流产，母羊通常在妊娠3～4月发生流产。多数病羊在流产前2～3天表现精神不振、喜卧、食欲消失、饮水增多，常由阴门排出黏液或带血的黏性分泌物。多数羊出现胎衣不下，往往会并发子宫内膜炎（图1-5-5），且能够诱使不孕。

3.与李氏杆菌引起流产的鉴别

（1）相似点　怀孕母羊出现流产症状。

（2）不同点　李氏杆菌病引起的流产，母羊通常在产前3周左右发生流产。病初体温升高到40～41.6℃，不久降至接近常温。

4.与衣原体病引起流产的鉴别

（1）相似点　怀孕母羊出现流产症状。

（2）不同点　衣原体病引起的流产，母羊通常在产前2～3周发生流产，但胎儿多存活。孕羊流产前无特征性先兆，只表现为神态反常，有的伴有腹痛表现。母羊流产后常常从阴道流出粉红色奶油状液体，常发生胎衣不下，阴道排出分泌物可达数日。孕母羊产前一个月分娩出死羔或极弱羔（图1-5-6）。流产过的母羊，一般不再发生流产。

图1-5-5　子宫内膜炎

图1-5-6　病羊娩出弱羔

【防治】

1.预防

加强对羔羊和母羊的饲养管理，保持卫生，减少诱病因素。发生本病后，对流产母羊及时隔离治疗；流产的胎儿、胎衣及污染物要烧毁，同时对流产场地和用具全面、彻底地进行消毒；对可能受威胁的羊群，注射相应菌苗预防。

2.治疗

病初用抗血清较为有效。如果用药物治疗，应首选氯霉素，其次是新霉素、土霉素和呋喃唑酮等。

（1）氯霉素　羔羊每日30～50毫克/千克体重，分3次内服；成羊10～30毫克/千克体重，肌内或静脉注射，每日2次。

（2）硫酸新霉素5～10毫克/千克体重，内服，1日2次。

（3）呋喃唑酮（痢特灵）5～10毫克/千克体重，内服，1日2～3次。

六、羔羊大肠杆菌病

羔羊大肠杆菌病是由致病性大肠杆菌引起的一种急性、致死性传染病，多发生在初生羔羊，临床上主要表现为腹泻和败血症，死亡率很高。

【病原】

本病的病原是致病性大肠杆菌，是革兰染色阴性、中等大小的杆菌。本菌对外界抵抗力不强，一般常用的消毒药均能迅速将其杀死。

视频1-6-1
扫码观看：羔羊大肠杆菌病（病羊腹泻）

【流行特点】

多发生于数日至6周龄的羔羊，有时3～8月龄的羊也有发生，呈现地方性流行，也有散发的。该病的发生与气候不良、营养不足、场地潮湿污秽等有关。放牧季节很少发生，冬春舍饲期间常发。经消化道感染。

【症状】

潜伏期1～2天，分为败血型和下痢型两种类型。

败血型多发于2～6周龄的羔羊。病羊体温41～42℃，精神沉郁，迅速虚脱，有轻微的腹泻，有的带有神经症状，运步失调，磨牙，视力障碍，也有的病例出现关节炎，多于病后4～12小时死亡。

下痢型多发于2～8日龄的新生羔。病初体温略高，出现腹泻（视频1-6-1）后体温下降（图1-6-1），粪便呈半液体状，带气泡，有时混有血液（视频1-6-2）。羔羊腹痛，严重脱水，不能起立；如不及时治疗，可于24～36小时死亡。

视频1-6-2
扫码观看：羔羊大肠杆菌病（病羊粪便中混有血液）

图1-6-1 病羊腹泻

图1-6-2 胸腔内大量积液

【病理变化】

败血型病羊，胸、腹腔和心包大量积液（图1-6-2），内有纤维素；关节肿大，内含混浊液体或脓性絮片；脑膜充血，有很多小出血点。

下痢型病羊，肠系膜充血、水肿和出血，肠系膜淋巴结肿胀（图1-6-3）；肠黏膜充血、水肿，内容物混有血液和气泡（图1-6-4）。

【诊断】

根据流行病学、临床症状可做出初步诊断，确诊需进行细菌学检查。

【类症鉴别】

1.与羊链球菌病鉴别

（1）相似点　都有腹泻和败血症的症状。

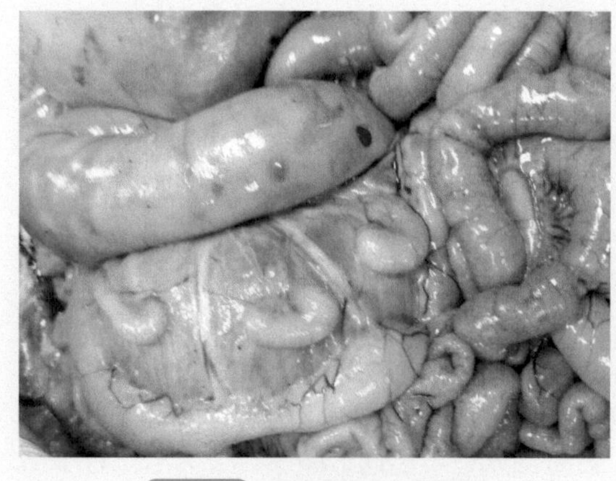

图1-6-3 肠系膜淋巴结肿胀

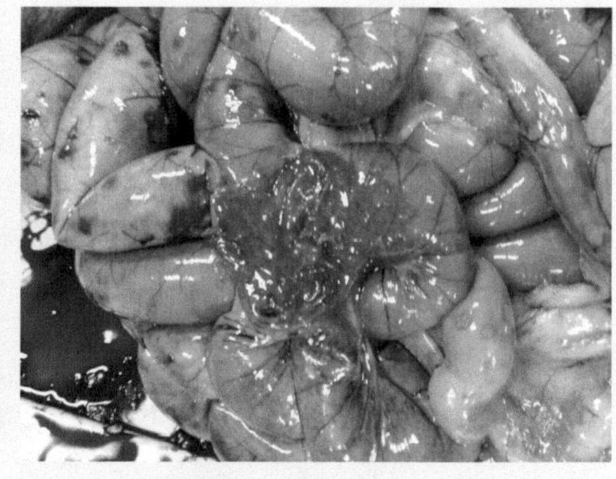

图1-6-4 肠黏膜充血、水肿

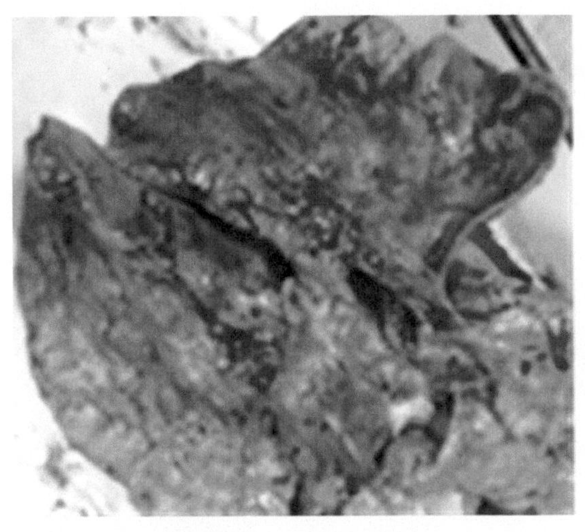

图1-6-5 纤维素性肺炎

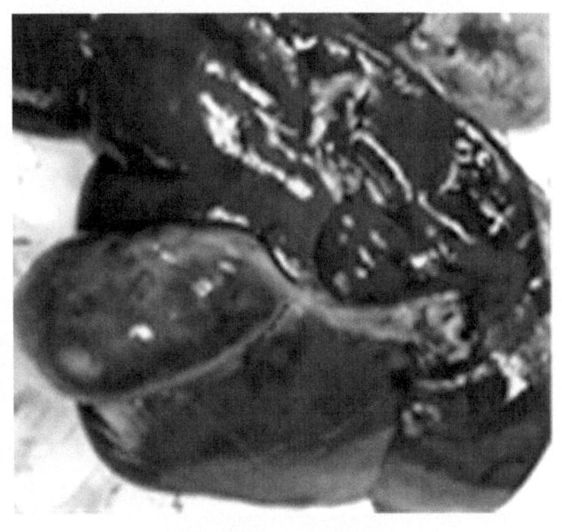

图1-6-6 胆囊肿大

图1-6-7 肺瘀血、水肿、出血

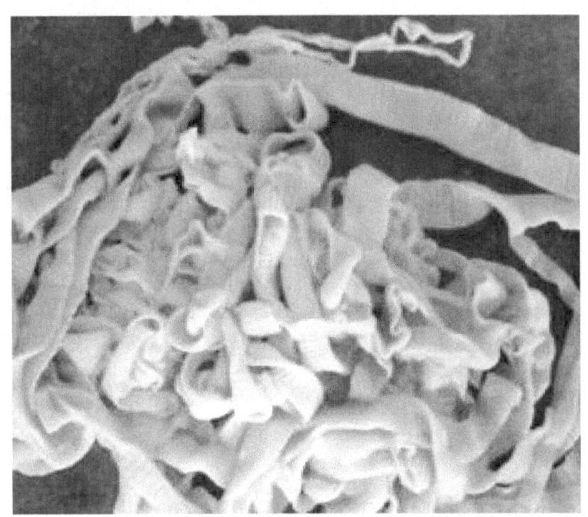

图1-6-8 羊小肠的莫尼茨绦虫

（2）不同点　患链球菌的病羊流鼻涕，咳嗽，呼吸困难，以高热、肺炎或内脏广泛出血为主要特征。如：肺脏实质出血，呈浆液纤维素性肺炎（图1-6-5）；肝脏肿大，表面有少量出血点；胆囊肿大，充满黑绿色胆汁（图1-6-6）。

2. 与羊巴氏杆菌病鉴别

（1）相似点　都发生于幼龄羔羊，都有腹泻和败血症的症状。

（2）不同点　患羊巴氏杆菌病的羊流脓性鼻液，咳嗽，呼吸困难，肺瘀血、水肿、出血（图1-6-7）。

3. 与莫尼茨绦虫病鉴别

（1）相似点　主要发生于羔羊，都能引起患羊消瘦、贫血、胃肠炎、下痢等症状。

（2）不同点　莫尼茨绦虫病剖检小肠时，可见大量带状虫体结成团阻塞肠道（图1-6-8）。羔羊大肠杆菌病没有虫体出现。

【防治】

1.预防

（1）加强孕羊的饲养管理，确保新产羔羊的健壮，以增强机体抵抗力。

（2）改善羊舍的环境卫生，定期消毒，尤其是在母羊分娩前后对羊舍彻底消毒1～2次。

（3）注意幼羊防寒保暖工作，尽早让羔羊吃到足够的初乳。

（4）对污染的环境、用具，可用3%～5%来苏尔消毒。

2.治疗

（1）使用四环素、强力霉素、新霉素等抗生素，并发肺炎可用青霉素或恩诺沙星。

（2）调整胃肠机能，纠正酸中毒，防止脱水，需补充5%葡萄糖生理盐水500毫升。

（3）硫酸镁、福尔马林、高锰酸钾疗法　用胃管灌服6%硫酸镁（含0.5%福尔马林）40毫升，6～8小时后再灌服1%高锰酸钾10～20毫升。

七、李氏杆菌病

羊李氏杆菌病又名转圈病，以共济失调、站立不稳或转圈运动为主要特征。

【病原】

病原产单核细胞李氏杆菌是一种革兰氏阳性杆菌，对食盐和热耐受性强，巴氏消毒法不能杀灭，但一般消毒药易使其灭活。

【流行特点】

易感动物的种类范围广，通过消化道、呼吸道及损伤的皮肤而感染；呈散发性，发病率低，病死率很高。本病可感染人，畜牧兽医人员应注意自身保护。

【症状】

病初体温升高1～2℃，不久下降至接近常温。病羊精神沉郁，目光呆滞，有的意识障碍，无目的地乱窜乱撞。舌麻痹，采食、咀嚼、吞咽困难。鼻孔流出黏性分泌物；眼流泪，结膜发炎，眼球突出，常向一个方向斜视（视频1-7-1），甚至视力丧失。头颈偏向一侧，走

视频1-7-1

扫码观看：李氏杆菌病（鼻孔流出黏性分泌物；眼流泪，结膜发炎，眼球突出，常向一个方向斜视）

图1-7-1　病羊向一侧转圈运动

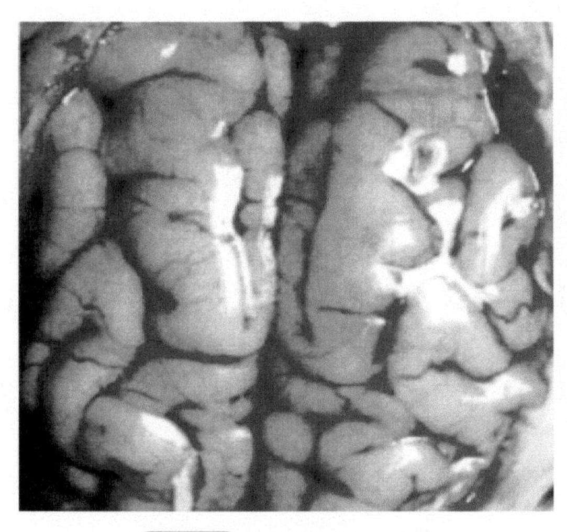

图1-7-2　脑膜充血、水肿

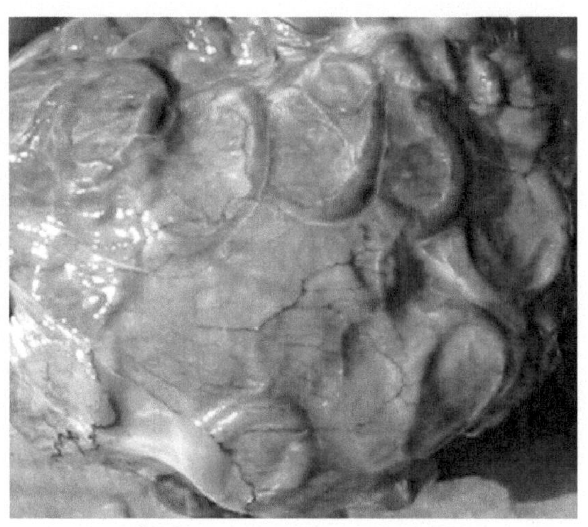

图1-7-3　胎盘发炎、子叶水肿

动时向一侧转圈（图1-7-1），遇有障碍物时则以头抵靠不动。后期卧地不起、昏迷、四肢划动呈游泳状，一般于3～7天死亡。妊娠母羊常发生流产，羔羊常发生急性败血症而很快死亡。

【病理变化】

脑及脑膜充血、水肿，脑脊液增多（图1-7-2）。流产母羊胎盘发炎、子叶水肿（图1-7-3），子宫内膜充血、出血或坏死。

【诊断】

本病诊断比较困难。病羊如表现神经症状、流产，可疑为本病。确诊用微生物学方法。

【类症鉴别】

1.与羊绦虫病鉴别

（1）相同点　意识障碍，无目的地乱窜乱撞、转圈。

（2）不同点　羊绦虫病能够在粪便中发现绦虫节片，且肠道中寄生有虫体。

2.与羊鼻蝇蛆病鉴别

（1）相同点　意识障碍，无目的地乱窜乱撞、转圈。

（2）不同点　羊鼻蝇蛆病羊会有黏液或者脓性鼻液从鼻孔流出（图1-7-4），经常打喷嚏，眼睑发生水肿，持续流泪。剖检鼻腔或者脑部进行检查，能够看到羊鼻蝇幼虫虫体。

3.与脑多头蚴病鉴别

（1）相同点　意识障碍，无目的地乱窜乱撞、转圈。

（2）不同点　病羊体质消瘦，病程持续时间长，往往与牧羊犬混养，且任何季节都能够发病、死亡，陆续在羊群中出现相同症状的病羊。虫体寄生在一侧脑半球表面时（图1-7-5），头倾向患侧，并以患侧做圆圈运动，对侧眼失明。

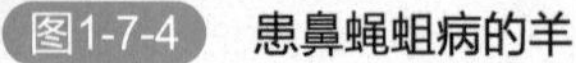
图1-7-4 患鼻蝇蛆病的羊

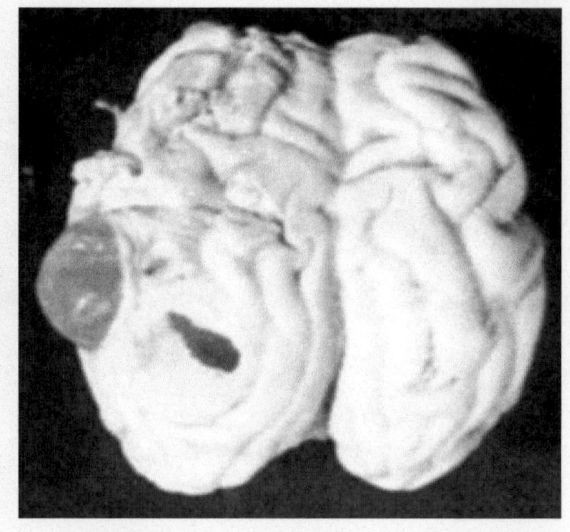

图1-7-5 多头蚴寄生在一侧大脑半球

【防治】

1.预防

严格防疫制度，不从有病地区引入羊只。注意清洁卫生和饲养管理，消灭鼠类和其他啮齿动物。将病畜隔离治疗；病羊尸体要深埋，并用5%来苏尔对污染场地消毒。

2.治疗

早期采取大剂量磺胺类药与抗生素并用，疗效较好。用20%磺胺嘧啶钠，按每千克体重5～10毫升；庆大霉素，按每千克体重1000～1500单位，均肌内注射。病羊出现神经症状时，可用盐酸氯丙嗪治疗，按每千克体重1～3毫克用药。

八、传染性角膜结膜炎

羊传染性角膜结膜炎又称流行性眼炎、红眼病，以急性传染为特点，以结膜炎和角膜炎为特征。

【病原】

羊传染性角膜结膜炎是一种多病原的疾病，其病原体有鹦鹉热衣原体、立克次体、结膜乳支原体、奈氏球菌、李氏杆菌等。目前认为，主要由衣原体引起。

【流行特点】

主要侵害山羊，尤其是奶山羊，绵羊也能感染。幼龄动物最易得病。一般是通过接触感染，蝇类或某种飞蛾可传递本病，病畜的分泌物如鼻涕、泪、奶及尿等，均能散播本病。多发生在蚊蝇较多的炎热季节，以放牧期发病率最高，进入舍饲期少数发病，多为地方性流行。

【症状与病理变化】

多数病羊先一眼患病，然后波及另一眼，有时一侧发病较重，另一侧较轻。发病初期患眼流泪、羞明；内眼角流出浆液或黏液性分泌物，不久变成脓性；上、下眼睑肿胀、疼痛，结膜潮红，并有树枝状充血（图1-8-1）。其后发生角膜炎、角膜浑浊和角膜溃疡（图1-8-2），眼前房积脓或角膜破裂，晶状体脱落，造成永久性失明（图1-8-3）。

【类症鉴别】

1.与恶性卡他热鉴别

（1）相似点　患眼流泪、羞明，上、下眼睑肿胀、疼痛，结膜潮红，并有树枝状充血。

（2）不同点　恶性卡他热病羊体温升高，肌肉震颤，食欲急剧减退，瘤胃弛缓，先是便秘，后变为腹泻，排尿次数增多，心跳、呼吸加速。高热的同时鼻眼有少量分泌物流出，鼻腔和口腔黏膜发生充血、糜烂以及坏死。

2.与维生素A缺乏症鉴别

（1）相似点　患眼流泪、羞明。

（2）不同点　维生素A缺乏症病羊体温基本正常，主要由于长时间饲喂缺乏维生素A的饲料引起，病死率较低。后期病羔羊的干眼症尤为突出，导致角膜增厚和形成云雾状（图1-8-4）。

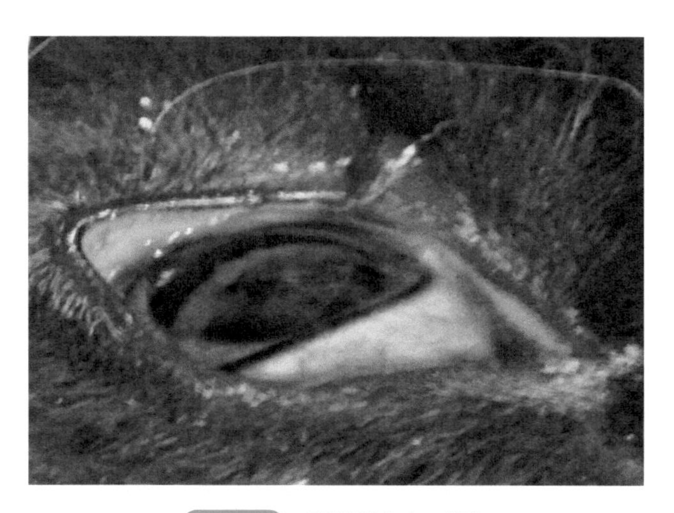

图1-8-1　眼结膜充血、潮红

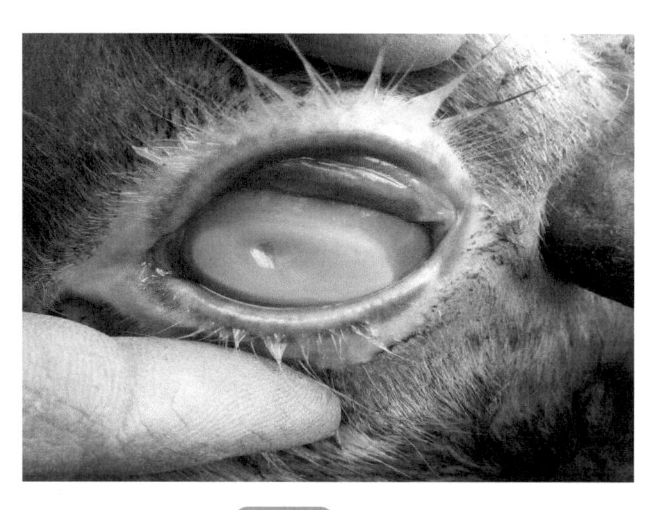

图1-8-2　角膜炎

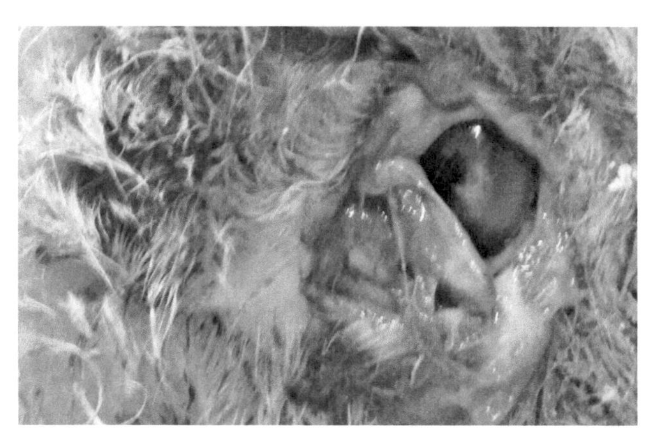

图1-8-3　眼前房积脓，几乎失明

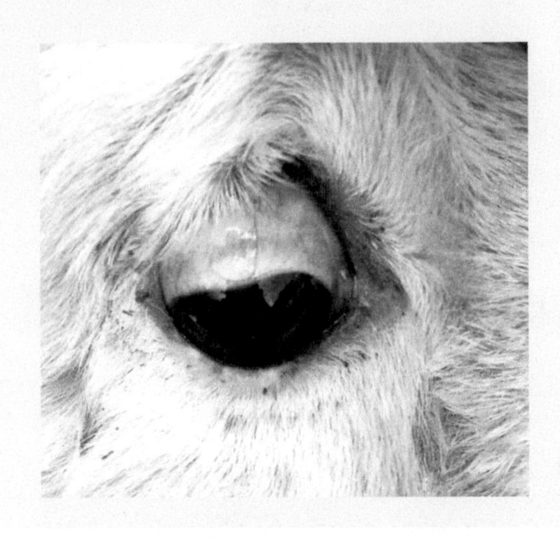

图1-8-4 羊角膜干燥，视力衰退

3.与羊吸吮线虫病鉴别

（1）相似点　病羊结膜炎，眼睛潮红、发痒，流泪增多，角膜变得混浊。症状严重时会从眼内流出脓性分泌物，往往导致上下眼睑黏合。角膜溃疡、糜烂、穿孔，损伤水晶体，发生睫状体炎等。

（2）不同点　羊吸吮线虫病发生呈明显的季节性，通常在蝇活动旺盛的夏秋季节发生，往往呈散发。

【防治】

1.预防

立即隔离病畜，划定疫区，定期消毒，严禁易感动物流动。

2.治疗

病羊若无全身症状，在半个月内可自愈。发病后，用2%～4%硼酸洗眼，每天2～3次，也可用0.025%硝酸银液滴眼，每天2次，或涂以青霉素、氯霉素、四环素软膏。如角膜混浊或角膜翳时，可用4%硼酸洗眼后，再滴以5000单位/毫升普鲁卡因青霉素，每天2次。重症病羊滴加醋酸可的松眼药水。角膜混浊者，滴视明露眼药水效果很好。

九、结核病

结核病是由结核分枝杆菌引起的人兽共患病。临床上以频繁咳嗽、呼吸困难及体表淋巴结肿大为特征。

【病原】

病原是结核分枝杆菌，又称结核杆菌。本病菌对外界抵抗力很强，在水、土壤中可存活5个月以上，常用的消毒药如70%酒精、3%～5%来苏尔可将其杀死。

【流行特点】

结核病患畜的鼻液、痰液、粪便和乳汁等排出体外，污染饲料、饮水、空气等周围环境。羊主要通过消化道感染本病，也可由空气和生殖道感染。本菌对链霉素、异烟肼、对氨基水杨酸和丝氨酸等药物敏感，对青霉素、磺胺类药物等不敏感。

视频1-9-1
扫码观看：结核病（病羊消瘦，咳嗽，流脓性鼻液）

【症状】

病羊消瘦，被毛干燥，精神不振，多呈慢性经过。当患肺结核时，病羊咳嗽，流脓性鼻液（视频1-9-1）。当乳房结核时，乳房硬化，乳房淋巴结肿大；当患肠结核时，病羊便秘或轻度胀气。

【病理变化】

病羊黏膜苍白，在肺脏、脾脏和其他器官上形成结核结节和干酪样坏死灶（图1-9-1、图1-9-2）。原发性结核病灶常见于肺脏和纵膈淋巴结，可见白色或黄色结节，有时发展成小叶性肺炎（图1-9-3）。在胸膜上可见灰白色半透明珍珠状结节。

【类症鉴别】

1. 与羊链球菌病鉴别

（1）相似点　都有咳嗽、呼吸困难的症状。

（2）不同点　患链球菌的病羊以高热、肺炎、腹泻或内脏广泛出血为主要特征。如：肺脏实质出血，呈浆液纤维素性肺炎（图1-9-4）。肝脏肿大，表面有少量出血点；胆囊肿大，充满黑绿色胆汁（图1-9-5）；肠黏膜脱落出血、内容物混有血液（图1-9-6）。

2. 与羊巴氏杆菌病鉴别

参见羊巴氏杆菌病与结核病的类症鉴别。

图1-9-1　肺结核结节和干酪样坏死灶

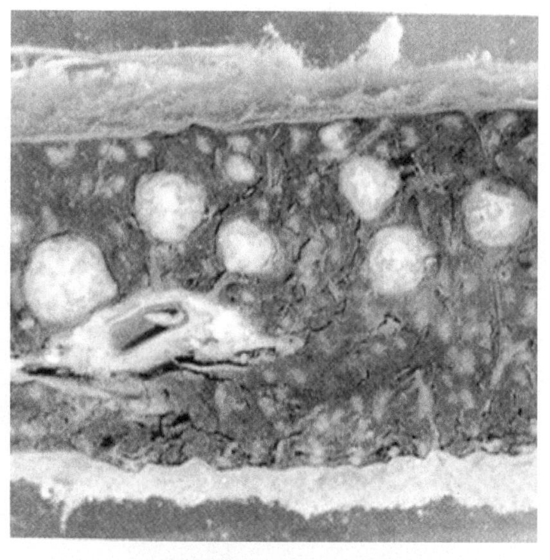

图1-9-2　脾脏的结核结节

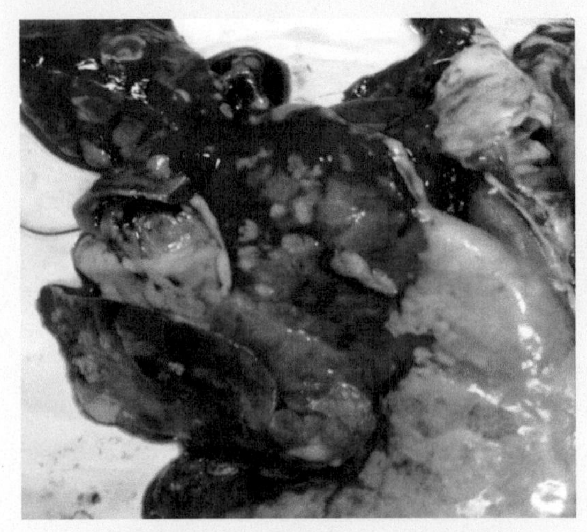

图1-9-3 羊肺部感染，呈小叶性肺炎

图1-9-4 纤维素性肺炎

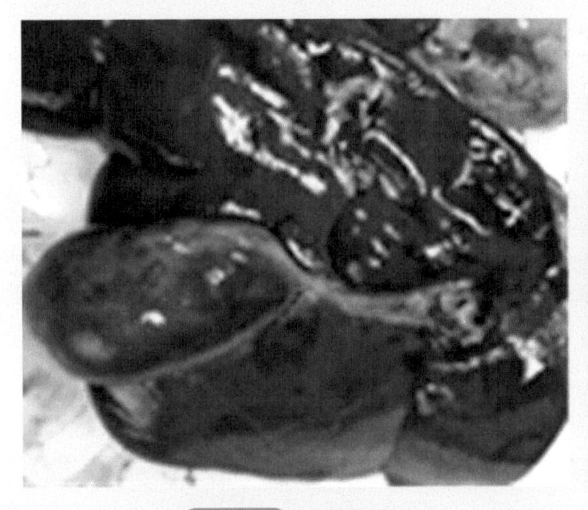

图1-9-5 胆囊肿大

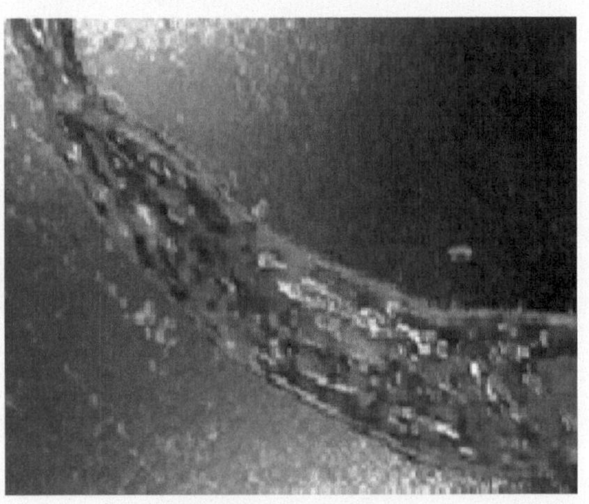

图1-9-6 肠黏膜出血

【防治】

1.预防

阳性病羊立即隔离，及时淘汰病羊。对已与病羊接触过的羊群，立即进行全群检疫。症状明显的病羊扑杀，内脏要深埋或焚烧。对病羊污染的地面，饲槽用20%石灰乳、10%漂白粉进行消毒，粪便发酵处理。病羊所产乳汁要煮沸消毒。所产羊羔用1%来苏尔洗涤消毒后，隔离饲养，3个月后进行结核菌素试验，阴性者方可与健康羊群混养。

2.治疗

可用异烟肼、链霉素等药物。链霉素按每千克体重10毫克，肌内注射，1天2次，连用数天。异烟肼按每千克体重4～8毫克，分3次灌服，连用1个月。

十、副结核病

羊副结核病也称羊副结核性肠炎，是由副结核分枝杆菌引起的一种以羊间歇性腹泻和进行性消瘦为特征的慢性接触性传染病。

【病原】

为副结核分枝杆菌，对外界环境的抵抗力较强，在污染的牧场、圈舍中可存活数月，对热抵抗力差，75%酒精和10%漂白粉能很快将其杀死。

【流行特点】

副结核分枝杆菌主要存在于肠道黏膜和肠系膜淋巴结，通过粪便排出，污染饲料、饮水等，经消化道感染健康家畜。幼龄羊的易感性较大，经过很长的潜伏期，到成年时才出现临床症状。当机体的抵抗力减弱，饲料中缺乏无机盐和维生素容易发病，呈散发或地方性流行。

视频1-10-1

扫码观看：副结核病（病羊腹泻、消瘦、站立不稳）

【症状】

病羊开始为间歇性腹泻，稀便呈卵黄色、黑褐色，带有腥臭味或恶臭味，并带有气泡。以后逐渐变为经常而顽固的腹泻，后期呈喷射状排出。有的母羊泌乳少，颜面及下颌部水肿，腹泻不止，最后极度消瘦（视频1-10-1，图1-10-1），衰竭而死。病程一般是15～20天，长的可达70多天。

【病理变化】

皮下与肌间脂肪胶样浸润。回肠、盲肠和结肠的肠壁明显增厚，肠黏膜表面凹凸不平（图1-10-2），似脑回或地毯。肠系膜淋巴结钙化（图1-10-3），切面灰白或灰红。

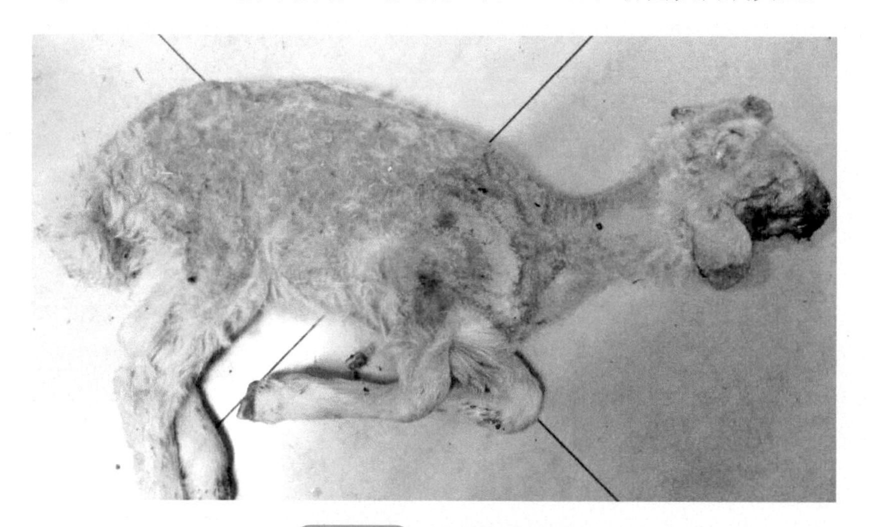

图1-10-1 患羊极度消瘦

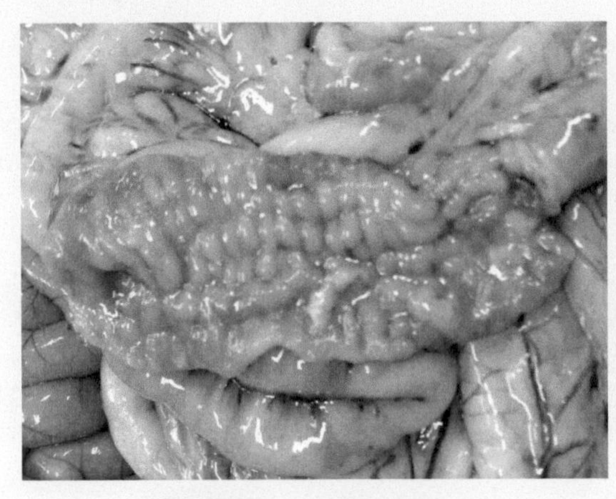

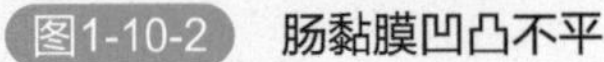

图1-10-2 肠黏膜凹凸不平

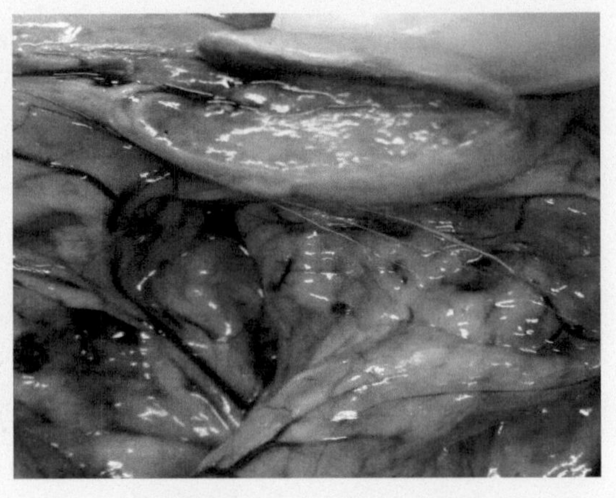

图1-10-3 肠系膜淋巴结钙化

【类症鉴别】

1.与寄生虫病的鉴别

（1）相似点　病羊会有腹泻的症状。

（2）不同点　寄生虫病在粪便中常发现大量虫卵，剖检时在胃肠道里有大量的寄生虫，肠黏膜缺乏副结核病的皱褶变化。

2.与营养不良的鉴别

（1）相似点　病羊会有腹泻的症状。

（2）不同点　营养不良多见于冬春枯草季节，病羊消瘦、衰弱；在早春抢青阶段也会发生腹泻，但肠道缺乏副结核病的病理变化。

3.与沙门氏菌病的鉴别

（1）相似点　病羊会有腹泻的症状。

（2）不同点　感染沙门氏菌的羊体温高达40～41℃，腹泻，粪黏带血、恶臭，虚弱，1～5天死亡。该病多呈急性或亚急性经过，粪便中能分离出致病性沙门氏菌。病羊发生流产，流产前体温升高到40～41℃，厌食，精神沉郁，腹泻。病羊阴唇肿胀，流产前1～2天流出带血黏液（图1-10-4）。病羊产下的活羔羊比较衰弱，不吃奶，并有腹泻（图1-10-5）。病羊伴发肠炎、胃肠炎和败血症。感染副结核病的羊早期排出的粪便中有气泡存在，在后期呈喷射状排出。

4.与羊支原体性肺炎鉴别

（1）相似点　以发热、咳嗽和纤维素性肺炎为特征。

（2）不同点　羊巴氏杆菌病主要发生于幼龄羔羊，成年羊少见，病羊胃肠道黏膜水肿、溃疡和弥漫性出血，腹泻时便中带血。羊支原体性肺炎以病肺的边缘常和周围组织发生广泛粘连为特征（图1-10-6）。

5.与小反刍兽疫鉴别

（1）相似点　临床症状极为相似，体温升高及呼吸道症状明显。

（2）不同点　小反刍兽疫主要表现为口腔黏膜充血、坏死，鼻腔分泌物增多（图1-10-7），结膜炎（图1-10-8），支气管肺炎，尖叶性肺炎（图1-10-9），嘴唇肿胀，上皮坏死（图1-10-10），嘴唇外周结节性病变（图1-10-11），腹泻、便血（图1-10-12），消化道呈斑马条纹状出血（图1-10-13、图1-10-14）。

图1-10-4　病羊阴唇肿胀，流产前流出带血黏液

图1-10-5　衰弱的羔羊

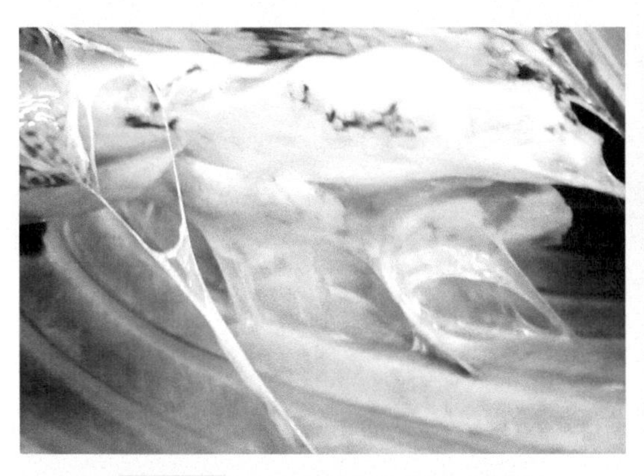

图1-10-6　肺和周围组织发生粘连

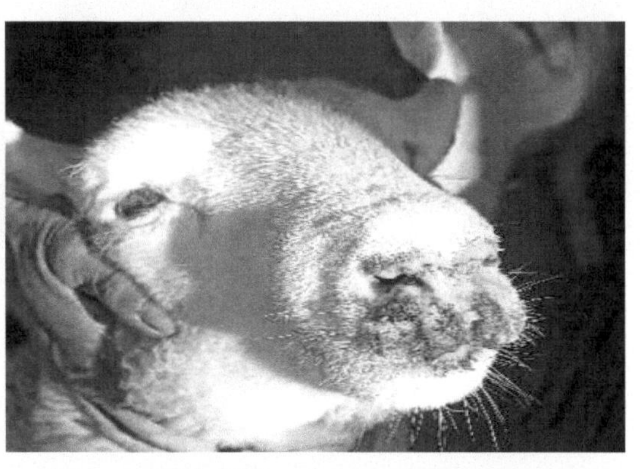

图1-10-7　鼻腔分泌物增多

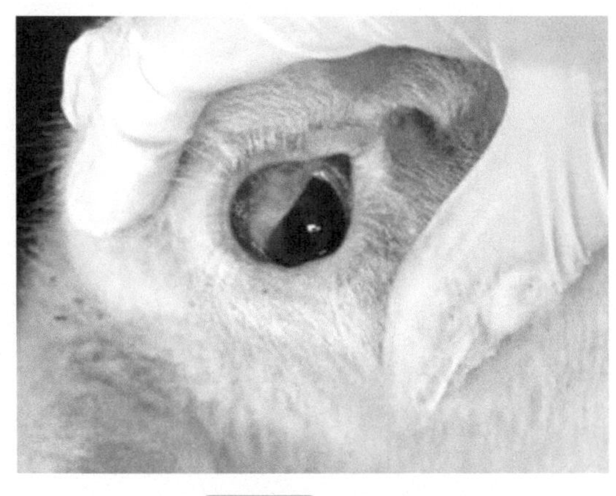

图1-10-8　结膜炎

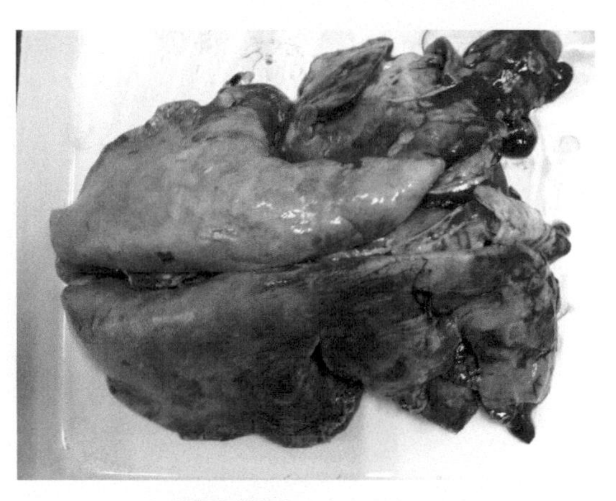

图1-10-9　尖叶性肺炎

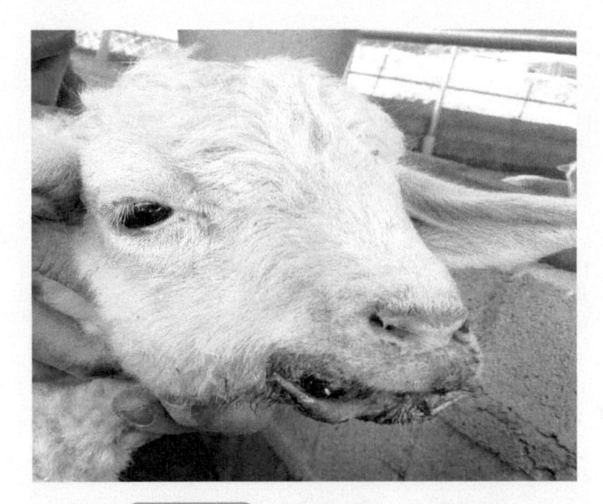

图1-10-10 嘴唇肿胀，上皮坏死

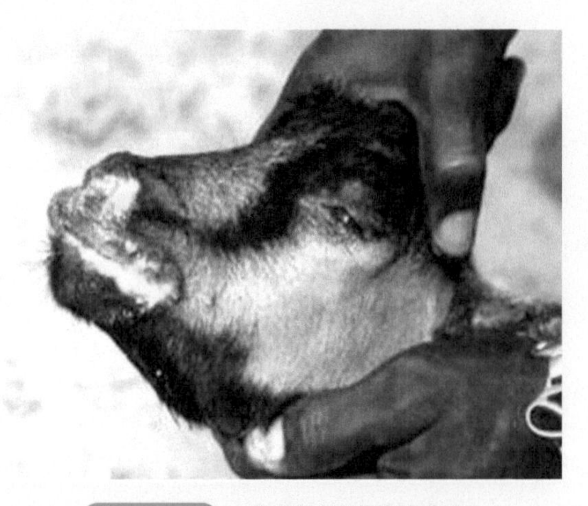

图1-10-11 嘴唇外周结节性病变

图1-10-12 腹泻、便血

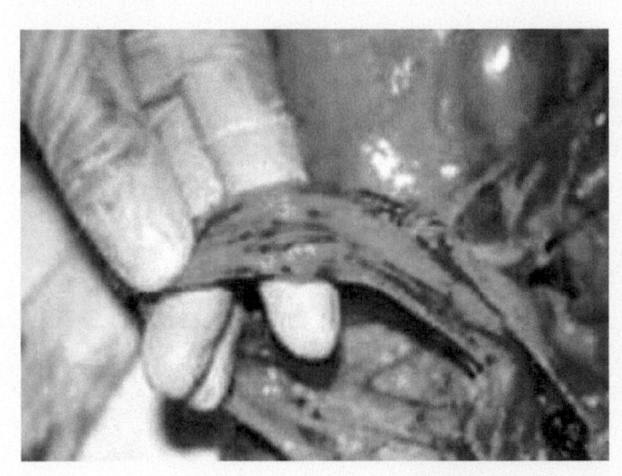

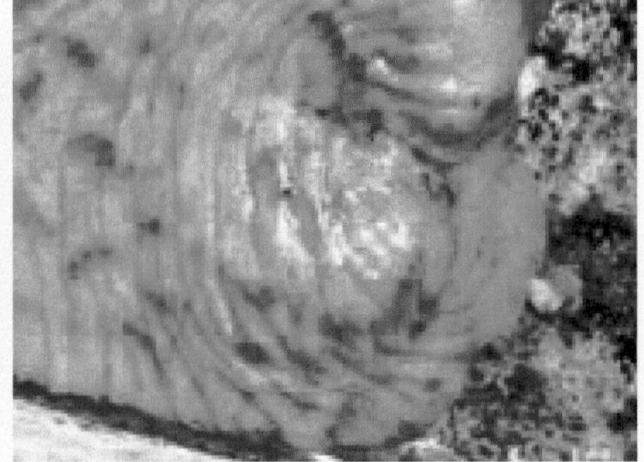

图1-10-13 肠道呈斑马条纹状出血

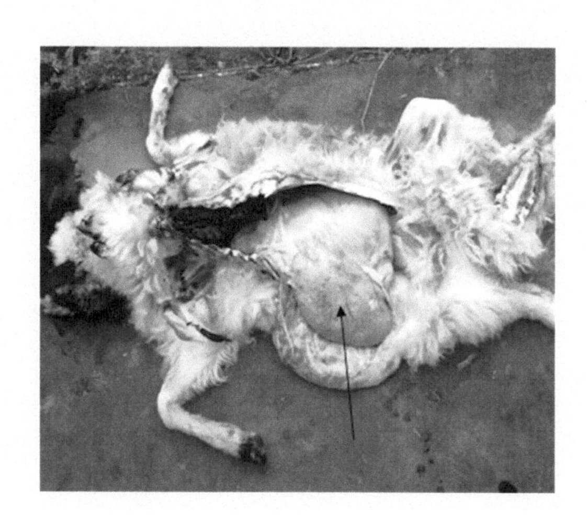

图1-10-14 瘤胃出血、溃疡

【防治】

羊副结核病无治疗价值。对出现临床症状或变态反应阳性的病羊，及时淘汰；对圈舍彻底消毒，并空闲1年后再引入健康羊。

十一、羊放线菌病

羊放线菌病是一种慢性传染病，主要以羊下颌、面部、颈部或乳房等处出现增生与化脓，形成放线菌肿为特征。

【病原】

病原是牛放线菌和林氏放线杆菌，主要侵害骨骼等硬组织。在病灶的脓汁中形成黄色或黄褐色的颗粒状物质，外观似硫黄。本菌抵抗力不强，易被普通消毒剂杀死，但菌块干燥后能存活6年，对日光的抵抗力亦很强，在自然环境中能长期生存。

【流行特点】

本菌常存在于污染的饲料和饮水中，当健羊的口腔黏膜被草芒、谷糠或其他粗饲料刺破时，细菌即乘机由伤口侵入。本病常发生在低洼潮湿地区。主要危害1岁以内的青年羊，老龄羊和羔羊很少见。本病散发，很少呈流行性，病程长，达数周以上。

【症状】

病羊下颌部、面部、颈部或乳房处有肿块，有的较硬，有的柔软有波动感，无热无痛。有的脓肿部被毛脱落，皮肤变薄，之后自然破溃形成瘘管，流出大量脓性分泌物（图1-11-1）。病羊精神尚好，有的沉郁，食欲、反刍下降，严重的几乎不吃草料，仅舔食少量混合精料，体温升高不明显。

【病理变化】

病害常限于头部，内脏没多大变化，嘴唇肿大、坚硬、瘘管有脓液流出，部分带有干脓或脓痂。颌下淋巴结增大。肺部严重损伤时，表现囊状肉芽肿（图1-11-2）。

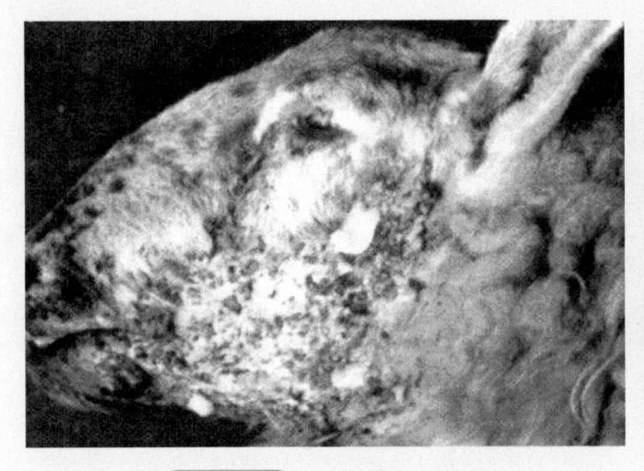

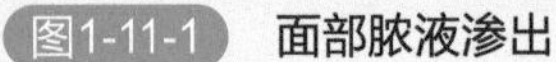

图1-11-1　面部脓液渗出

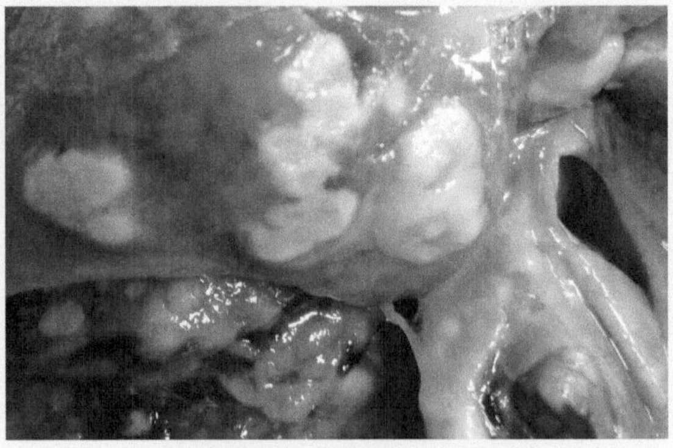

图1-11-2　肺囊状肉芽肿

【诊断】

根据临床症状和病理变化做出诊断。

【类症鉴别】

1.与脓肿的鉴别

（1）相似点　局部出现化脓为特征。

（2）不同点　脓肿是外有脓肿膜包裹，内有脓液积聚所形成的局限性脓腔，在机体的任何部位都可以出现。羊放线菌病主要以羊下颌、面部、颈部或乳房等处出现增生与化脓，形成放线菌肿为特征。

2.与葡萄球菌病的鉴别

（1）相似点　以组织器官发生化脓性炎症为特征。

（2）不同点　羊患葡萄球菌病时皮下、肌肉与内脏器官常形成大小不等的脓肿，肝、脾、肾、肺表面有灰白色的化脓灶或紫黑色的出血点（图1-11-3、图1-11-4）。羊放线菌病主要以羊下颌、面部、颈部或乳房等处出现增生与化脓，形成放线菌肿为特征。

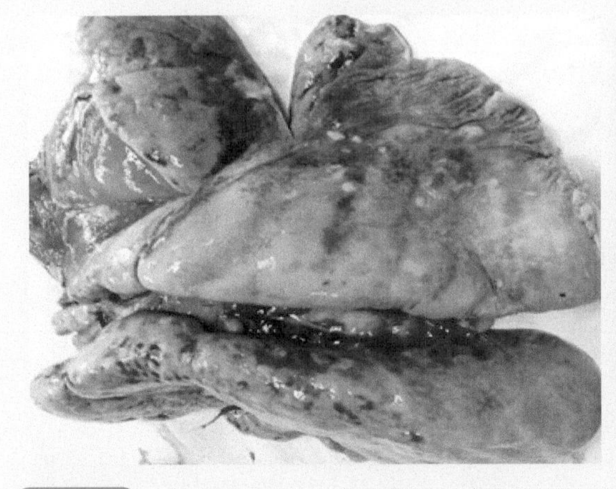

图1-11-3　肺表面有灰白色的化脓灶和紫黑色出血点

图1-11-4　肺中有许多大小不等的脓肿

【防治】

1.预防

（1）将蒿秆、谷糠或其他粗饲料浸软以后再喂。

（2）注意饲料及饮水卫生，避免到低湿地区放牧。

2.治疗

（1）初期肿胀坚硬，可采取封闭疗法，即青霉素80万单位、链霉素0.5克、0.25%普鲁卡因20毫升注射在肿胀四周。

（2）若放线菌肿不在大血管和神经干处，单个存在且尚未软化，可手术剥离摘除。

（3）若脓肿有波动感，可切开排脓，用2%来苏尔冲洗脓腔，最后用碘酊纱布填塞。

（4）若放线菌肿生长在舌体上，舌伸出口外，采食困难，首先针刺放出水肿液，然后用青霉素、链霉素各80万单位，注射用水10毫升，从颌下间隙注入舌体。

十二、衣原体病

羊衣原体病由鹦鹉热衣原体引起，临床上以发热、流产、死胎和产出弱羔为特征。

【病原】

鹦鹉热衣原体属于衣原体科，衣原体属。鹦鹉热衣原体抵抗力不强，对热敏感。0.1%福尔马林、0.5%石炭酸、70%酒精、3%氢氧化钠均能将其灭活。

【流行特点】

患病动物和带菌动物为主要传染源，可通过粪便、尿液、泪液、鼻分泌物以及流产的胎儿、胎衣、羊水排出病原体。本病主要经呼吸道、消化道及损伤的皮肤、黏膜感染；也可通过交配或用患病公羊的精液人工授精发生感染；蜱、螨等吸血昆虫叮咬也能传播本病。羊衣原体性流产多呈地方性流行。密集饲养、营养缺乏、长途运输或迁徙等可促进本病的发生。

【症状】

鹦鹉热衣原体感染绵羊、山羊可有不同的临床表现，主要有下列几种类型。

1.流产型

流产通常发生于妊娠中后期，主要表现为流产、死胎或娩出生命力不强的弱羔羊（图1-12-1）。流产后往往胎衣滞留，阴道排出分泌物可达数日。流产过的母羊，一般不再发生流产。在本病流行的羊群中，公羊可见睾丸炎、附睾炎等疾病。

2.关节炎型

鹦鹉热衣原体侵害羔羊，可引起多发性关节炎（图1-12-2）。感染羔羊病初体温高达41～42℃，食欲减退，关节肿胀、疼痛，肌肉僵硬，生长发育受阻。有些羔羊同时发生结膜炎。发病率高，病程2～4周。

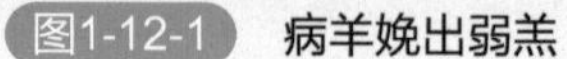

图1-12-1 病羊娩出弱羔

图1-12-2 羔羊的多发性关节炎

3.结膜炎型

眼结膜充血、水肿、流泪（图1-12-3）。病后2～3天，角膜发生不同程度的混浊。角膜溃疡者，病期可达数周。发病率高，一般不引起死亡，病程6～10天。

【病理变化】

1.流产型

流产母羊胎膜水肿、增厚，子叶呈黑红色或土黄色。流产胎儿水肿，皮肤、皮下组织及淋巴结等处有点状出血，肝脏充血、肿胀，表面有针尖大小的灰白色病灶。

2.关节炎型

关节囊扩张，发生纤维素性滑膜炎。

3.结膜炎型

结膜上可见大小不等的淋巴样滤泡，滤泡内淋巴细胞增生。

【诊断】

根据流行特点、临床症状和病理变化可做出初步诊断。确诊需进行实验室诊断。

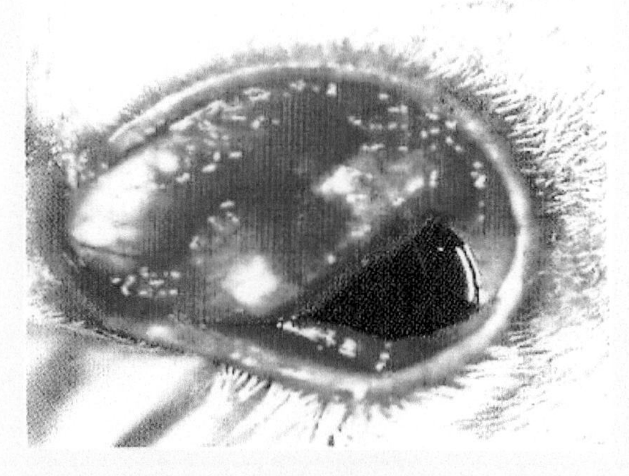

图1-12-3 鹦鹉热衣原体引起的眼结膜充血、水肿

【类症鉴别】

1.与布氏杆菌病鉴别

（1）相似点　会导致妊娠母羊发生流产，死胎。

（2）不同点　患有布氏杆菌病的羊在自然条件下流产多发生在怀孕的后期，约在妊娠的第4个月。在流产前2～3天，体温升高，精神沉郁，食欲减退，有的长卧不起，由阴道排除黏液或黏液带血性分泌物，流产母羊多数胎衣不下，继发子宫内膜炎，影响受胎（图1-12-4）。感染衣原体的妊娠母羊通常在孕期最后一个月发病，流产后伴有胎衣滞留，往往可持续几天排出流产分泌物。

2.与沙门氏菌病鉴别

（1）相似点　会导致妊娠期母羊精神沉郁，食欲减退，流产。

（2）不同点　患有沙门氏菌病的母羊发生于产前6周，同时伴有体温升高，腹泻的现象。感染衣原体的羊体温一般没有变化。

3.与链球菌病鉴别

（1）相似点　会导致患病母羊流产，食欲减退；同时有的羊会患有关节炎。

（2）不同点　感染链球菌的病羊体温升高，精神不振，反刍停止，流泪、流鼻液、流涎（图1-12-5），咳嗽，呼吸困难，咽喉肿胀，咽背和颌下淋巴结肿大。粪便有时带有黏液或血液。严重病例多因衰竭、窒息而死亡。感染衣原体的母羊会流产后伴有胎衣滞留，往往可持续几天排出流产分泌物。

4.与山羊关节炎-脑炎病进行鉴别

（1）相似点　都可以引起羊的关节炎。

（2）不同点　山羊关节炎-脑炎只感染山羊依据临床表现，一般分为脑脊髓炎型、关节炎型和肺炎型3种病型，脑脊髓炎型主要发生于2～6月龄山羊羔，病初精神沉郁，随即四肢僵硬，共济失调。有些病羊眼球震颤，角弓反张，呈仰头观天状（图1-12-6），成年山羊呈缓慢发展的关节炎，多见腕关节肿大、跛行（图1-12-7）；羊衣原体病侵害羔羊，既可感染绵羊，也可感染山羊，可引起多发性关节炎，关节肿胀、疼痛，生长发育受阻。

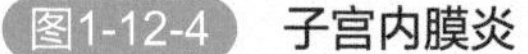

图1-12-4　子宫内膜炎

图1-12-5　口流涎水

图1-12-6 羔羊呈仰头观天状

图1-12-7 腕关节明显肿大

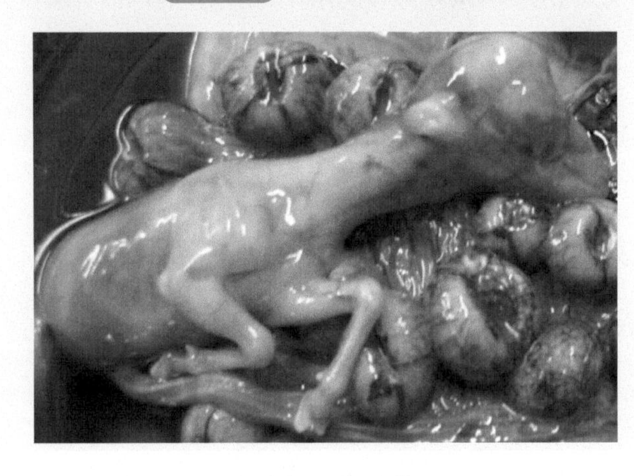

图1-12-8 产出的死羔皮下水肿

5.与弓形体病引起流产的鉴别

（1）相似点 怀孕母羊出现流产症状。

（2）不同点 衣原体病引起的流产，母羊通常在产前2～3周发生流产，但胎儿多存活，流产过的母羊，一般不再发生流产。弓形体病主要表现为妊娠羊于正常分娩前4～6周出现流产，产出的死羔皮下水肿（图1-12-8）。

【防治】

加强饲养卫生管理，消除各种诱发因素，防止寄生虫侵袭，增强羊群体质。流行本病的地区，用羊流产衣原体灭活苗对母羊和种公羊进行免疫接种，可有效控制羊衣原体病的流行。发生本病时，流产母羊及其所产弱羔应及时隔离。流产胎盘、产出的死羔应予销毁。污染的羊舍、场地等环境用2%氢氧化钠溶液、2%来苏尔等进行彻底消毒。

治疗可肌注青霉素，每次80万～160万单位，1日2次，连用3日。也可用四环素、红霉素等治疗，连用1～2周。结膜炎患羊可用土霉素软膏点眼治疗。

十三、链球菌病

羊链球菌病俗称“嗓喉病”，是羊的一种急性、热性、败血性传染病。以下颌淋巴结和咽喉肿胀，大叶性肺炎，呼吸异常困难，各脏器出血，胆囊肿大为特征。

【病原】

病原是链球菌，革兰染色阳性。病菌通常存在于病羊的各个脏器以及分泌物、排泄物中，以鼻液、气管和肺脏含量最高。对外界抵抗力较强，而对一般的消毒药物抵抗力较差，2%石炭酸、0.1%升汞、2%来苏尔及0.5%漂白粉可将其杀死。

视频1-13-1

扫码观看：链球菌病（呼吸困难，精神沉郁，食欲不振，全身颤抖。眼内流出脓性分泌物；鼻孔流出脓性分泌物。腹泻，粪便带血）

【流行特点】

该病的传染源是病羊及带菌羊，经由呼吸道或发生损伤的皮肤、黏膜及吸血昆虫叮咬而传播。病原体具有较强的抵抗力。新发病区呈流行性发生，而老疫区呈散发或地方性流行。该病发生在冬、春季节。

【症状】

本病的潜伏期，自然感染时为2～7天，少数可达10天。

1.最急性型

病羊症状不明显，常于24小时内死亡。

2.急性型

病初体温升高达41℃，呼吸困难，精神沉郁，食欲不振或者废绝，反刍停止。眼结膜充血（图1-13-1），流出脓性分泌物；口流涎水，并混有泡沫；鼻孔流出浆液性、脓性分泌物（图1-13-2）。咽喉肿胀，下颌淋巴结肿大，部分病例舌体肿大。粪便松软，带有黏液或血液（视频1-13-1）。怀孕羊流产。病羊死前有磨牙、呻吟和抽搐现象。病程一般2～5天。

视频1-13-2

扫码观看：链球菌病（病羊咳嗽）

3.亚急性型

临床症状与急性型相似，但相对较缓和。病羊体温升高，食欲不振，呼吸困难，有黏性鼻涕流出，伴有咳嗽（视频1-13-2）。

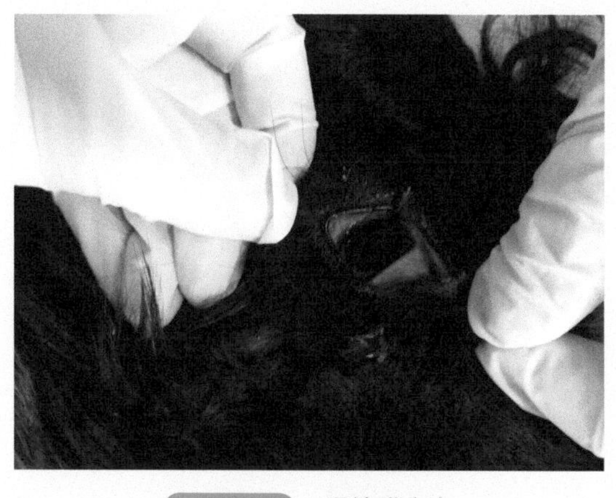

图1-13-1　眼结膜充血

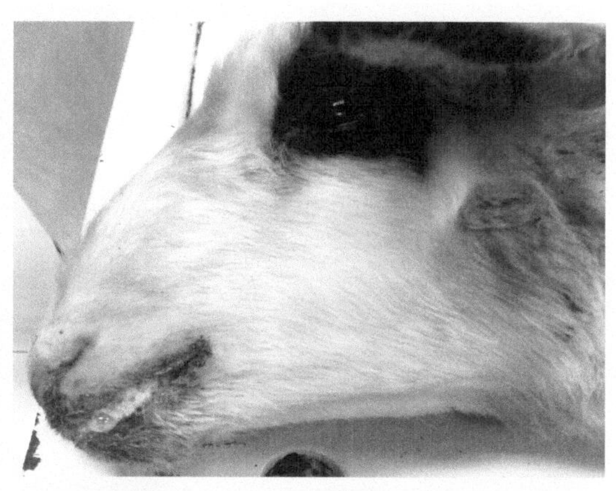

图1-13-2　鼻孔流出浆液性、脓性分泌物

排出稀软的粪便。病程后期，病羊垂头、弓背、呆立。死前卧地不起，四肢呈游泳状划动，有时发出尖叫声或出现磨牙表现。病程1～2周。

4.慢性型

症状不稳定，食欲不振，消瘦，步态僵硬，有的出现关节炎。病程1个月左右。

【病理变化】

皮下结缔组织充血，咽喉部高度水肿，胸腔内有深黄色的胶样渗出液，肺实质出血，呈浆液纤维素性肺炎（图1-13-3）。心内、外膜有点状出血。肝脏肿大，表面有少量出血点。胆囊肿大，充满黑绿色胆汁（图1-13-4）。肾脏变脆、变软，肿胀，被膜不易剥离。肠黏膜脱落，肠内容物混有血液（图1-13-5）。肠系膜淋巴结出血，肿大。

【诊断】

根据临床症状和病理变化做出诊断。

【类症鉴别】

1.与衣原体病的鉴别

参见“十二、衣原体病”部分衣原体病与链球菌病的类症鉴别。

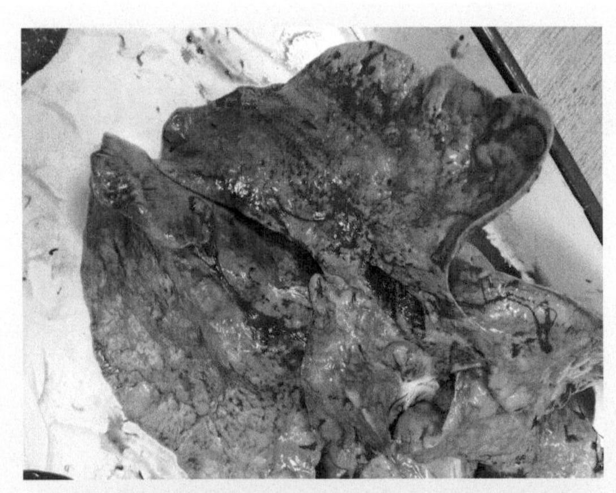

图1-13-3 纤维素性肺炎

图1-13-4 胆囊肿大

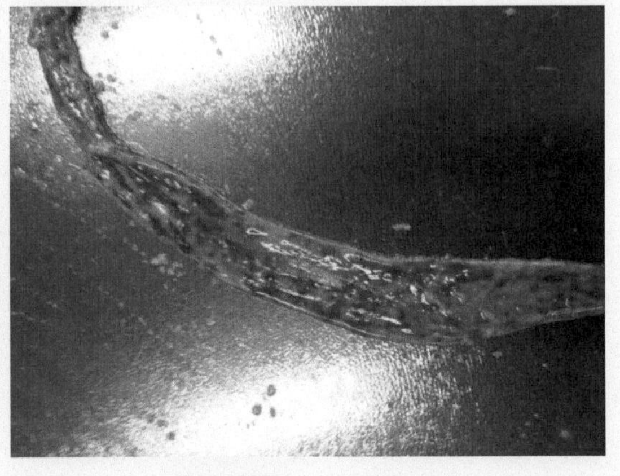

图1-13-5 肠黏膜出血

2.与炭疽病鉴别

参见“一、炭疽”部分炭疽与链球菌病的类症鉴别。

3.与巴氏杆菌病鉴别

参见“二、羊巴氏杆菌病”部分巴氏杆菌病与链球菌病的类症鉴别。

4.与支原体肺炎鉴别

（1）相似点　以发热、咳嗽和纤维素性肺炎为特征。

（2）不同点　支原体肺炎特征是肺脏与胸膜粘连（图1-13-6）。

5.与小反刍兽疫鉴别

（1）相似点　临床症状极为相似，体温升高及呼吸道症状明显。

（2）不同点　小反刍兽疫肺脏和气管充血，直肠有明显的条纹状出血，口腔黏膜充血、坏死。

6.与肺线虫病鉴别

（1）相似点　都可引起病羊咳嗽。

（2）不同点　肺线虫病可见肺气肿（图1-13-7），支气管中有黏性或脓性混有血丝的分泌团块和肺线虫（图1-13-8）。气管内分泌物增多，见有肺线虫（图1-13-9）。链球菌病以大叶性肺炎，呼吸异常困难，各脏器出血，胆囊肿大为特征。

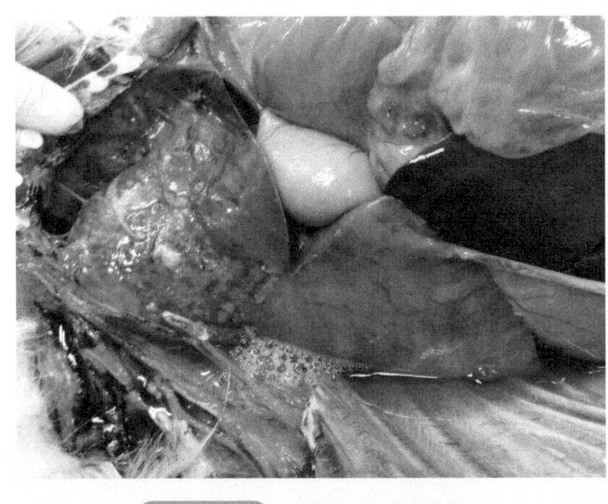

图1-13-6　肺脏与胸膜粘连

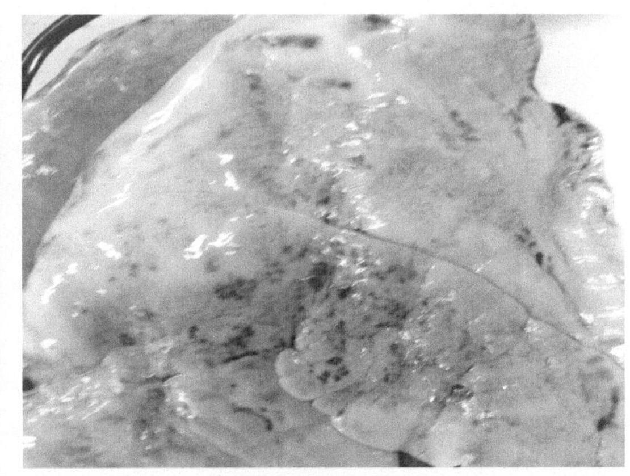

图1-13-7　肺气肿

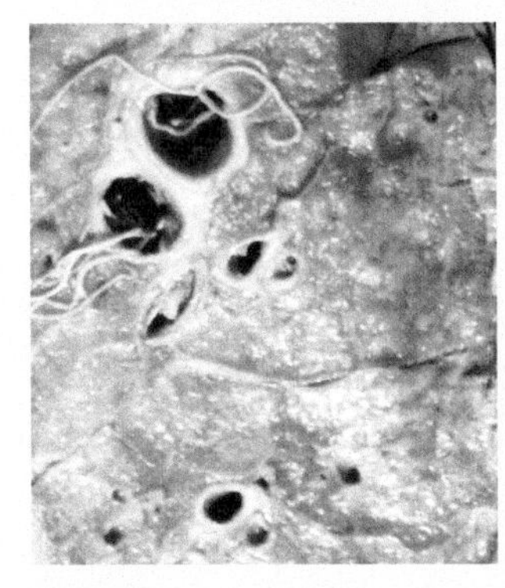

图1-13-8　支气管中的肺线虫

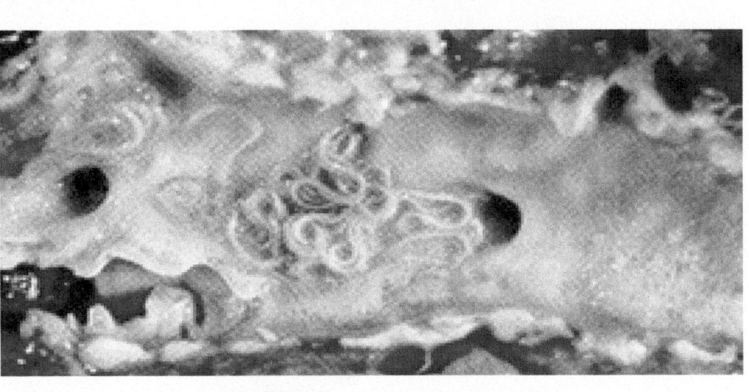

图1-13-9　气管中的肺线虫

【防治】

1.预防

（1）未发病地区勿从疫区引入种羊、羊肉或皮毛产品，加强防疫检疫工作。

（2）常发病地区坚持免疫接种，每年发病季节到来之前，用羊链球菌苗预防接种。大小羊只一律皮下注射3毫升，3月龄以下羔羊，2～3周后重复接种1次，免疫期可维持半年以上。

（3）加强饲养管理，做好防寒保暖工作。疫区要搞好隔离消毒工作。

2.治疗

早期用青霉素或磺胺类药物治疗。每次肌内注射青霉素80万～160万单位，每日2次，连用2～3日。或口服复方新诺明，每次每千克体重25～30毫克，1日2次，连用3日。

十四、葡萄球菌病

羊葡萄球菌病以组织器官发生化脓性炎症为特征，多为继发性感染。

【病原】

主要致病菌为金黄色葡萄球菌，常呈葡萄串状排列，革兰氏染色阳性。

【流行特点】

羊可通过各种途径感染葡萄球菌，损伤的皮肤及黏膜是主要的入侵门户。进入机体组织的葡萄球菌，引起感染局部蜂窝织炎、脓肿等，并可转移引起内脏器官的脓肿病变。经呼吸道感染还可引起气管炎、肺炎及脓胸等。

【症状】

皮下、肌肉与内脏器官常形成大小不等的脓肿。肺、胸膜发生化脓性炎症时，可引起肺与胸膜粘连。经呼吸道感染可引起气管炎、肺炎及脓胸等。乳房发热、疼痛、高度肿胀（图1-14-1），乳房分泌物呈红色或黑红色，带恶臭味。

【病理变化】

肝、脾、肾、肺表面有灰白色的化脓灶或紫黑色的出血点（图1-14-2、图1-14-3），下颌淋巴结、股前淋巴结和肠系膜淋巴结肿大，常呈紫红色。

【类症鉴别】

1.与乳腺炎的鉴别

（1）相似点　乳房发热，疼痛，乳汁形状改变。

（2）不同点　患有乳腺炎的羊体温可高达41℃，泌乳量减少，鲜奶呈水样（图1-14-4），灰白色或深黄色，浓稠、絮状凝块或混有血液等。感染葡萄球菌的羊的分泌物为红色或黑色，并且有恶臭味。

2.与坏死杆菌病的鉴别

参见“四、坏死杆菌病”部分坏死杆菌与葡萄球菌的类症鉴别。

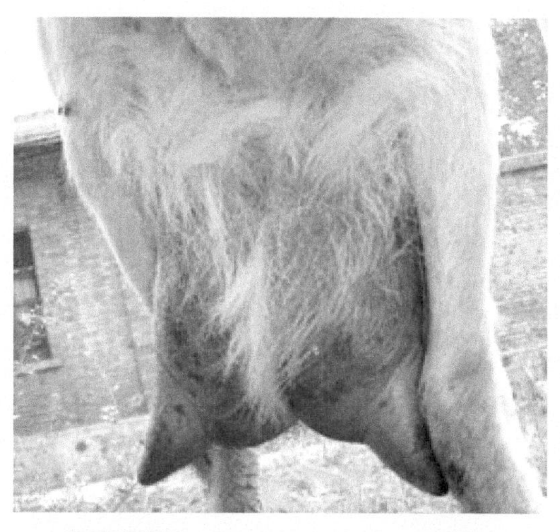

图1-14-1　乳房发热、疼痛、高度肿胀

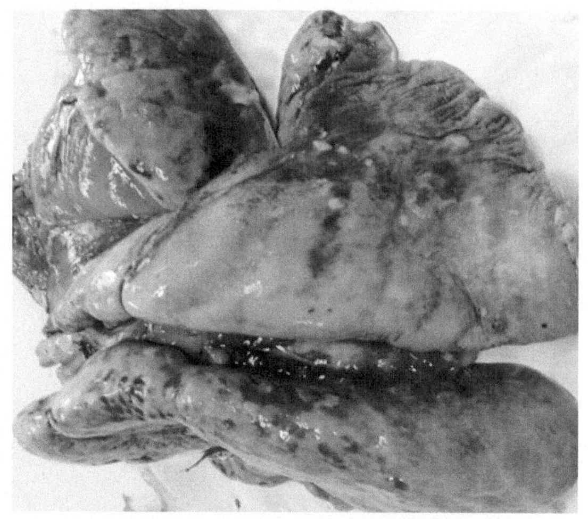

图1-14-2　肺表面有灰白色的化脓灶和紫黑色出血点

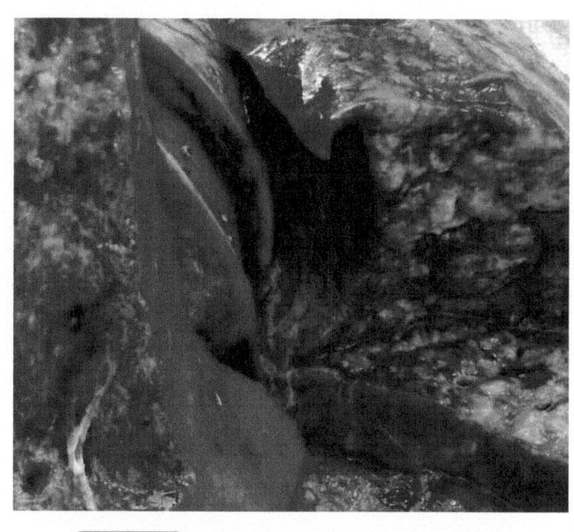

图1-14-3　肺中有许多大小不等的脓肿

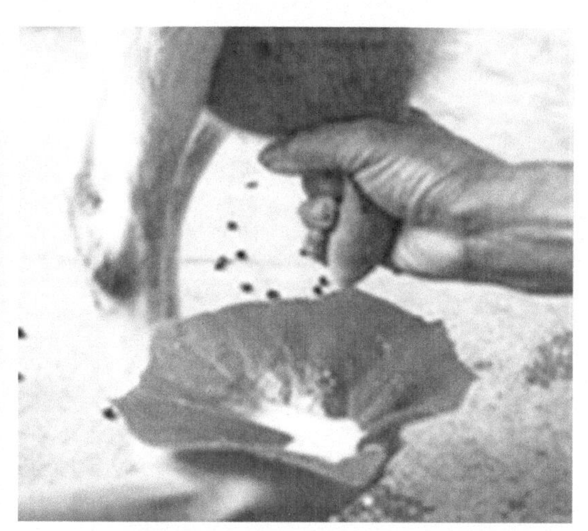

图1-14-4　病羊乳房肿大、乳汁稀薄

3.与放线菌病的鉴别

参见“十一、羊放线菌病”部分羊放线菌与葡萄球菌病的类症鉴别。

【防治】

保持饲养环境的清洁卫生，避免外伤，提高机体的抵抗能力，可大大降低本病的发生。对病羊可采用抗生素做局部或全身治疗。

十五、羊快疫

绵羊的一种急性传染病，以突然发病，病程短促，皱胃黏膜呈出血性炎性损害为特征。

【病原】

病原为腐败梭菌，是革兰氏阳性的厌氧大肠杆菌。本菌可产生多种毒素，在体内外均产生芽孢，不形成荚膜。一般要使用强力消毒药如20%漂白粉、3%～5%氢氧化钠等才能将其杀死。

【流行特点】

病羊多为6～18月龄营养较好的绵羊，山羊较少。多发于春、秋季节，羊采食了污染的饲料或饮水，当外界存有不良诱因，如气候骤变、阴雨连绵、体内寄生虫等都可诱发本病。以散发为主，发病率低而病死率高。

【症状】

1.最急性型

病羊突然停止采食和反刍，磨牙、腹痛、呻吟，四肢分开，后躯摇摆，呼吸困难，口鼻流出带泡沫的液体。痉挛倒地，四肢呈游泳状，2～6小时死亡。

2.急性型

病初精神不振，食欲减退，步态不稳，腹部鼓胀，眼结膜充血，流涎，呻吟（视频1-15-1）。排粪困难，粪便中带有炎性产物或黏膜，呈黑绿色。体温升高到40℃以上时呼吸困难，不久后死亡。

视频1-15-1

扫码观看：羊快疫（急性型 病羊卧地不起，腹部鼓胀，呻吟）

【病理变化】

胃黏膜出血（图1-15-1），黏膜下组织水肿。胸、腹腔及心包积液，心内外膜和肠道有出血点，胆囊肿大（图1-15-2）。肾、肝等实质器官瘀血（图1-15-3）。

【诊断】

在羊生前诊断本病有困难，根据临床症状只能初步诊断，死后剖检可见皱胃出血，确诊需进行细菌学检验。

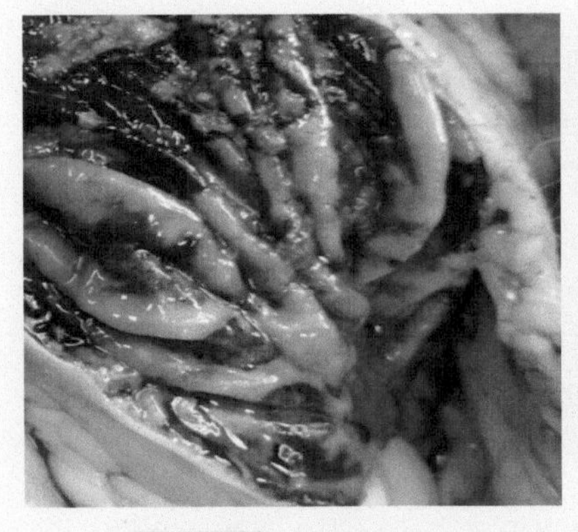

图1-15-1 胃黏膜出血

图1-15-2 胆囊肿大

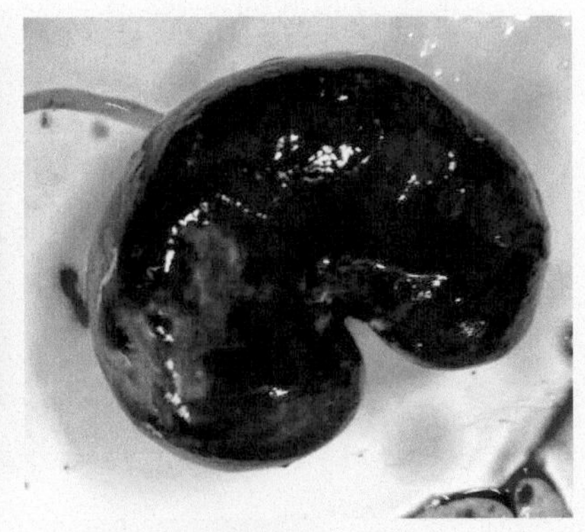

图1-15-3 肾瘀血

【类症鉴别】

1. 与炭疽鉴别

参见“一、炭疽”部分炭疽病与羊快疫类症鉴别。

2. 与巴氏杆菌病鉴别

参见“二、羊巴氏杆菌病”部分巴氏杆菌病与羊快疫类症鉴别。

3. 与羊肠毒血症的鉴别

（1）相似点　病羊会腹部鼓胀，排出稀便。

（2）不同点　羊肠毒血症发病季节为春夏之交和秋季，羊肠毒血症则以结膜苍白，四肢、耳尖发凉为特点。流行后期有时偶见病程较长的病例。感染羊肠毒血症的羊腹泻明显，局部肌肉颤抖，死前心跳及呼吸加快，病程为2～4天。羊快疫以腹部膨胀、腹痛、结膜潮红为特点。皱胃内常见残留未消化的饲料（图1-15-4）；肾脏软化如泥样（图1-15-5）；肠道臌胀，肠黏膜充血、出血（图1-15-6）；心脏内、外膜有出血点；脑膜出血，脑实质内有液化性坏死灶，脑膜出血（图1-15-7）。全身淋巴结肿大，切面黑褐色。感染，羊快疫的羊排粪困难，粪团变大，色黑，有的还排油黑色或深绿色稀便，临死时体温升高到40℃以上，病程在1天左右。

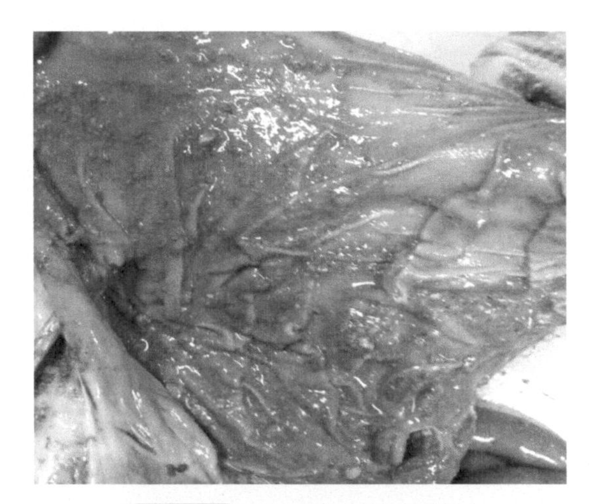

图1-15-4　皱胃残留未消化饲料

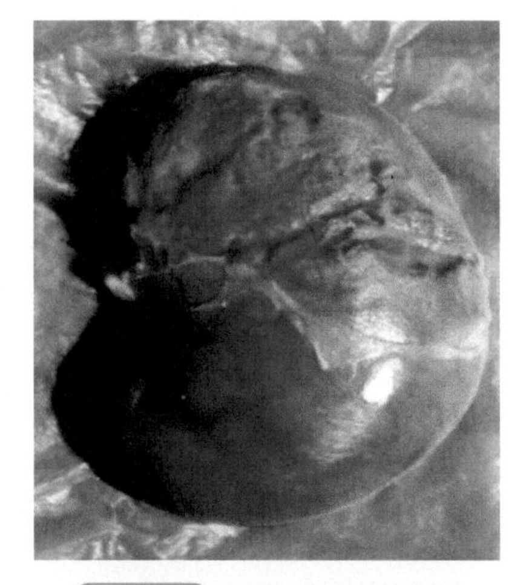

图1-15-5　肾脏皮质柔软如泥

图1-15-6　肠黏膜充血、出血

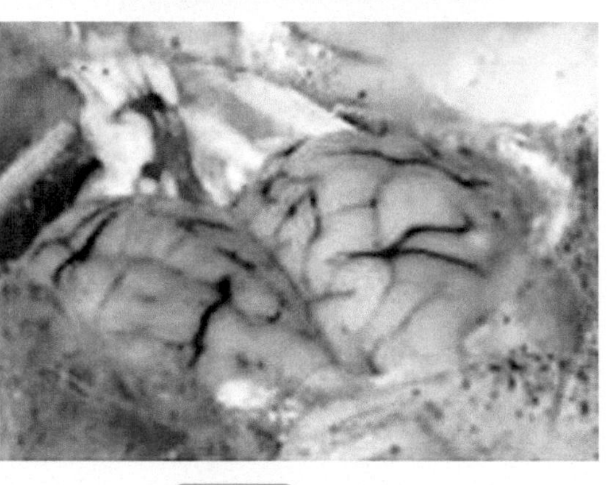

图1-15-7　脑膜出血

图1-15-8 肝表面的灰黄色坏死灶

4.与羊黑疫鉴别

（1）相似点　发病急，突然死亡，体温升高，食欲减退，会有稀便排出。

（2）不同点　羊黑疫一般发生在春、夏季，肝片吸虫流行的低洼潮湿地区。对病羊血液进行细菌学检查会发现血液中存在细菌。进行外观检查发现皮下静脉显著瘀血，羊皮呈暗黑色外观，肝脏表面和深层有数目不等的灰黄色坏死灶（图1-15-8），周围有一鲜红色充血带围绕，切面呈半月形。患有羊快疫的羊排粪困难，粪便中有炎性产物或黏膜，呈黑绿色。

【防治】

1.预防

发生本病时，将病羊隔离。当本病发生严重时，将所有未发病羊转移到高燥地区放牧，防止受寒感冒，避免羊只采食冰冻饲料，早晨出牧不要太早。同时用菌苗进行紧急接种。在本病常发地区，每年可定期注射“羊快疫、猝疽、肠毒血症三联苗”，或“羊快疫、猝疽、肠毒血症、羔羊痢疾、黑疫五联苗”。

2.治疗

病羊往往来不及治疗而死亡。对病程稍长的病羊，可治疗。

（1）青霉素，肌内注射，每次80万～160万单位，每天2次。

（2）磺胺嘧啶，灌服，按每次每千克体重5～6克，连用3～4次。

（3）复方磺胺嘧啶钠注射液，肌内注射，按每次每千克体重0.015～0.02克，每天2次。

（4）磺胺脒，按每千克体重8～12克，第1天1次灌服，第2天分2次灌服。

十六、羊肠毒血症

羊肠毒血症又称软肾病，是由魏氏梭菌在肠道内繁殖产生毒素引起的羊急性传染病。

【病原】

魏氏梭菌为革兰氏阳性的厌氧粗大杆菌，可形成荚膜，故又称为产气荚膜杆菌，可产生多种肠毒素，导致全身性毒血症。

【流行特点】

发病以绵羊为多，山羊较少。通常以2～12月龄、膘情好的羊为主，经消化道而发生内源性感染。牧区以春夏之交，秋季牧草结籽后的一段时间发病为多；农区则多见在收割抢茬季节或食入大量富含蛋白质饲料时，多呈散发性流行。

【症状】

该病发生突然，病羊腹痛、肚胀，常离群呆立、卧地或独自奔跑；濒死期发生肠鸣或腹泻，排出黄褐色水样粪便；全身颤抖，磨牙，头颈向后弯曲（视频1-16-1）；口鼻流沫；常于昏迷中死亡。体温一般不高。

视频1-16-1

扫码观看：羊肠毒血症（全身颤抖，头颈向后弯曲）

【病理变化】

皱胃内常见残留未消化的饲料（图1-16-1）；肾脏软化如泥样（图1-16-2）；肠道臌胀，肠黏膜充血、出血（图1-16-3）；心脏内、外膜有出血点；脑膜出血，脑实质内有液化性坏死灶，脑膜出血（图1-16-4）。全身淋巴结肿大，切面黑褐色。

【诊断】

根据临床症状和病理变化即可作出诊断。

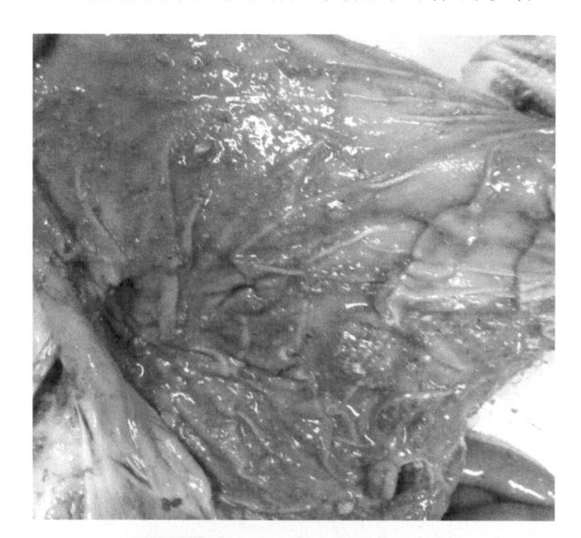

图1-16-1　皱胃残留未消化饲料

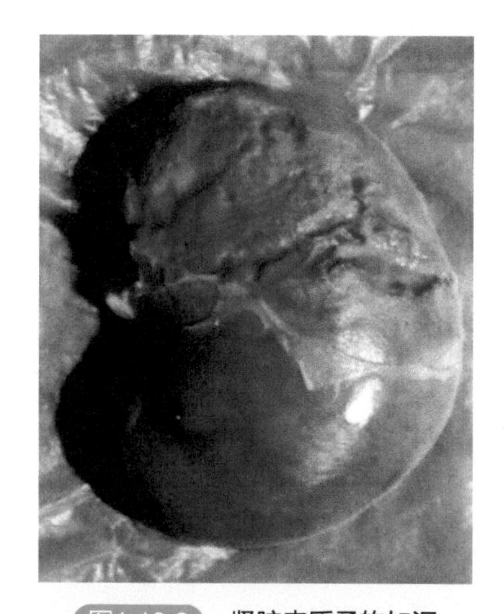

图1-16-2　肾脏皮质柔软如泥

图1-16-3　肠黏膜充血、出血

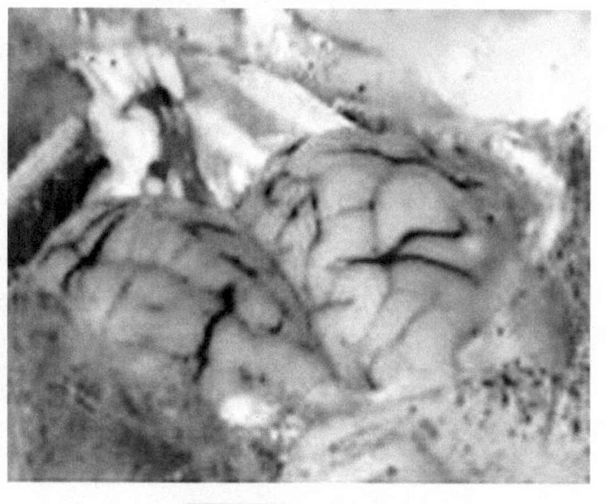

图1-16-4　脑膜出血

【类症鉴别】

1.与羊快疫鉴别

参见“十五、羊快疫”部分羊快疫与羊肠毒血症的类症鉴别。

2.与羊链球菌病鉴别

（1）相似点　都是突然发病，病程短促，很快死亡。

（2）不同点　患链球菌的病羊流鼻涕，咳嗽，呼吸困难，胆囊肿大（图1-16-5），纤维素性肺炎（图1-16-6）。

3.与羊黑疫鉴别

（1）相似点　都是突然发病，病程短促，很快死亡。

（2）不同点　羊黑疫主要发生在春、夏季，肝片吸虫流行的低洼潮湿地区。外观检查发现羊皮呈暗黑色外观，皱胃黏膜充血、出血（图1-16-7）。肝脏表面和深层有数目不等的灰黄色坏死灶（图1-16-8），周围有一鲜红色充血带围绕，切面呈半月形。羊肠毒血症病羊会全身颤抖，磨牙，头颈向后弯曲；口鼻流沫，进行剖检发现肾变软。

4.与羊球虫病鉴别

（1）相似点　均有腹泻带血症状。

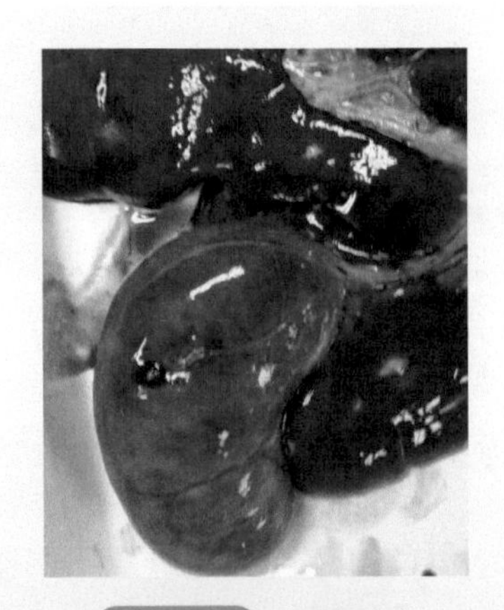

图1-16-5　胆囊肿大

图1-16-6　纤维素性肺炎

图1-16-7　皱胃黏膜出血

图1-16-8　肝表面的灰黄色坏死灶

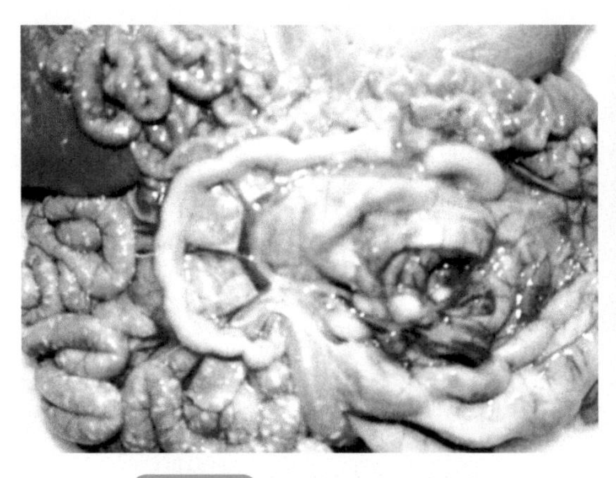

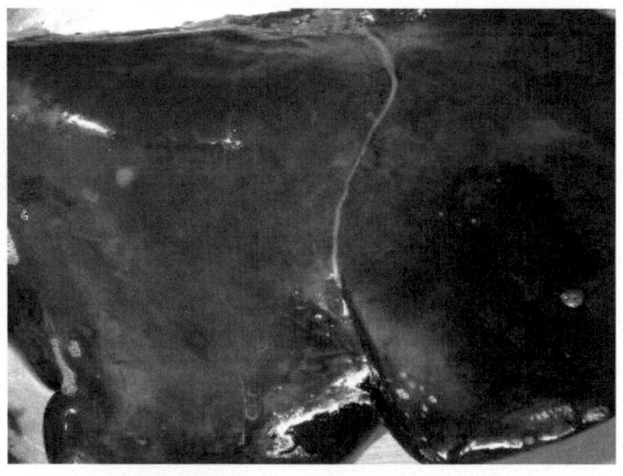

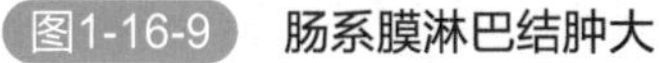

图1-16-9 肠系膜淋巴结肿大

图1-16-10 肝脏表面的坏死结节

（2）不同点　羊肠毒血症是魏氏梭菌在羊肠道内大量繁殖并产生毒素所引起的绵羊急性传染病。该病发病急，死亡快，剖检可见肾脏表面充血，实质松软如泥，略加触压即烂。羊球虫病可见肠系膜淋巴结索状肿胀，苍白色或浅黄色（图1-16-9）。呈点状或带状出血。

5.与血吸虫病鉴别

（1）相似点　均有腹泻带血症状。

（2）不同点　羊肠毒血症是魏氏梭菌在羊肠道内大量繁殖并产生毒素所引起的绵羊急性传染病。该病发病急，死亡快，剖检可见肾脏表面充血，实质松软如泥，略加触压即烂。羊血吸虫病可见肝脏表面散布着大小不等的灰白色坏死结节（图1-16-10）。

【防治】

1.预防

农区、牧区春夏之际少抢青、抢茬；秋季避免吃过量结籽饲草；发病时搬圈至高燥地区。常发区定期注射羊厌气菌病三联苗或五联苗。

2.治疗

该病由于病程短促，往往来不及治疗。病程稍长者，可用青霉素肌内注射，1次80万～160万单位，1日2次；或内服磺胺嘧啶，1日2次，1次5～6克，连服3～4次；或将10%安钠咖10毫升加于5%葡萄糖溶液500～1000毫升中静脉滴注；也可内服10%～20%石灰乳，1次50～100毫升，连服1～2次。

十七、羊黑疫

羊黑疫又称传染坏死性肝炎，是一种高度致死性疾病，以肝实质发生坏死性病灶为特征。

【病原】

病原是B型诺维氏梭菌，本菌革兰染色阳性，严格厌氧，可形成芽孢，不产生荚膜。

【流行特点】

主要发生在春、夏季，肝片吸虫流行的低洼潮湿地区。当羊采食被此菌芽孢污染的饲料后，芽孢由胃肠壁进入肝脏。当肝脏受未成熟的游走肝片吸虫损害发生坏死时，该处的芽孢即获得适宜的条件，迅速生长繁殖，产生毒素，进入血液循环，发生毒血症，导致急性休克而死亡。本病主要侵害2～4岁以上的成年绵羊，山羊也可感染。

【症状】

本病的临床症状与羊肠毒血症、羊快疫极其相似。发病急，常突然死亡。少数病例病程可拖延至1～2天。病羊表现掉群，不食，体温升高，呼吸困难，昏睡，无痛苦地突然死亡。

【病理变化】

皮下静脉显著瘀血，使羊皮呈暗黑色。皱胃和小肠黏膜充血、出血（图1-17-1、图1-17-2）。肝脏表面和深层有数目不等的灰黄色坏死灶（图1-17-3），周围有一鲜红色充血带围绕，切面呈半月形。

【诊断】

根据病羊临床症状、病理变化可以做出初步诊断。实验室检查，采集肝脏坏死灶边缘的组织制成涂片，染色镜检，可见粗大而两端钝圆的诺维梭菌，单个或成双存在。

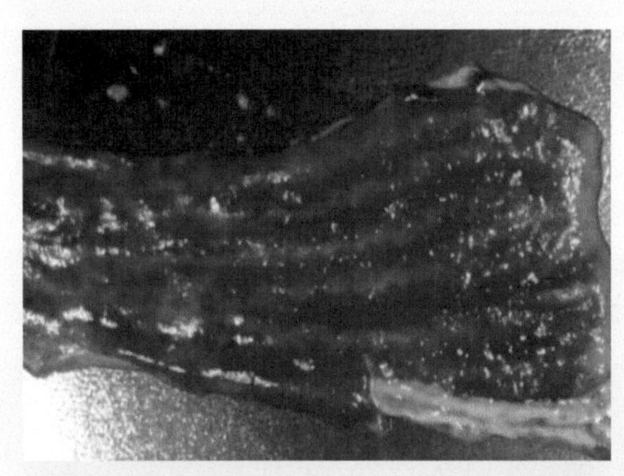

图1-17-1 皱胃黏膜出血

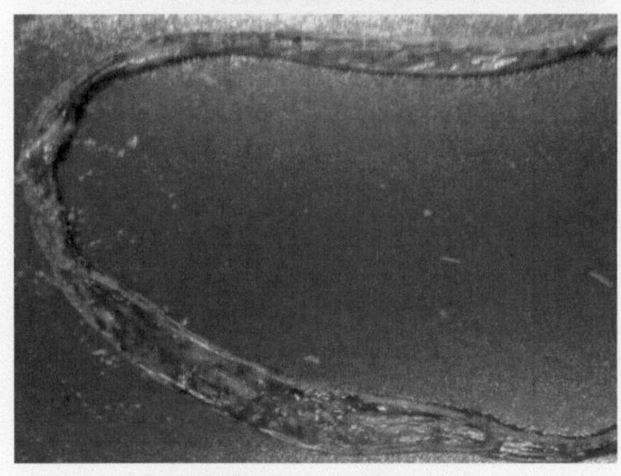

图1-17-2 小肠黏膜出血

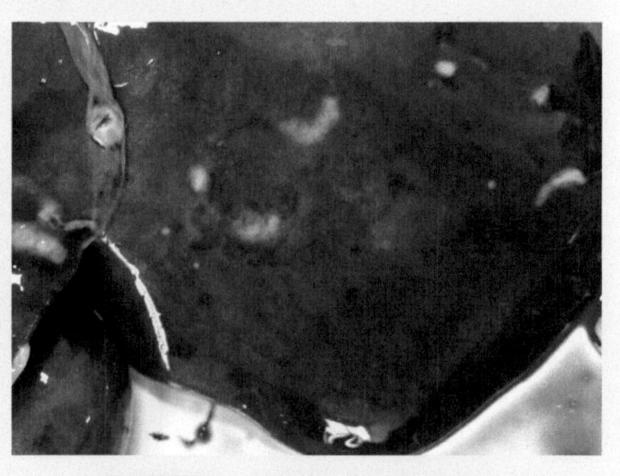

图1-17-3 肝表面的灰黄色坏死灶

【类症鉴别】

1.与羊快疫的鉴别

参见“十五、羊快疫”部分羊快疫与羊黑疫的类症鉴别。

2.与羊肠毒血症的鉴别

参见“十六、羊肠毒血症”部分羊肠毒血症与羊黑疫的类症鉴别。

3.与炭疽病的鉴别

参见“一、炭疽”部分炭疽与羊黑疫的类症鉴别。

【防治】

1.预防

控制肝片吸虫的感染，定期注射羊厌气菌病五联苗，皮下或肌内注射5毫升。

2.治疗

（1）病程缓慢的病羊，可用青霉素80万～160万单位，肌内注射，每天2次。

（2）抗诺维梭菌血清10～15毫升，肌内或皮下或静脉注射，连用1～2次。

十八、口蹄疫

口蹄疫是由口蹄疫病毒引起的偶蹄类动物共患的急性、热性、高度接触性传染病。其特征是患病动物口腔黏膜、蹄部和乳房发生水疱和溃疡，在民间俗称口疮、蹄癀。

【病原】

病原为口蹄疫病毒，该病毒对日光、热、酸碱均很敏感。常用的消毒剂有2%氢氧化钠，20%～30%草木灰，1%～2%甲醛溶液，0.2%～0.5%过氧乙酸和4%碳酸氢钠溶液等。

【流行特点】

主要传染来源为病羊，其次为带毒的野生动物（如黄羊）。主要是通过消化道和呼吸道传染，也可以经眼结膜、鼻黏膜、乳头及皮肤伤口传染。如果人或健羊接触了病畜的唾液、水泡液及奶汁，都可能受到传染而发病。

视频1-18-1

扫码观看：口蹄疫（口腔黏膜、蹄部发生水疱和溃疡）

【症状】

潜伏期1～7天。表现为体温升高，食欲废绝，精神沉郁，跛行。口腔黏膜发生水疱和溃烂（视频1-18-1，图1-18-1）。山羊口腔病变比绵羊多见，水泡多发生在硬腭和舌面上。母羊常流产。蹄的水泡小，不像牛那么明显。奶山羊可见乳头上有病变，奶量减少。哺乳羔羊容易得病，多发生出血性胃肠炎。也可能发生恶性口蹄疫，由于急性心脏停搏而死亡。死亡率可达20%～50%。

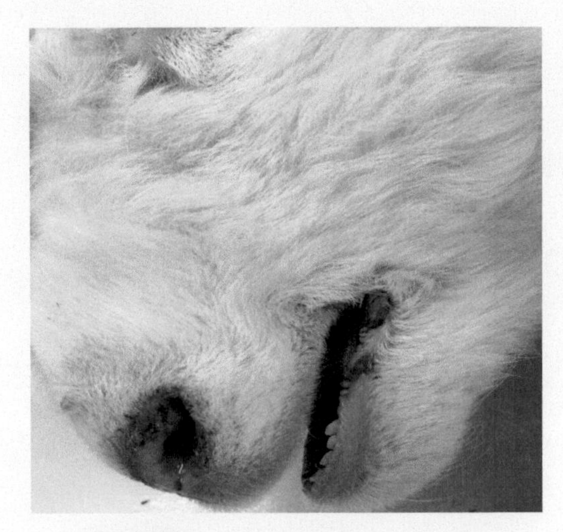

图1-18-1 口腔黏膜发生水疱和溃烂

图1-18-2 蹄冠部皮肤溃烂、坏死

【病理变化】

小羊有出血性胃肠炎。在口腔、蹄部和乳房等处可见水疱、烂斑（图1-18-2）。咽喉、气管、支气管和前胃黏膜有烂斑和溃疡形成，心肌切面有灰红色或黄色斑纹，即“虎斑心”。

【诊断】

本病的临床症状比较特征，结合流行特点可作出初步诊断。进一步确诊常须作实验室检验。但应注意与羊痘相区别。蓝舌病、口疮、溃疡性皮肤炎及腐蹄病都不产生水泡，因而容易区别诊断。

【类症鉴别】

1.与口炎鉴别

（1）相似点　羊口炎在发病时都会出现短暂的微热症状，一些部位也会出现小丘疹。

（2）不同点　羊口炎丘疹多集中在口鼻黏膜区域，丘疹逐渐变红，最后成为疤痕，一般不会损伤脏器功能；而羊口蹄疫发病部位更多，情况更严重，出现明显的体表症状，可分布在口腔、鼻端、蹄等位置，后期还会出现溃烂。

2.与羊痘鉴别

（1）相似点　口蹄疫和羊痘都会出现体温升高，黏膜出现水疱。

（2）不同点　羊痘的发病部位多集中在体表无毛区域。病变主要是前胃和皱胃有圆形或半球形坚实结节，严重糜烂、形成溃疡，咽喉、支气管有痘疹，肺部有干酪样结节；羊口蹄疫消化道有明显的出血性炎症，心肌呈典型的“虎斑心”。

3.与坏死杆菌病鉴别

（1）相似点　病羊蹄部发生溃疡和坏死性口炎。

（2）不同点　坏死杆菌引起的腐蹄病可使病羊蹄间隙、蹄踵和蹄冠皮肤红肿（图1-18-3）、溃疡。蹄底部变黑、坏死（图1-18-4），严重者蹄匣脱落，但不产生水泡。口蹄疫可使病羊口腔黏膜、蹄部和乳房发生水疱和溃疡。

图1-18-3 蹄间隙、蹄冠皮肤红肿

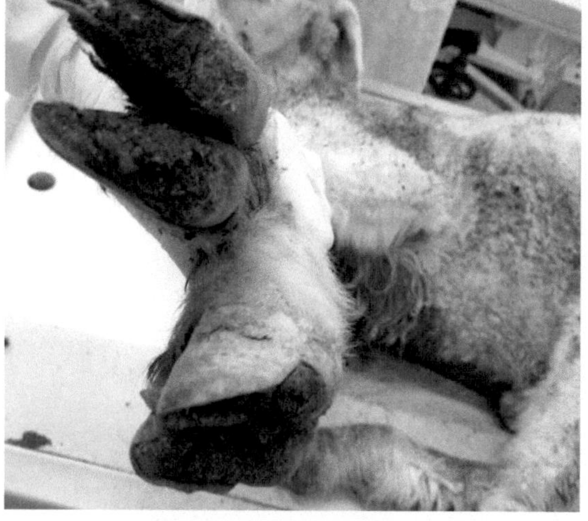

图1-18-4 蹄底部变黑、坏死

4.与传染性脓疱鉴别

（1）相似点 都可在口腔黏膜和蹄部的发生水疱。

（2）不同点 口蹄疫流行快，大面积发病，可引起心肌炎而突然死亡，可感染羊以外的其他偶蹄类动物。传染性脓疱主要感染动物为羊，病程长，很少出现急性死亡。

【防治】

1.预防

（1）严禁从有病国家或地区引进动物及动物产品、饲料、生物制品等。

（2）无口蹄疫地区，一旦发生疫情，应采取果断措施，对患病动物和同群动物全部扑杀销毁，对被污染的环境严格、彻底消毒。

（3）口蹄疫流行区，坚持免疫接种。

（4）当动物群发生口蹄疫时，应立即上报疫情，划定疫点、疫区和受威胁区，实施隔离封锁，对疫区和受威胁区的未发病动物进行紧急免疫接种。

（5）对病羊首先要加强护理，例如圈棚要干燥，通风要良好，供给柔软饲料（如青草、面汤、米汤等）和清洁的饮水，经常消毒圈棚。

2.治疗

为促进病羊早日康复，在严格隔离条件下，根据患病部位不同，给予不同治疗。

（1）口腔患病 用0.1%～0.2%高锰酸钾、0.2%福尔马林、2%～3%明矾或2%～3%醋酸（或食醋）洗涤口腔，然后给溃烂面上涂抹碘甘油或1%～3%硫酸铜，也可撒布冰硼散。

（2）蹄部患病 用3%克辽林、3%来苏尔、1%福尔马林或3%～5%硫酸铜蹄浴。也可用10%碘酒涂抹，然后用绷带包裹。蹄浴时间不要太长，因潮湿能够妨碍痊愈。

（3）乳房患病 应小心挤奶，用2%～3%硼酸水洗涤乳头，然后涂以消毒药膏。

（4）恶性口蹄疫 对于恶性口蹄疫的病羊，应特别注意心脏机能的维护，及时应用强心剂和葡萄糖注射液。为了预防和治疗继发性感染，也可以肌内注射青霉素。口服结晶樟脑，每次1克，每天2次，效果良好。而且有防止发展为恶性口蹄疫的作用。

十九、羊传染性脓疱

羊传染性脓疱又称羊口疮，特征是口唇等处皮肤和黏膜形成丘疹、脓疱、溃疡，并最后结成疣状厚痂，羔羊最为敏感，并可能死亡。

【病原】

病原为传染性脓疱病毒，该病毒对热敏感，60℃ 30分钟和64℃ 2分钟可灭活，而55℃下20～30分钟却不能杀死病毒。对乙醚有抵抗力，而对氯仿敏感。常用的消毒药有2%氢氧化钠溶液、10%石灰乳、20%热草木灰。

【流行特点】

在本病疫区，几乎每年都在产羔后期出现该病，主要因接触感染而传染。羊圈消毒不严，也是导致该病的一个主要原因。干燥季节由于饲草干硬，皮肤容易擦伤而感染，痂皮有长期传染性。康复动物在2～3年内有坚强免疫力。已发生的羊群中可连续多年发生。

【症状】

潜伏期3～8天。常在唇部和鼻镜出现散在的小红斑点，并迅速变为结节（图1-19-1），继而发展成水疱和脓疱。脓疱破裂后形成疣状硬痂。良性经过时，硬痂增厚、干燥，并于1～2周内脱落而恢复正常。严重病例的患部继续发生丘疹、水泡和脓疱，痂皮互相融合，波及整个口唇周围及眼面和眼睑，形成大片具有龟裂并易出血的污秽痂垢，呈桑椹状，痂下肉芽增生。严重影响病羊采食，以致日渐消瘦，并可能死亡。病程可长达2～3周以上。口腔黏膜也常出现水疱、脓疱和烂斑，恶化时甚至可能形成大面积溃疡（图1-19-2、图1-19-3）。

四肢病变，不如唇部常见，几乎仅见于绵羊，常单独发生，很少和唇型同发，发病部位在蹄冠、趾间或系部皮肤，先出现水泡，再成脓疱而破溃。

乳腺的病变发生于乳头和乳房附近的皮肤（图1-19-4），病变也可发生在其他毛稀处。

【病理变化】

病变的发展经过典型的痘期。水泡期是暂时的，脓疱呈扁平状，具有棕灰色厚痂。根据

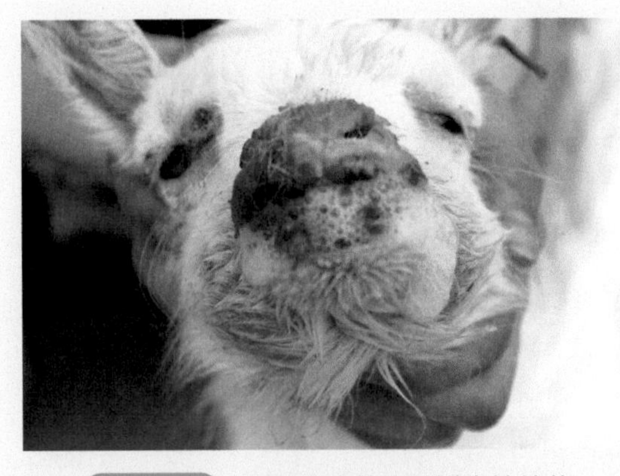

图1-19-1 唇部和鼻镜出现增生性结节

图1-19-2 山羊舌部和口唇部黏膜的烂斑

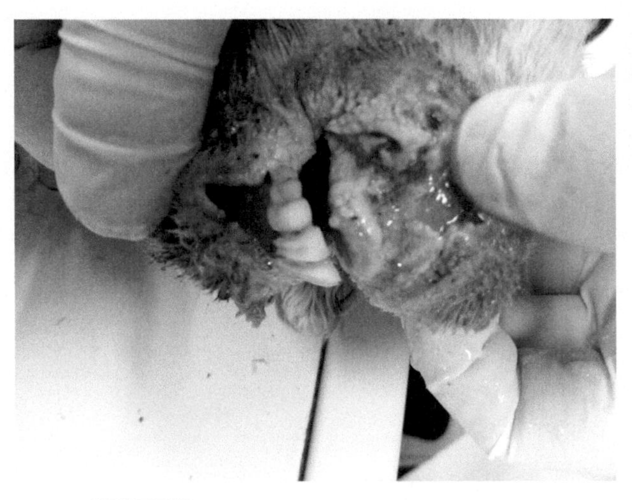

图1-19-3　山羊齿龈和下唇内侧黏膜的烂斑

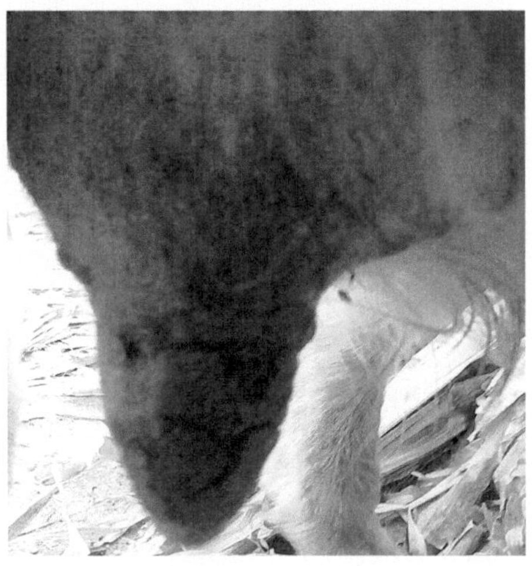

图1-19-4　被感染母羊乳房的脓疱和硬痂

继发感染程度，约在第4周完全消退。

【诊断】

根据临床症状，结合流行病学材料和动物接种试验可以做出诊断。小羊接种试验，将病料做成乳剂，在健康小羊唇部划痕接种，第2天即可见接种处红肿，继现水疱，内含乳白色半透明液体，4～6天变为脓疱，6～8天后结痂，经20～30天脱落。

【类症鉴别】

1.与羊痘鉴别

（1）相似点　痘疹干燥结痂脱落与传染性脓疱后期痂垢脱落、愈合相似；如发生继发化脓菌感染会表现为脓疱或溃疡。此阶段临诊特点又与传染性脓疱病重症病例出现的脓疱破溃形成烂斑的症状存在相似。

（2）不同点　羊痘痘疹形状规则呈圆形，分散而不融合；而传染性脓疱疱痂剥离后多出现糜烂面并易交融。痘疹不仅发生于无毛少毛区域，头部、背部和腹部也可发生。

2.与坏死杆菌病鉴别

参见坏死杆菌与羊传染性脓疱的类症鉴别。

3.与口蹄疫鉴别

（1）相似点　都可在口腔黏膜和蹄部的发生水疱。

（2）不同点　口蹄疫流行快，大面积发病，可引起心肌炎而突然死亡，可感染羊以外的其他偶蹄类动物。传染性脓疱主要感染动物为羊，病程长，很少出现急性死亡。

【防治】

1.预防

（1）定期用火碱等消毒药进行彻底消毒，防止病毒传给其他羊群。

（2）严禁从疫区购买或引进羊只。

（3）防止创伤，去除诱因。不在带刺的草地和坚硬的山地放牧。

2.治疗

以0.5%高锰酸钾或食醋清洗创面，每日2次，洗净后的创面，以加减青黛散粉末撒布，此方对大羊效果显著。病羔接触过的母羊乳房，用1%高锰酸钾消毒，防止其他羔羊吮吸。

二十、羊痘

羊痘是一种急性、热性、接触性传染病，以无毛或少毛的皮肤和黏膜上生痘疹为特征。

【病原】

病原为羊痘病毒，有山羊痘和绵羊痘两种，它们之间一般不会形成交叉感染。绵羊痘由绵羊痘病毒引发，山羊痘的病原为山羊痘病毒。羊痘病毒对热、直射阳光、碱和常用消毒药（酒精、碘酊、来苏尔、石碳酸等）均较敏感。该病毒在干燥的疮皮内能成活数年，在干燥羊舍内可存活8个月。

【流行特点】

该病主要通过呼吸道传播，也可通过损伤的皮肤及消化道传染。被病羊污染的用具、饲料、垫草，病羊的粪便、分泌物、皮毛和外寄生虫都可成为传播媒介。该病多发生于春秋两季。

【症状】

病初体温升高至41～42℃，精神不振，食欲减退，眼睛流泪，咳嗽，鼻孔有黏性分泌物。2～3天后在羊的嘴唇、鼻端（图1-20-1）、眼睛周围（图1-20-2）、乳房、肛门周围（图1-20-3）及四肢内侧等处的皮肤上发生红疹，继而体温下降，红疹逐渐突出，形成丘疹。数日后丘疹内有浆液性渗出物，形成水疱，再经3～4天水疱化脓形成脓疱，以后脓疱干燥结痂，再经4～6天痂皮脱落溃留红色疤痕。该病多继发肺炎（图1-20-4）或化脓性乳腺炎（图1-20-5），怀孕后期的母羊多流产。

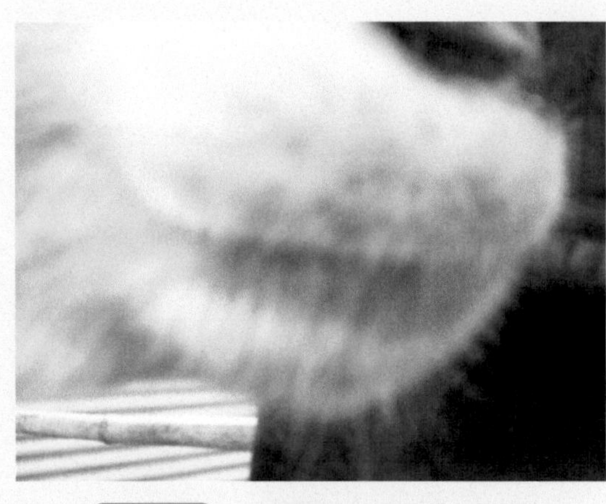

图1-20-1 羊的嘴唇、鼻端发生红疹

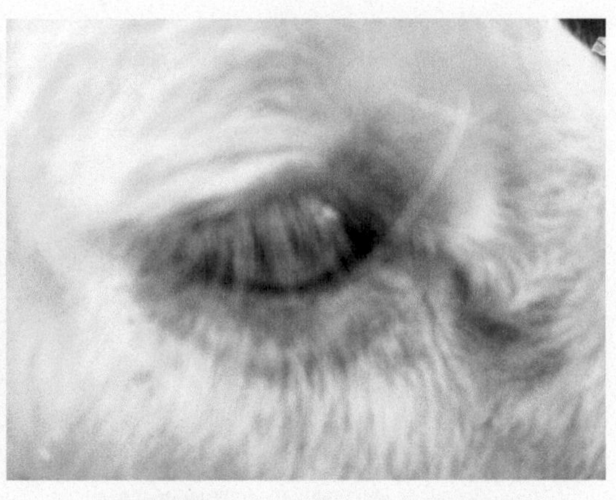

图1-20-2 羊的眼睛周围发生红疹

【病理变化】

在前胃或皱胃的黏膜上有大小不等的圆形或半圆形结节，单个或融合存在。有的引起前胃黏膜糜烂或溃疡，咽和支气管黏膜也常有痘疹，肺有干酪样结节，淋巴结肿大。

【诊断】

根据临床症状结合病理变化可作出诊断。应注意与羊口疮、口蹄疫、羊快疫等病区别。

【类症鉴别】

1.与羊口疮鉴别

（1）相似点　都会出现脓疱。

（2）不同点　口疮病羊多以口唇部感染为主，无明显病理变化。痘疹多在无毛或少毛的皮肤和黏膜发生，为全身性，或呈棕色结痂或发展为硬的丘状物，突出皮肤表面，界限明显，胃部有圆形结节，咽喉、支气管有痘疹。

2.与口蹄疫鉴别

（1）相似点　羊痘发展为水疱、破溃、糜烂时与口蹄疫症状相似。

（2）不同点　羊痘病灶多见于皮肤，口腔黏膜较少；口蹄疫口腔黏膜、蹄部、乳房等部位出现水疱、溃疡和糜烂，可见泡沫样流涎，心肌出现明显的“虎斑心”。

3.与羊传染性脓疱鉴别

参见传染性脓疱与羊痘的类症鉴别。

4.与羊螨病鉴别

（1）相似点　都可引起皮肤发痒。

（2）不同点　羊痘是以无毛或少毛的皮肤和黏膜上生痘疹。羊感染螨病后，可见大片被毛脱落（图1-20-6）。患羊因终日啃咬和摩擦患部，烦躁不安，影响正常采食和休息，日渐消瘦，最终可极度衰竭而死亡。

【防治】

1.预防

每年春季不论羊只大小，一律在股内侧或尾下皮内注射稀释好的山羊痘疫苗0.5毫升，免疫期一年，

图1-20-3　肛门周围，尾根部皮肤上的痘疹

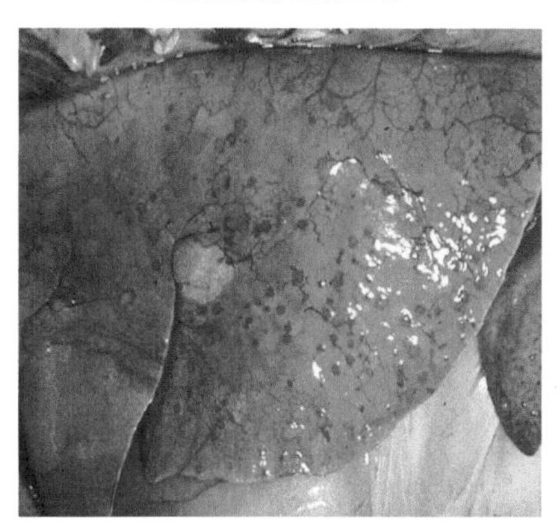

图1-20-4　肺脏表面的痘疹结节

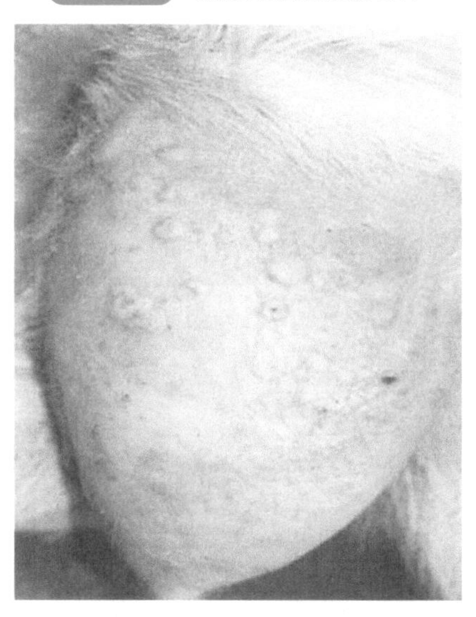

图1-20-5　乳房部的痘疹结节

图1-20-6 绵羊痒螨病，被毛脱落

羔羊应在7月龄时再注射1次。

2.治疗

对羊痘的治疗目前无特效药，主要是对症治疗。在痘疹上或溃烂处涂碘甘油等。体温升高时可肌注青霉素、链霉素等。用量为每次青霉素160万～240万单位，链霉素100万～200万单位。每日两次，羔羊酌减。病愈后的羊可产生终身免疫。

二十一、羊支原体性肺炎

羊支原体性肺炎又称羊传染性胸膜肺炎，以发热、咳嗽和纤维素性肺炎以及胸膜炎为特征。

【病原】

引起山羊支原体性肺炎的病原体为丝状支原体山羊亚种。丝状支原体山羊亚种对理化因素抵抗力弱，对红霉素高度敏感，四环素和氯霉素对其也有较强的抑制作用，但对青霉素、链霉素不敏感；而绵羊肺炎支原体则对红霉素不敏感。

【流行特点】

自然条件下，丝状支原体山羊亚种只感染山羊，以3岁以下的羊发病为主；而绵羊肺炎支原体则可感染山羊和绵羊。本病常呈地方性流行，主要通过空气、飞沫经呼吸道传播，接触传染性强。阴雨连绵，寒冷潮湿，营养缺乏，羊群密集、拥护等不良因素易诱发本病。

【症状】

潜伏期18～20天。病初体温升高，精神沉郁，食欲减退。随即咳嗽，流浆液性鼻涕。4～5天后咳嗽加重，干咳而痛苦，浆液性鼻涕变为黏脓性，常粘于鼻孔、上唇，呈铁锈色（图1-21-1）。病羊呼吸困难，高热稽留，眼睑肿胀，流泪或有黏液、脓性分泌物（图1-21-1），腰背起伏作痛苦状。怀孕母羊可发生流产，部分羊肚胀腹泻。病期多为7～15天。

【病理变化】

胸腔常有淡黄色积液，常呈纤维性肺炎（图1-21-2）；肺实质硬变，切面呈大理石样变化（图1-21-3）。病肺的边缘常和周围组织发生广泛粘连（视频1-21-1，图1-21-4）。心包积液，心肌松弛、变软。肝脏、脾脏肿大。肾脏肿大，被膜下可有小点状出血。

【类症鉴别】

1.与羊巴氏杆菌病鉴别

（1）相似点　以发热、咳嗽和纤维素性肺炎为特征。

（2）不同点　羊巴氏杆菌病主要发生于幼龄羔羊，成年羊少见。病羊胃肠道黏膜水肿、溃疡和弥漫性出血（图1-21-5、图1-21-6），腹泻时便中带血。羊支原体性肺炎以病肺的边缘常和周围组织发生广泛粘连为特征。

2.与羊链球菌病鉴别

（1）相似点　以发热、咳嗽和纤维素性肺炎为特征。

（2）不同点　患链球菌的病羊眼结膜充血（图1-21-7），口流涎水，并混有泡沫；鼻孔流出浆液性、脓性分泌物（图1-21-8），胆囊肿大（图1-21-9）。

视频1-21-1

扫码观看：羊支原体性肺炎（病肺的边缘常和周围组织发生广泛粘连）

图1-21-1　病羊黏脓性鼻液、眼睑肿胀

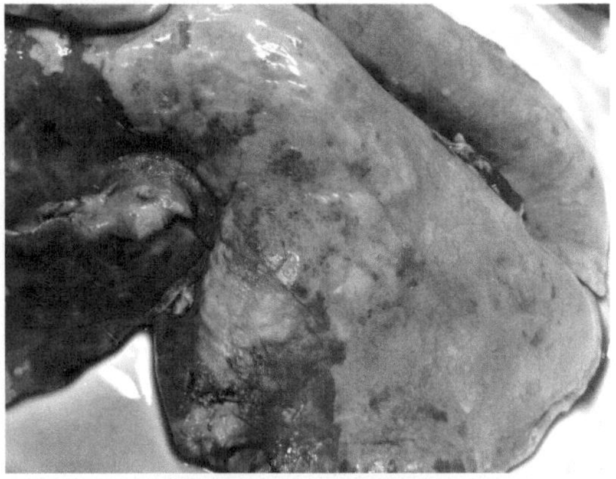

图1-21-2　纤维素性肺炎

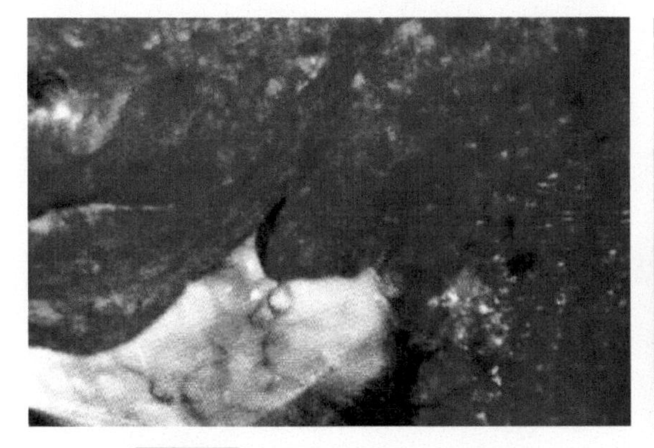

图1-21-3　肺实质切面呈大理石样

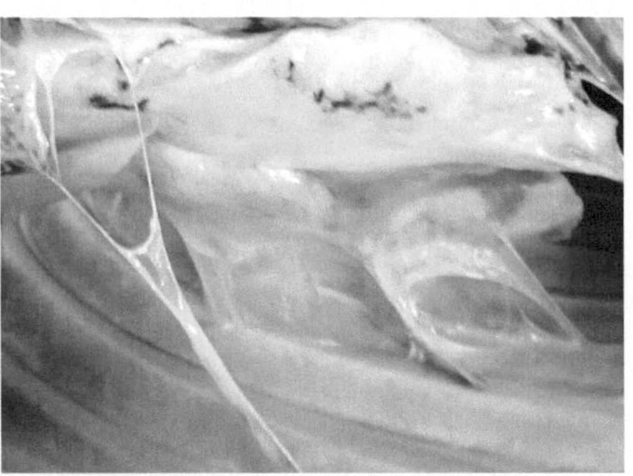

图1-21-4　肺和周围组织发生粘连

图1-21-5 皱胃黏膜出血

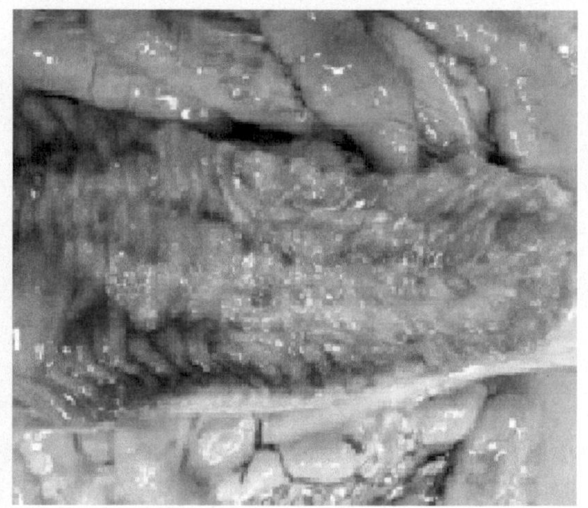
图1-21-6 肠黏膜出血

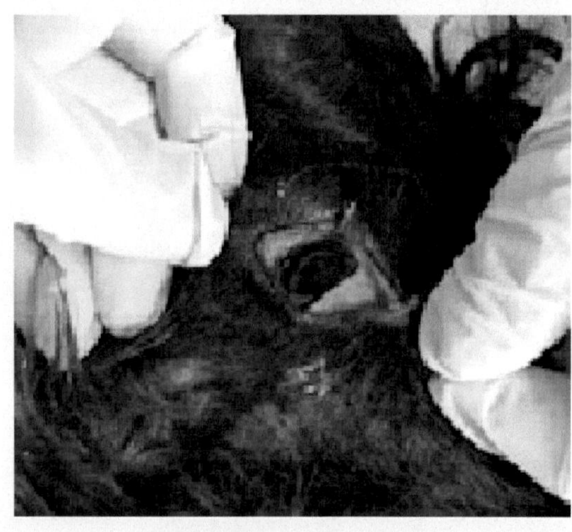
图1-21-7 眼结膜充血

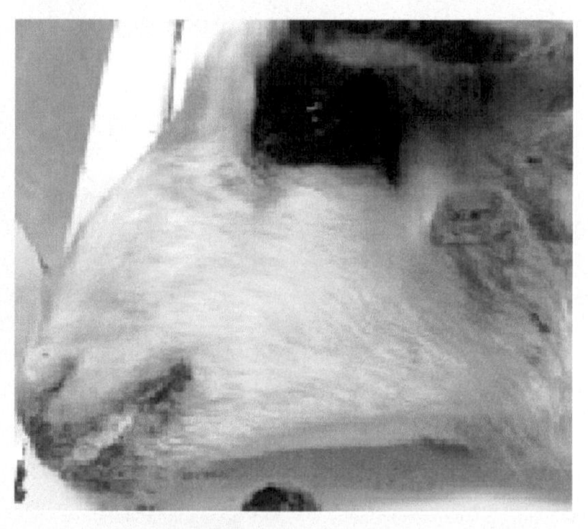
图1-21-8 口流涎水

图1-21-9 胆囊肿大

3.与小反刍兽疫鉴别

（1）相似点　临床症状极为相似，体温升高及呼吸道症状明显。

（2）不同点　支原体肺炎特征是肺脏有纤维素性渗出，肺脏与胸膜粘连，肠道病变不明显，口腔黏膜无坏死；小反刍兽疫肺脏充血、气管充血，直肠有明显的条纹状出血，口腔黏膜充血、坏死。

【防治】

（1）坚持自繁自养，勿从疫区引进羊只；加强饲养管理，增强羊的体质；对从外地引进的羊，严格隔离，检疫无病后方可混群饲养。

（2）本病流行区坚持免疫接种。山羊传染性胸膜肺炎氢氧化铝灭活疫苗，半岁以下羊只皮下或肌内接种3毫升，半岁以上羊接种5毫升；如当地羊群疾病由于羊肺炎支原体所引起，可使用新近研制成的绵羊肺炎支原体灭活疫苗。

（3）羊群发病，及时进行封锁、隔离和治疗。污染的场地、厩舍、饲养用具以及粪便、病死羊的尸体等进行彻底消毒或无害处理。

（4）治疗可选用土霉素，每日每千克体重20～50毫克，分2～3次服完。氯霉素，每日每千克体重30～50毫克，分2～3次服完。3～5日为一疗程。也可使用磺胺类药物进行治疗。

二十二、山羊病毒性关节炎-脑炎

山羊关节炎-脑炎是一种慢性传染病。本病的主要特征是成年山羊呈缓慢发展的关节炎，伴有间质性肺炎或间质性乳腺炎；而2～6月龄的羔羊则表现为上行性麻痹的脑脊髓炎症状。

【病原】

病原为山羊关节炎-脑炎病毒，本病毒相对较脆弱，56℃ 1小时可以完全灭活奶中的病毒。

【流行特点】

山羊是本病的主要易感动物，病羊和隐性带毒羊为主要传染源。感染羊可通过粪便、唾液、呼吸道和阴道分泌物、乳汁等排出病毒，污染环境。病毒主要经吃奶而感染羔羊，污染的牧草、饲料、饮水及用具可成为传播媒介，消化道是主要的感染途径。各种年龄的羊均有易感性，而以成年羊感染发病居多。本病潜伏期长，感染山羊终生带毒。

【症状】

依据临床表现，一般分为脑脊髓炎型、关节炎型和肺炎型3种病型，多为独立发生。

1.脑脊髓炎型

潜伏期50～130天。脑脊髓炎型主要发生于2～6月龄山羊羔。病初精神沉郁，随即四肢僵硬，共济失调。有些病羊眼球震颤，角弓反张，呈仰头观天状（图1-22-1），作圈行运动，有时面神经麻痹，吞咽困难或双目失明。病程半月至数年，最终死亡。

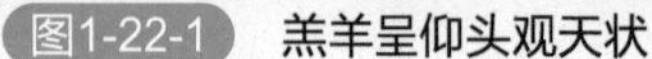
图1-22-1 羔羊呈仰头观天状

图1-22-2 腕关节明显肿大

2.关节炎型

关节炎型多发生于1岁以上的成年山羊，多见腕关节肿大（图1-22-2）、跛行。发炎关节周围的软组织水肿，起初发热、疼痛，进而关节肿大，活动不便，常见前肢跪地行走。病羊多因长期卧地、衰竭或继发感染而死亡。病程较长，达1～3年。

3.肺炎型

肺炎型病例在临床上较为少见。患羊进行性消瘦，衰弱，咳嗽，呼吸困难。各种年龄的羊均可发生，病程3～6个月。

除上述3种病型外，哺乳母羊有时发生间质性乳腺炎，乳房硬肿、发红，产奶量减少。

【病理变化】

1.脑脊髓炎型

小脑和脊髓的白质有5毫米大小的棕红色病灶。

2.关节炎型

发病关节肿胀、波动，皮下浆液渗出。关节滑膜增厚并有出血点。滑膜常与关节软骨粘连。关节腔扩张，充满黄色或粉红色的液体，内有纤维素絮状物。

3.肺炎型

肺脏轻度肿大，质地变硬，表面散在灰白色小点，切面呈斑块状实变区（图1-22-3）。

【类症鉴别】

1.与羊衣原体病进行鉴别

参见“十二、衣原体病”部分羊衣原体病与山羊病毒性关节炎-脑炎的类症鉴别。

2.与羊佝偻病的鉴别

（1）相似点　均有腕关节肿胀，跛行的表现。

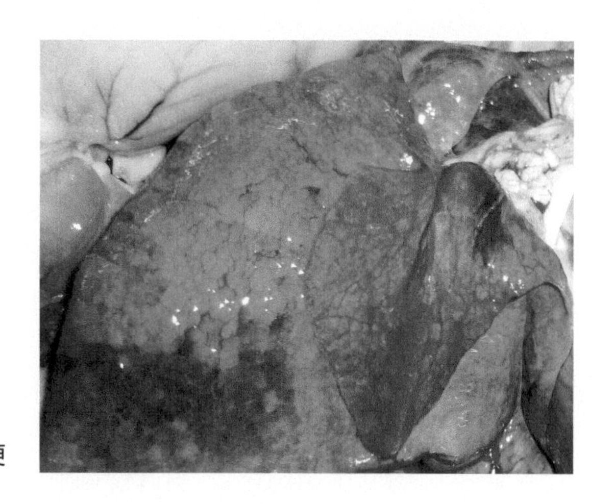

图1-22-3 肺脏轻度肿大，质地变硬

（2）不同点　山羊关节炎-脑炎多发生于1岁以上的成年山羊，伺偻病多发于羔羊。

【防治】

（1）提倡自繁自养，防止本病由外地传入。

（2）本病目前尚无疫苗和特异性治疗药物可供使用，主要以加强饲养管理和卫生防疫工作为主，羊群定期检疫，及时淘汰阳性羊。

二十三、痒病

痒病又称“驴跑病”“摩擦病”“瘙痒病”，是成年绵羊和山羊中枢神经受损的一种慢性传染病。临床上以瘙痒、秃毛、共济失调、麻痹为特征，病羊常以死亡告终。

【病原】

病原为痒病因子，痒病病原抵抗力极强，能抵抗常规的消毒药剂和射线，常用的消毒方法有含5%次氯酸钠溶液、3%十二烷基磺酸钠和5%～10%氢氧化钠溶液浸泡消毒，134～138℃高压蒸汽处理18分钟以上灭菌消毒，焚烧是最好的杀灭方法。

【流行特点】

不同品种、性别的羊均可发生痒病，主要是2～5岁绵羊，通常呈散发性流行。羊群一旦感染痒病，很难根除。病羊和带毒羊是本病的传染源。主要是接触性传染，也可以通过先天性传染，由公羊或母羊传给后代。痒病无季节性，一年四季均可发病。

【症状】

潜伏期1～4年，病程为6～8个月。病羊易惊吓、不安或凝视、磨牙，有时表现癫痫状，有的表现为攻击性或离群呆立。最特殊的症状是瘙痒；病羊在硬物上摩擦身体（图1-23-1）。由于不断的摩擦、踢挠和口咬（图1-23-2），引起腹部及后躯的大面积脱毛（图1-23-3）。随着瘙痒的加剧，进食和反刍受到破坏。随着神经症状的加重，行动逐渐不协调，当走动时病羊四肢高抬，步伐很快，表现为共济失调。日渐消瘦，最后不能站立，几乎100%死亡。

图1-23-1 病羊在树干上摩擦身体

图1-23-2 病羊啃咬发痒的皮肤

图1-23-3 腹部及后躯的大面积脱毛

【诊断】

根据瘙痒、不安和运动失调等临床症状，结合是否由疫区引进种羊或父母有痒病史分析。

【类症鉴别】

1.与羊螨病鉴别

（1）相似点 临床都具有瘙痒的症状。

（2）不同点 羊螨病用皮肤刮取物涂片，镜检可以发现虫体。

2.与狂犬病鉴别

（1）相似点 临床具有相似的中枢神经症状。

（2）不同点 羊狂犬病常为急性的性情亢进，狂躁不安。而痒病是共济失调、麻痹为特征。

3.与脑包虫病鉴别

（1）相似点　具有相似临床症状。

（2）不同点　脑包虫主要表现为转圈、盲目运动，有时会有头骨变薄、变软、隆起等现象。羊痒病主要特征为瘙痒和共济失调。

4.与李氏杆菌病鉴别

（1）相似点　具有相似神经症状。

（2）不同点　李氏杆菌病可以采病料等做触片或涂片镜检，革兰氏阳性，可见“V”形排列或并列的细小杆菌。痒病需进行进一步实验室检验，一般痒病根据其临床特征即可诊断。

【防治】

1.预防

预防本病的主要措施是灭蜱，在蜱活动季节，定期对易感动物进行药浴或喷雾杀虫；对痒病、隐性感染羊采取扑杀后焚化。在疫区可以用鸡胚化弱毒疫苗进行接种。

禁止从痒病疫区引进羊、羊肉、羊的精液和胚胎等。禁止用病死羊加工蛋白质饲料，禁止用反刍动物蛋白饲喂羊。

加强对市场和屠宰场肉类的检验，检出的病羊肉必须销毁，不得食用。受感染羊只及其后代坚决扑杀。

定期消毒。常用的消毒方法有：焚烧、5%～10%氢氧化钠溶液作用1小时、5%次氯酸钠溶液作用2小时、浸入3%十二烷基磺酸钠溶液煮沸10分钟。

2.治疗

本病目前尚无特效疗法。

二十四、小反刍兽疫

小反刍兽疫俗称羊瘟，是由小反刍兽疫病毒引起的一种急性传染病，以发热、口炎、腹泻、肺炎为特征。

【病原】

小反刍兽疫病毒在自然环境下抵抗力较低，50℃　60分钟即可灭活，但在冷藏和冷冻组织中能存活较长时间，醇、醚和清洁剂可以杀灭，苯酚和2%氢氧化钠都是有效的消毒剂。

【流行特点】

山羊、绵羊均可感染，山羊较为易感，临床症状也较为严重；传染源多为患病动物及其分泌物、排泄物以及被污染的草料、用具和饮水等；该病主要通过直接或间接接触传播，感染途径以呼吸道为主，饮水也可以导致感染。

【症状】

潜伏期4～6天。急性型体温可上升至41℃，并持续3～5天。感染动物烦躁不安，背

视频1-24-1
扫码观看：小反刍兽疫（消瘦，呼吸异常）

毛无光，口鼻干燥，食欲减退。在发热的前4天，口腔黏膜充血（图1-24-1），流涎。后期出现带血、水样腹泻（图1-24-2），严重脱水，消瘦，随之体温下降。出现咳嗽、呼吸异常（视频1-24-1）。幼年动物发病率和死亡都很高，为我国划定的一类传染病。

【病理变化】

可见结膜炎、坏死性口炎。皱胃常常出现有规则、有轮廓的糜烂，黏膜出血（图1-24-3）。肠管可见糜烂或特征性出血，斑马条纹常见于大肠，特别在结肠直肠结合处（图1-24-4）。淋巴结肿大，脾有坏死性病变。在鼻、气管等处有出血斑（图1-24-5），可见典型的支气管肺炎病变（图1-24-6）。

【诊断】

根据流行特点和临床症状，可以作出初步诊断，确诊尚需实验室诊断。

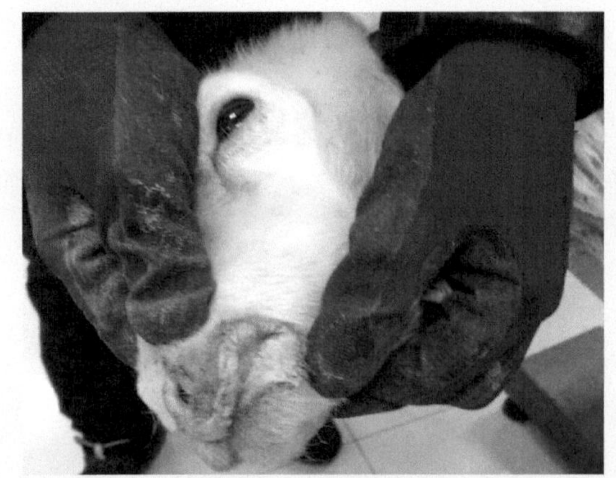

图1-24-1 口腔黏膜充血

图1-24-2 带血、水样粪便水样腹泻粪便

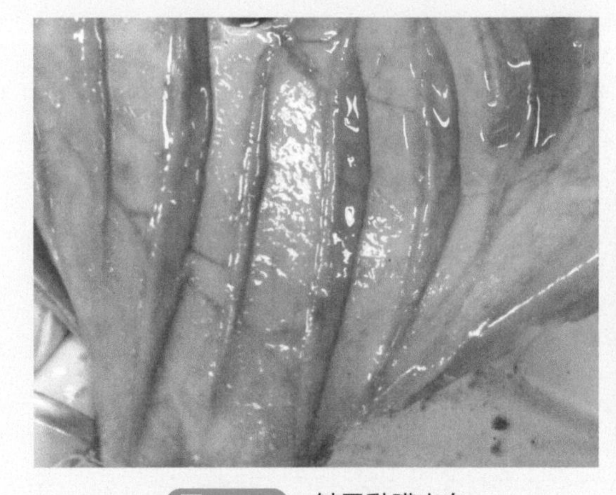

图1-24-3 皱胃黏膜出血

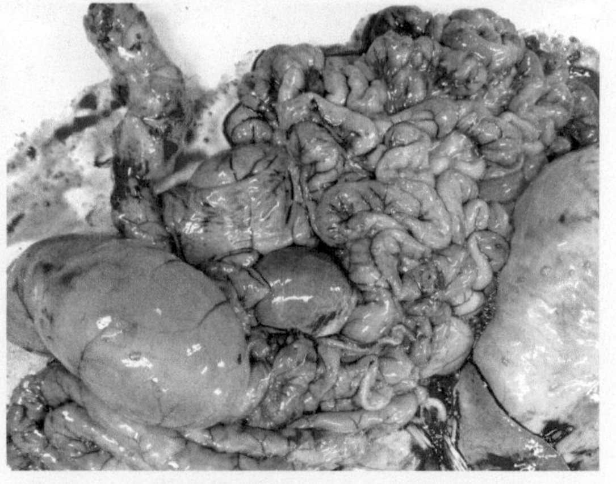

图1-24-4 肠管糜烂出血

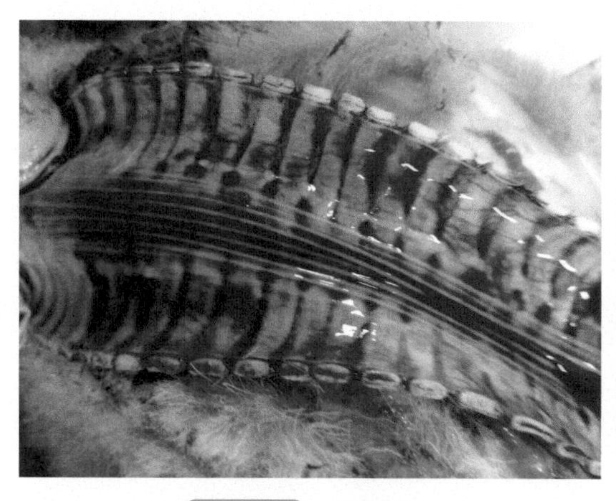

图1-24-5 气管出血

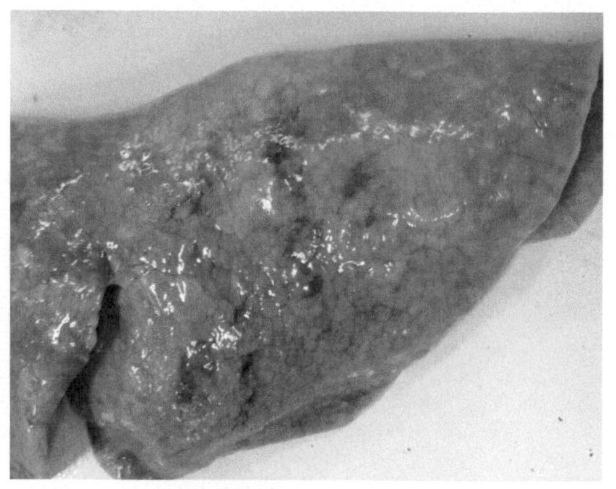

图1-24-6 支气管肺炎

【类症鉴别】

1.与羊巴氏杆菌鉴别

（1）相似点　都具有体温升高、咳嗽、流鼻涕及呼吸困难的临床表现。

（2）不同点　巴氏杆菌典型特征是胸膜有浆液性、纤维素性炎症及胸腔积液，急性期有铁锈色鼻液，无口腔黏膜坏死症状；小反刍兽疫剖检病变主要为口腔黏膜溃疡、坏死，直肠有条纹状出血，肺脏充血。

2.与羊支原体肺炎鉴别

（1）相似点　临床症状极为相似，体温升高及呼吸道症状明显。

（2）不同点　支原体肺炎特征是肺脏有纤维素性渗出，肺脏与胸膜粘连，肠道病变不明显，口腔黏膜无坏死；小反刍兽疫肺脏充血、气管充血，直肠有明显的条纹状出血，口腔黏膜充血、坏死。

3.与羊链球菌病鉴别

（1）相似点　以发热、口炎、腹泻、肺炎为特征。

（2）不同点　患链球菌的病羊眼结膜充血（图1-24-7），口流涎水，并混有泡沫；鼻孔流出浆液性、脓性分泌物（图1-24-8）；胆囊肿大（图1-24-9）。小反刍兽疫剖检病变主要为口

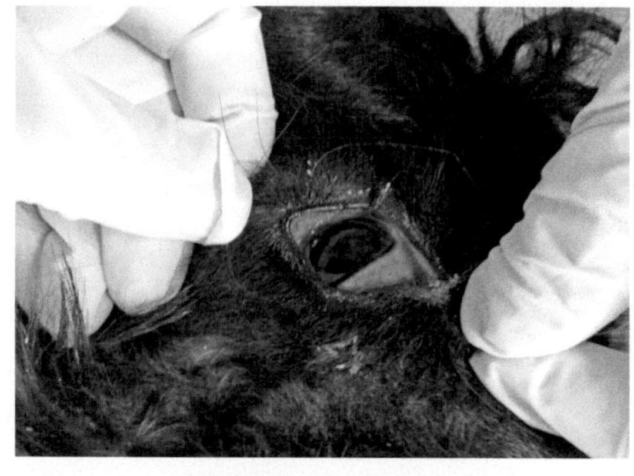

图1-24-7 眼结膜充血

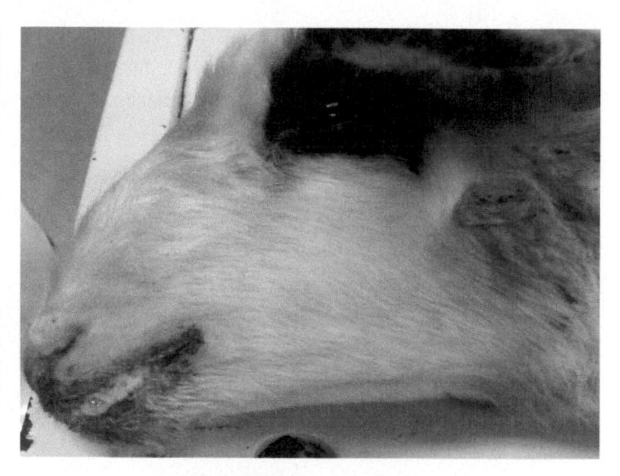

图1-24-8 口流涎水

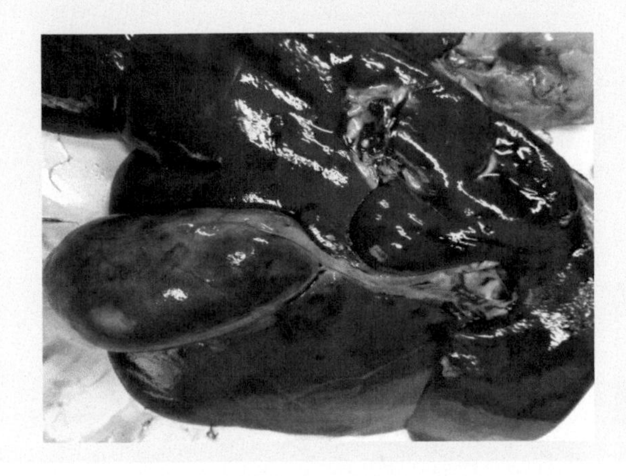

图1-24-9 胆囊肿大

腔黏膜溃疡、坏死，直肠有条纹状出血，肺脏充血。

【防治】

1.预防

（1）加强免疫工作　免疫时应注意羊群的健康状况，新购进羊群必须隔离观察，确保羊群健康时方可免疫。接种疫苗。按瓶签注明头份，用灭菌生理盐水稀释为每毫升含1头份，每只羊颈部皮下注射1毫升。

（2）加强饲养管理　外来人员和车辆进场前应彻底消毒，严禁从疫区引进羊只。对外来羊只，尤其是来源于活羊交易市场的羊调入后必须隔离观察21天以上，经检查确认健康无病，方可混群饲养。

（3）强化疫情巡查　注意观察羊群健康状况，发现疑似病羊，应立即隔离疑似患病羊，限制其移动，并及时向当地兽医部门报告，对病死羊严格实行无害化处理，禁止出售、加工病死羊。

2.治疗

（1）黄芪多糖100克，银黄可溶性粉100克。每天供100只羊集中饮水，连用7～10天。

（2）重者肌内注射阿奇霉素或阿米卡星2支，加地塞米松和利巴韦林。1天2次，连用3～5天。3天后可以看到效果，5天治愈。

（3）使用板蓝根颗粒抗病毒，全群饮水或拌料。3～5天一个疗程，10天后再使用一个疗程。200克兑水250～500千克，或每只羊2～3克。

第二章 羊寄生虫病的类症鉴别及诊治

一、血矛线虫病

血矛线虫病是由捻转血矛线虫寄生于羊的皱胃、小肠内引起的，病原体致病力强。

【病原】

捻转血矛线虫呈毛发状，淡红色，头端尖细，内有一角质背矛，雄虫交合伞发达，背肋呈“人”字形（图2-1-1）。雌虫可见红白线条相间，阴门位于虫体后半部，有明显的阴门盖。虫卵无色，随宿主粪便排出，孵出幼虫经蜕皮发育到带鞘的感染性幼虫，羊随吃草和饮水吞食感染性幼虫而感染，经3～4周发育为成虫。

【流行特点】

多在夏末和早秋季节流行。低湿牧地有利于传播此病，在早晚放牧露水草或小雨后的阴天放牧，羊更易感染。

【症状】

病羊下颌和下腹部水肿，被毛粗乱，消瘦（图2-1-2），精神委顿，严重的卧地不起，或下痢与便秘交替。急性型比较少见，以肥羔羊突然死亡为特征，死羊眼结膜苍白（图2-1-3），高度贫血。病程一般为2～4个月，陷于恶病质而死亡。不死亡者转为慢性，病程长达1年左右。

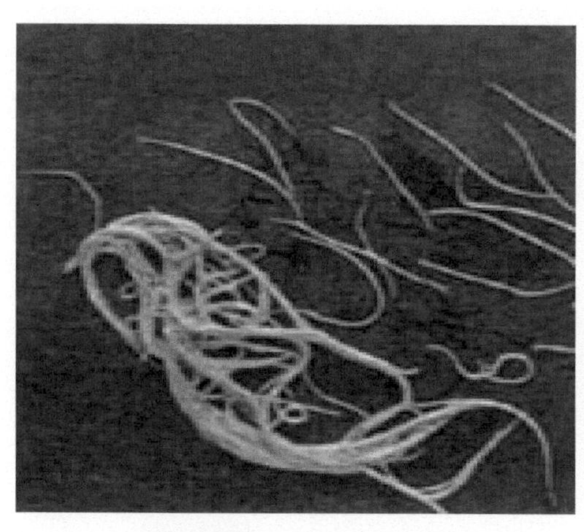

图2-1-1 捻转血矛线虫

图2-1-2 病羊贫血、消瘦、下痢

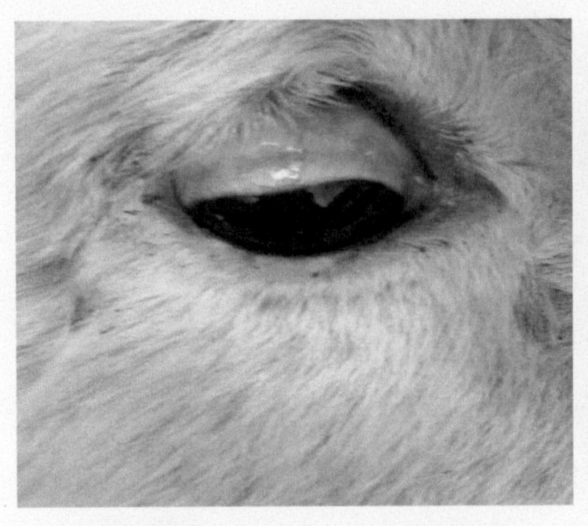

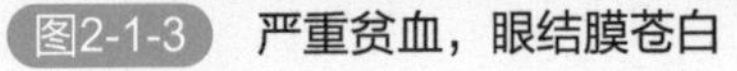

图2-1-3　严重贫血，眼结膜苍白

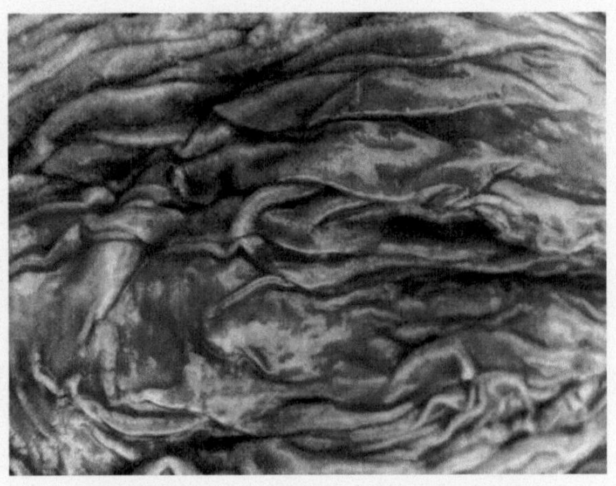

图2-1-4　捻转血矛线虫所致的皱胃出血

【病理变化】

剖检可见胸腔及心包积液，皱胃黏膜水肿，有小创伤和溃疡（图2-1-4），大量虫体绞结成一黏液状团块，小肠黏膜卡他性炎症。

【诊断】

根据本病的流行情况和临床症状，特别是死羊剖检后，可见皱胃内有大量红白相间的捻转血矛线虫，便可确诊。

【类症鉴别】

1.与肝片吸虫病鉴别

（1）相似点　都有眼结膜苍白、贫血症状。

（2）不同点　感染肝片吸虫的时间应在八月份以后；而捻转血矛线虫多在夏末和早秋季节流行，且危害程度更大、时间更长。肝片吸虫寄生在肝脏胆管内，呈棕红色柳叶状（图2-1-5）；而捻转血矛线虫主要寄生在皱胃内，呈红白相间捻转线状虫体。

2.与泰勒焦虫病鉴别

（1）相似点　都发生于羔羊，都有眼结膜苍白、贫血、皱胃黏膜水肿症状。

（2）不同点　泰勒焦虫病病羊体表淋巴结肿大，尿发黄、浑浊或血尿。肝、脾明显肿大（图2-1-6），肾充血水肿。而捻转血矛线虫主要寄生在皱胃内，呈红白相间捻转线状虫体。

3.与球虫病鉴别

（1）相似点　均有腹泻、消瘦、贫血症状。

（2）不同点　羊血吸虫病腹泻带血，发病率和死亡率较高。捻转血矛线虫主要寄生在皱胃内，呈红白相间捻转线状虫体。

4.与绦虫病鉴别

（1）相似点　都能引起患羊消瘦、贫血、胃肠炎等症状。

（2）不同点　血矛线虫病剖检小肠时可见线状虫体，绦虫病可见带状虫体（图2-1-7）。

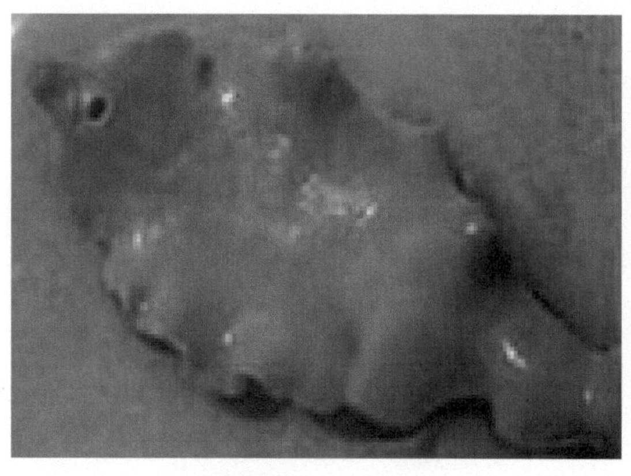

图2-1-5 肝片吸虫

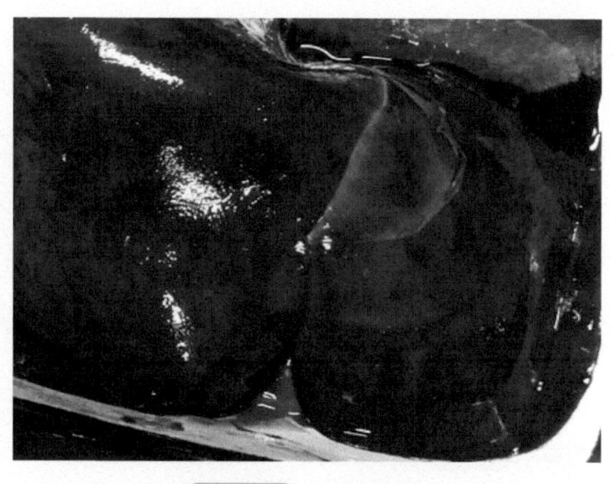

图2-1-6 肝脏肿大

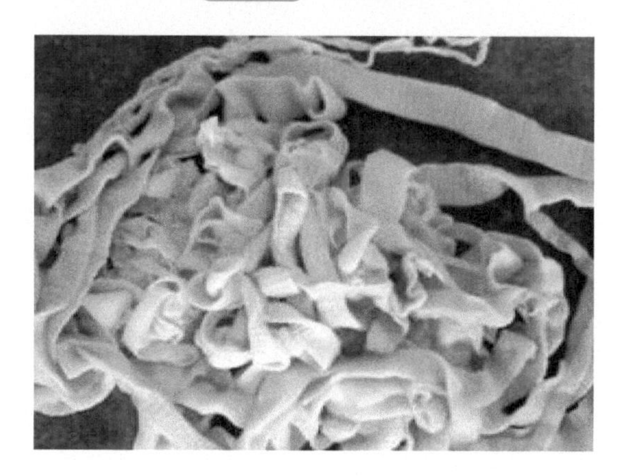

图2-1-7 羊小肠的莫尼茨绦虫

【防治】

1.预防

定期预防性驱虫，在春秋各进行1次，冬季驱杀黏膜内休眠的幼虫，以消除春季排卵高潮，转换放牧场地时应进行驱虫。不在低湿牧地放牧，夏季避免吃露水草。注意饮水卫生，妥善处理粪便。

2.治疗

丙硫苯咪唑，每千克体重5～10毫克；左旋咪唑每千克体重6～8毫克；噻苯达唑每千克体重30～60毫克，一次口服；伊维菌素每千克体重0.2毫克，一次皮下注射。

二、肝片吸虫病

羊肝片吸虫病是由肝片吸虫寄生于肝脏、胆管内引起的慢性或急性肝炎和胆管炎，同时伴发全身性中毒现象及营养障碍等症状的疾病。

【病原】

肝片吸虫呈树叶状。活时为棕红色（图2-2-1）。虫卵呈卵圆形（图2-2-2），黄褐色。

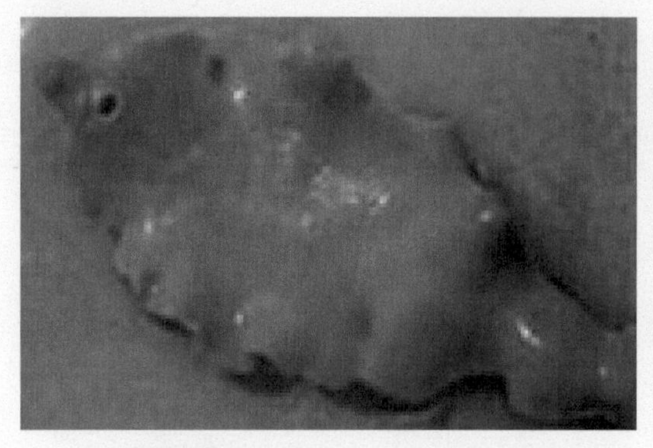

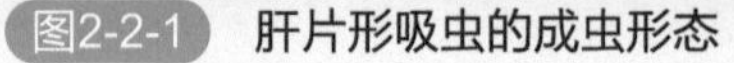

图2-2-1 肝片形吸虫的成虫形态

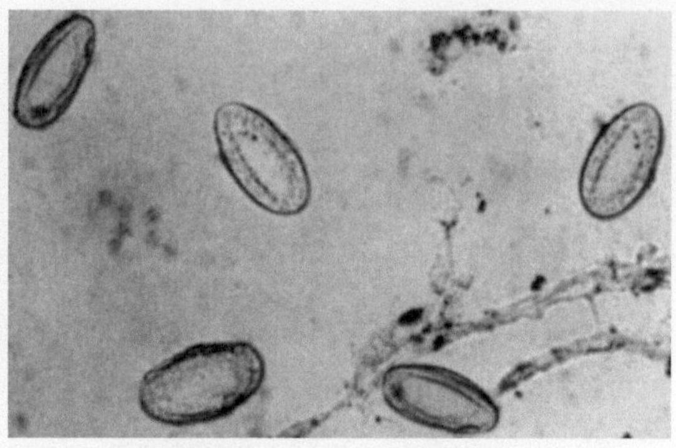

图2-2-2 肝片吸虫的虫卵形态

【流行特点】

该病的症状表现因感染强度、羊的抵抗力、年龄、饲养管理条件等不同而异，幼畜轻度感染即表现症状。急性型症状多发生于夏末秋初，是因在短时间内遭受严重感染所致。慢性型症状较多见于患病羊耐过急性期或轻度感染后，在冬春转为慢性。

【症状】

急性型病羊，初期发热，衰弱，离群落后；肝区压痛明显；很快出现贫血、黏膜苍白（图2-2-3），严重者在几天内死亡。慢性型病羊，表现为消瘦，贫血，黏膜苍白，食欲不振，异嗜，被毛粗乱无光泽且易脱落；眼睑、颌下、胸下、腹下出现水肿（图2-2-4）；便秘与下痢交替发生（图2-2-5）。病情逐渐恶化，最后可因极度衰竭死亡。

【病理变化】

在大量感染、急性死亡的病例中，可见肝肿大，包膜有纤维沉积（图2-2-5）。慢性病例在肝组织被破坏的部位呈现淡白色索状瘢痕，肝实质萎缩，变硬，边缘钝圆。胆管肥厚，呈绳索样突出于肝表面；胆管内有虫体和污浊稠厚的液体。胸腹腔及心包内都蓄积着透明的液体。

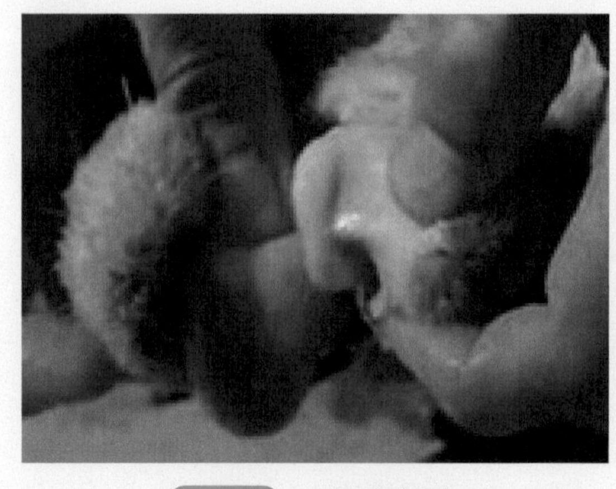

图2-2-3 口腔黏膜苍白

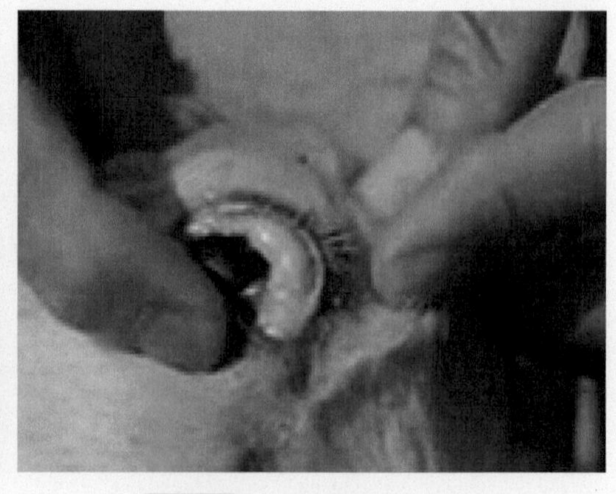

图2-2-4 眼结膜苍白、水肿

【诊断】

简单有效的方法是水洗沉淀法。对急性病例，因虫体未发育成熟，粪便检查无虫卵时，必须结合病理剖检，在肝脏和胆管中查找是否有大量童虫存在。

【类症鉴别】

1.与血矛线虫病鉴别

见血矛线虫病与肝片吸虫病类症鉴别。

2.与泰勒虫病鉴别

（1）相似点　都表现体温升高，腹泻症状。

（2）不同点　泰勒焦虫病病羊表现体表淋巴结肿大，尿发黄、浑浊或血尿。剖检可见肝、脾明显肿大（图2-2-6），并有出血点，肾表面有淡黄色或灰白色结节和出血点（图2-2-7），肺充血水肿（图2-2-8）。而肝片吸虫病病变主要集中于肝脏。

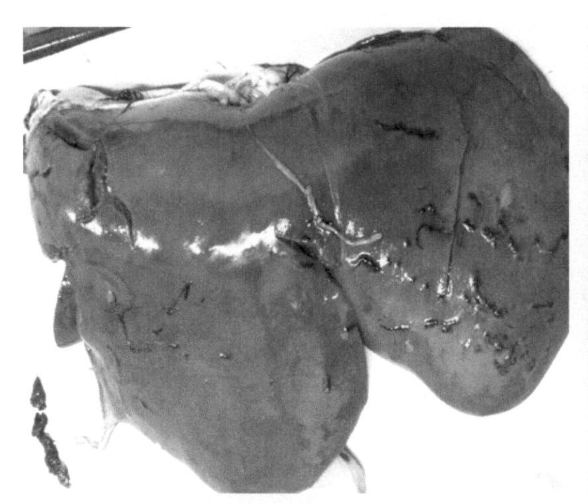

图2-2-5　幼虫所致的纤维素性肝被膜炎

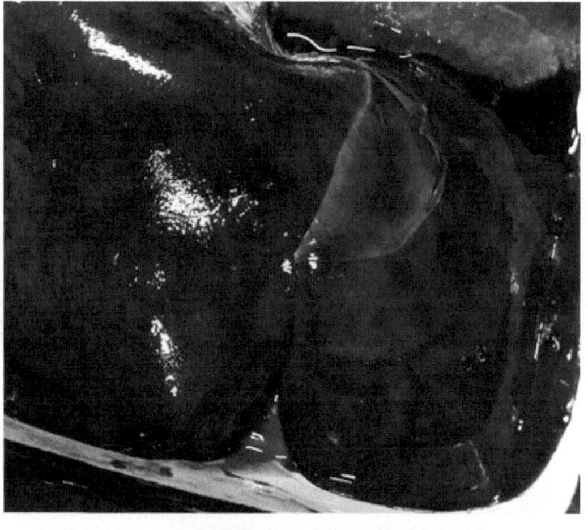

图2-2-6　肝脏肿大

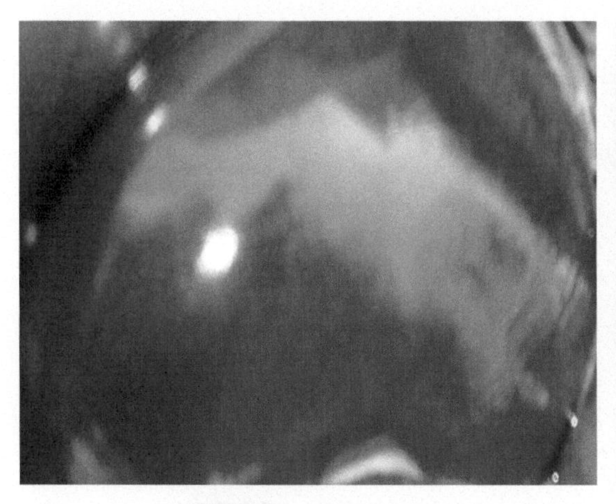

图2-2-7　肾充血水肿

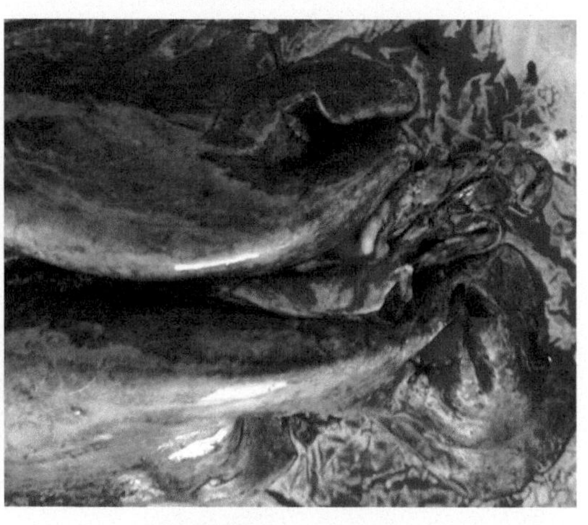

图2-2-8　肺充血水肿

【防治】

1.预防

（1）定期驱虫　驱虫的次数和时间必须与当地的具体情况及条件相结合。每年如进行1次驱虫，可在秋末冬初进行；如进行两次驱虫，另一次驱虫可在翌年的春季。

（2）粪便处理　及时对畜舍内的粪便进行堆积发酵，以便利用生物热杀死虫卵。

（3）饮水及饲草卫生　尽可能避免在沼泽、低洼地区放牧，以免感染囊蚴。最好饮用自来水、井水或流动的河水，并保持水源清洁卫生。有条件的地区可采用轮牧方式。

（4）消灭中间宿主　肝片吸虫的中间宿主椎实螺生活在低洼阴湿的地区。消灭中间宿主可结合水土改造，以破坏螺蛳的生活条件。流行地区应用药物灭螺时，可选用1 ∶ 5000的硫酸铜溶液或2.5毫克/千克的血防67对椎实螺进行浸杀或喷杀。

2.治疗

（1）丙硫咪唑（抗蠕敏）　驱成虫有良效；剂量为每千克体重5 ～ 15毫克，口服。

（2）硝氯粉（拜耳9015）　驱成虫有高效，剂量按每千克体重4 ～ 5毫克，口服。

（3）五氯柳胺　驱成虫有高效；剂量按每千克体重15毫克，口服。

（4）碘醚柳胺　驱成虫和6 ～ 12周的未成熟肝片吸虫有效，按每千克体重7.5毫克，口服。

（5）双酰胺氧醚　对1 ～ 6周龄肝片吸虫幼虫有高效，但随虫龄的增长，药效也随之降低。用于治疗急性肝片吸虫病，剂量按每千克体重7.5毫克，口服。

（6）硫双二氯酚（别丁）　驱成虫有效，使用后有较强的泻下作用；剂量为每千克体重80 ～ 100毫克，口服。

（7）四氯化碳　驱成虫效果显著，剂量按成年羊每只2毫升，6 ～ 12月龄羊1毫升，与液状石蜡以1 ∶ 4比例混合灌服；也可按同等剂量以1 ∶ 1比例与液状石蜡混合后，肌注。

三、莫尼茨绦虫病

羊莫尼茨绦虫病是由莫尼茨绦虫寄生于羊的小肠引起的一种寄生虫病。

【病原】

病原为扩展莫尼茨绦虫和贝氏莫尼茨绦虫。这两种绦虫在外观上相似，头节小，近似球形，上有4个吸盘，体节宽而短，成节内有两套生殖器官，每侧一套，生殖孔开口于节片的两侧。虫卵内有特殊的梨形器，器内含六钩蚴。

【流行特点】

寄生在羊小肠内的成虫不断随粪便排出含有大量虫卵的孕卵节片（图2-3-1），向外界散布的虫卵被土壤螨吞食后，在其体内经26 ～ 30天发育为似囊尾蚴。土壤螨在黄昏或黎明时从草皮及腐烂植物之下爬出来活动，附着在饲草或地面上（图2-3-2）。当羊吃草或舔土时，吞食了含似囊尾蚴的土壤螨即被感染。似囊尾蚴进入消化道后吸附在羊的小肠黏膜上，经40 ～ 50天发育为成虫。成虫生存期约2 ～ 6个月，此后由肠内自行排出。2 ～ 5月龄的羔羊最易受感染，成年羊的感染率很低。春夏多雨季节易感。

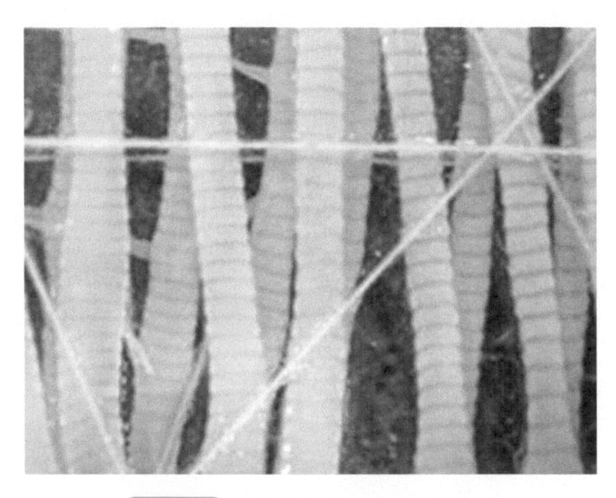

图2-3-1　莫尼茨绦虫的孕节部分

图2-3-2　莫尼茨绦虫的生活史

视频2-3-1
扫码观看：莫尼茨绦虫病（病羊卧地不起，抽搐）

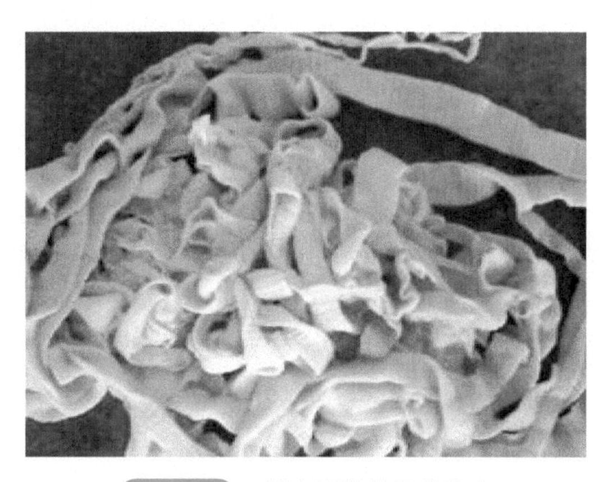

图2-3-3　羊小肠的莫尼茨绦虫

【症状】

轻度感染时不表现症状，重度感染时可见大量虫体结成团阻塞肠道，且由于虫体吸收大量营养，产生毒素，临床表现为食欲减退，口渴，下痢，有时便秘，粪中有孕卵节片，贫血，淋巴结肿大，黏膜苍白，体重减轻，渐而表现弓背，极度沮丧，反应迟钝，最后卧地不起，抽搐（视频2-3-1），头向后仰或作咀嚼运动，口周围有许多泡沫，衰竭而亡。

【病理变化】

尸检时可见小肠中有数量不等的长1米以上的带状虫体（图2-3-3）。

【类症鉴别】

1. 与血矛线虫病鉴别

参见“三、莫尼茨绦虫病”部分莫尼茨绦虫病与血矛线虫病类症鉴别。

2. 与羔羊大肠杆菌病鉴别

参见“三、莫尼茨绦虫病”部分莫尼茨绦虫病与羔羊大肠杆菌病类症鉴别。

【防治】

1.预防

（1）在多雨潮湿季节，应尽量少喂生长在洼地、沟边或常被羊粪污染的饲草。避免在雨后、清晨或傍晚放牧，使羊减少食入土壤螨的机会。

（2）根据本病的流行特点，适时对羊群进行驱虫，必要时进行二次驱虫。驱虫时每只每次可用1%硫酸铜溶液15～100毫升或砷酸铅0.5克灌服。

2.治疗

（1）硫双二氯酚　按每千克体重75～100毫克，配成悬浮液一次灌服。

（2）氯硝柳胺（灭绦灵）　按每千克体重50～75毫克，羔羊每只最低剂量1克，配成悬浮液一次灌服。

（3）吡喹酮　按每千克体重10～20毫克，一次灌服。

（4）1%硫酸铜溶液　1～3月龄每只15～25毫升，3～6月龄30～40毫升，6月龄以上45～60毫升，配制时用蒸馏水或事先煮沸过的雨水，且不可用金属器具盛装，现配现用，灌药前12～24小时停止饮水。

（5）苯硫咪唑　按每千克体重5～10毫克，配成悬浮液一次灌服。

四、泰勒焦虫病

泰勒焦虫病是由泰勒焦虫引起的疾病。虫体进入羊体内后，进入红细胞内寄生，引起各种临床症状和病理变化。6～8月多发，7月达到高峰。

【病原】

羊泰勒焦虫病的病原体有两种，一种是山羊泰勒焦虫，另一种是绵羊泰勒焦虫，两种都可以感染山羊和绵羊。红细胞染虫率很高，最高可达90%以上。一个红细胞内一般含有一个主体，有时可见2～3个（图2-4-1）。

【流行特点】

羊泰勒焦虫病的传播媒介是蜱。该病的发生有一定的季节性，一般在每年的4～5月份和9～10月份发病。羊泰勒焦虫主要危害当年羔羊，以2～6月龄的羔羊为最多。该病发

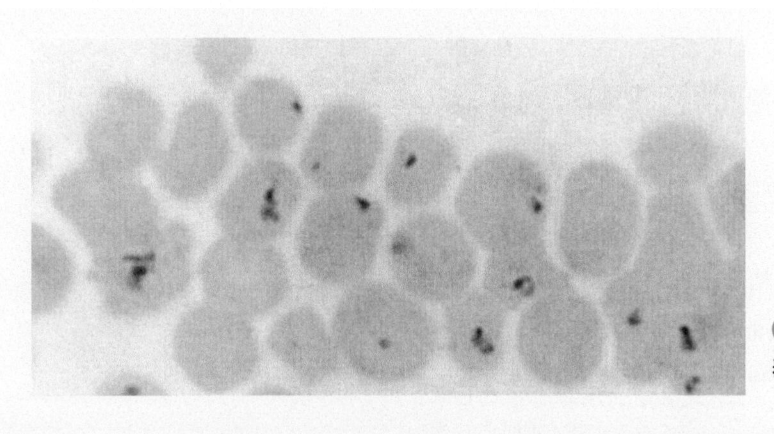

图2-4-1　红细胞内寄生的羊泰勒焦虫

生后，引起羊只大批死亡，周岁以内的羔羊发病率和死亡率较高，2岁以上的成年羊几乎不发病。

【症状】

患羊病初体温升高达41℃，呈稽留热，心律不齐，呼吸困难，精神沉郁，食欲减退，有的腹泻，可视黏膜初期充血，继而出现贫血（图2-4-2），体表淋巴结肿大，尿发黄、浑浊或血尿。病程7～15天。

【病理变化】

肝、脾明显肿大（图2-4-3），并有出血点。肾呈黄褐色，充血水肿，表面有淡黄色或灰白色结节和出血点（图2-4-4）。肺充血水肿（图2-4-5）。膀胱黏膜有散在出血点。皱胃黏膜肿胀。

【诊断】

根据流行病学、临床症状、病理变化作出初步诊断，根据镜检和药物试验确诊。

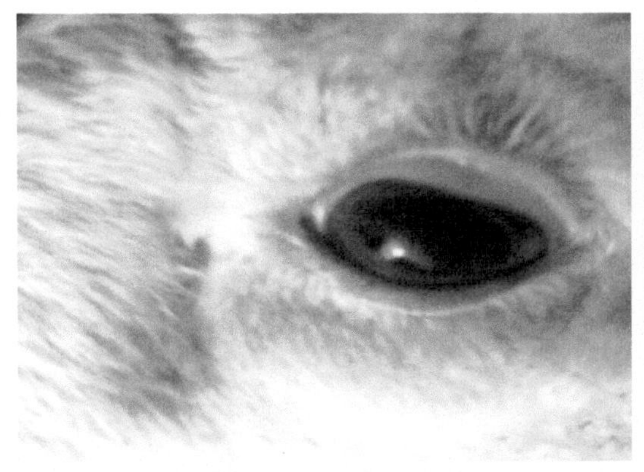

图2-4-2　眼结膜贫血

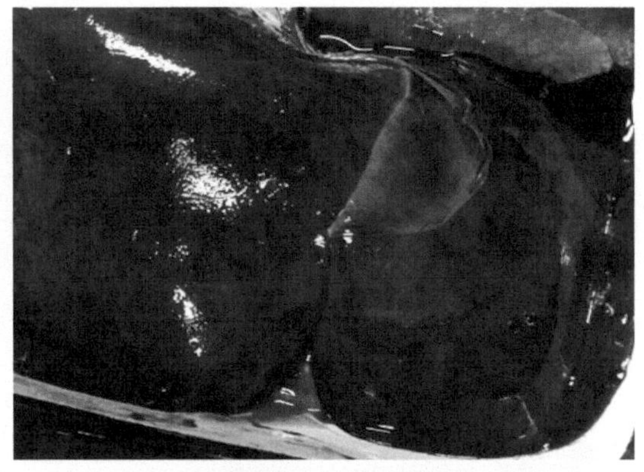

图2-4-3　肝脏肿大

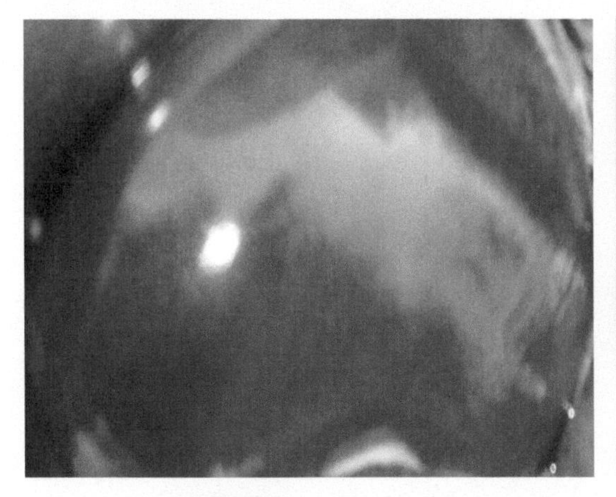

图2-4-4　肾充血水肿

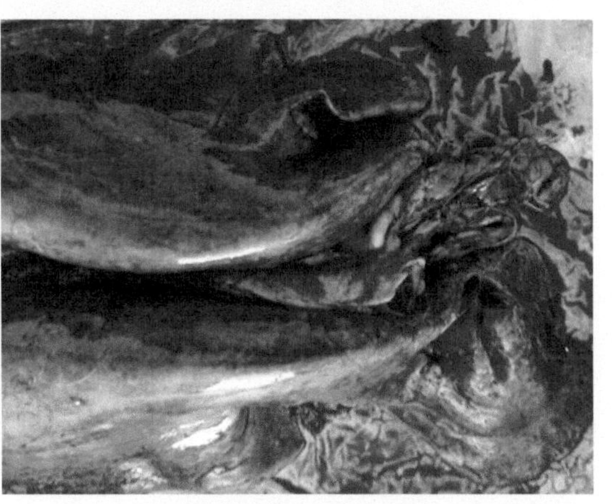

图2-4-5　肺充血水肿

【类症鉴别】

1.与铜中毒鉴别

（1）相似点　均有黄疸，血性腹泻，血红蛋白尿。

（2）不同点　铜中毒一般有长期摄食铜污染的饲料或肝毒性植物的病史，剖检时可见肝瘀血肿大、质脆，呈土黄色（图2-4-6）。胆囊扩张，充满浓稠绿色胆汁（图2-4-7）。肾脏肿大，呈古铜色，有出血斑点（图2-4-8）。脾肿大，呈暗黑色、变软（图2-4-9）。而泰勒焦虫病剖检可见全身淋巴结充血、出点，肝脾涂片可见石榴体，血检可见泰勒焦虫。

2.与肝片吸虫病鉴别

参见“二、肝片吸虫病”部分肝片吸虫病与泰勒焦虫病类症鉴别。

3.与血矛线虫病鉴别

见“一、血矛线虫病”部分血矛线虫病与泰勒焦虫病类症鉴别。

【防治】

1.预防

本病的传播媒介是血蜱，药物灭蜱是切断传播途径、预防羊焦虫病发生的一种有效措施。

（1）每年9～10月份，消灭圈舍内的幼蜱，当羊体上雌蜱全部落地、爬进墙缝准备产卵

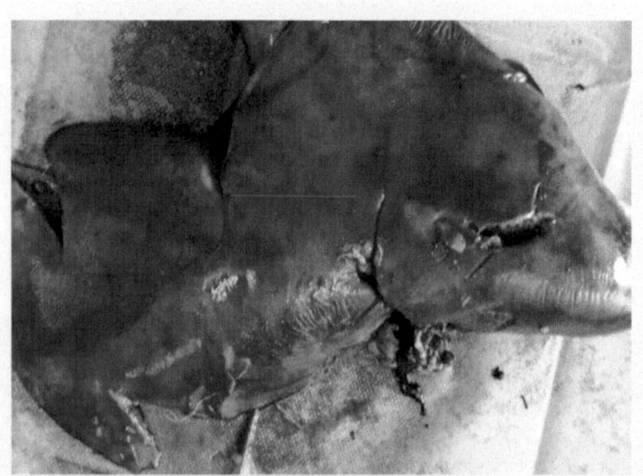

图2-4-6　肝脏呈土黄色

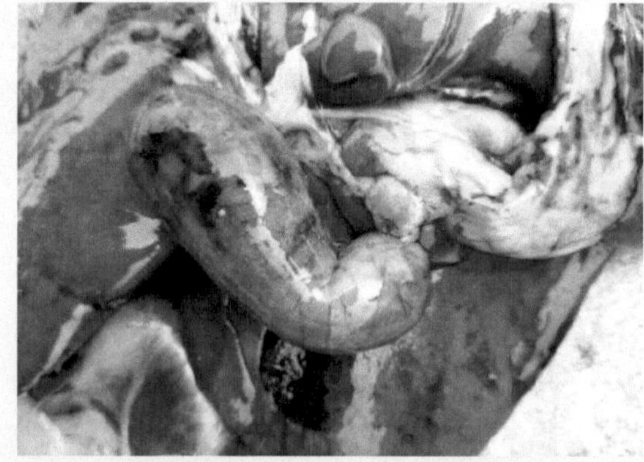

图2-4-7　肝脏肿大，胆囊扩张

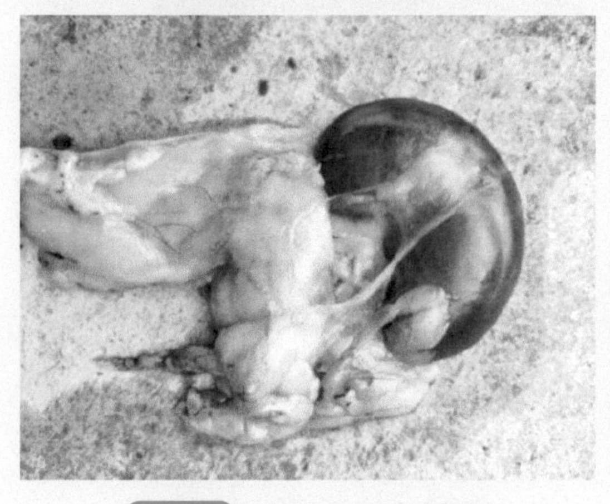

图2-4-8　肾脏肿大，呈古铜色

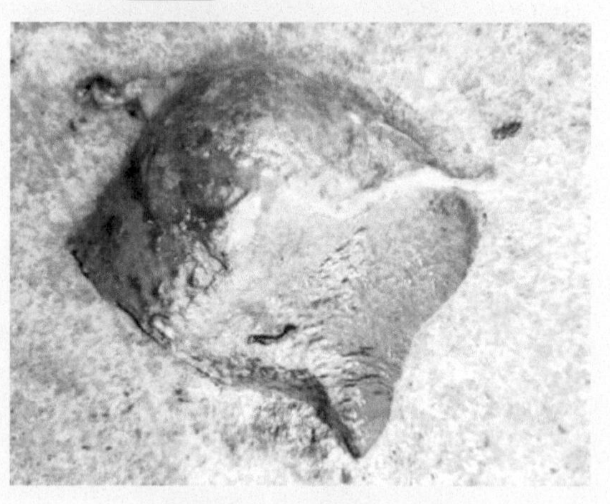

图2-4-9　脾脏肿大，色黑

时，用0.1%敌杀死溶液喷洒圈舍，并用混有0.1%敌杀死的泥土将圈舍内所有洞穴堵死，这样就可以把幼虫闭死在洞穴中。

（2）每年5月下旬至6月上中旬间，消灭圈舍内的弱蜱和成蜱，大批弱蜱落地，准备蜕化为成蜱时，再次用0.1%敌杀死溶液喷洒圈舍，并用混有0.1%敌杀死的泥土将圈舍内所有洞穴堵死，将饥饿的成蜱闭死在洞穴中，使其不能传播病原体。

（3）每年的3～5月间和9～10月间，杀灭羊体表上的蜱，用0.1%敌杀死溶液对羊群进行药浴或喷洒，每隔7天药浴或喷洒1次，上半年3次，下半年3次。平时发现羊体表上的蜱时，人工用镊子拣下，并收集起来用火烧掉。

（4）加强对从外地调入的羊群（只）检疫，要检查有没有蜱，有时要做灭蜱处理。这样就可以大大减少蜱对羊只的侵袭机会和防止传播本病。

2.治疗

（1）血虫净　每千克体重7～10毫克，深部肌内注射，每日2次。

（2）复方914　每日1次。

（3）复方新矾钠明　每日1次。

五、羊螨病

羊螨病俗称羊疥疮、羊癞，是由螨类（疥螨和痒螨）侵袭而引起的慢性接触性皮肤病，具有高度的传染性，往往在短期内可引起羊群严重感染，危害十分严重。特征为强烈痒觉、脱毛。绵羊多为痒螨病，山羊多为疥螨病。

【病原】

羊螨病的病原是螨。螨分为疥螨和痒螨两类，根据危害及羊种类的不同而称为绵羊疥螨、山羊疥螨、绵羊痒螨、山羊痒螨。一般称痒螨为吸吮疥虫、疥螨为穿孔疥虫；前者主要危害绵羊，后者主要危害山羊。螨的虫体为圆形或椭圆形（图2-5-1），呈灰白色或黄色，由假头部与体部组成，其腹面有足4对；前后各两对。足分5节，末端有吸盘，也有的没有吸盘。

【流行特点】

主要发生于冬季和秋末春初。发病时，疥螨病一般始发于羊皮肤柔软且短毛的部位，如嘴唇、口角、鼻面、眼圈及耳根部，以后皮肤炎症逐渐向周围蔓延；痒螨病则起始于被毛稠密和温度、湿度比较恒定的皮肤部分，如绵羊多发生于背部、臀部及尾根部，以后才向体侧蔓延（图2-5-2）。

【症状】

病初，虫体小刺、刚毛和分泌的毒素刺激神经末梢，引起剧痒，羊不断在圈墙、栏柱等处摩擦；在阴雨天气、夜间、通风不好的圈舍及随着病情的加重，痒觉表现更为剧烈，继而皮肤出现丘疹、结节、水疱，甚至脓疮；以后形成痂皮和龟裂（图2-5-3）。特别是绵羊患疥螨病时，病变主要局限于羊的头部（图2-5-4），病变处如干涸的石灰。绵羊感染痒螨后，可见患部有大片被毛脱落（图2-5-5）。患羊因终日啃咬和摩擦患部，烦躁不安，影响正常的采食和休息，日渐消瘦，最终可极度衰竭而死亡。

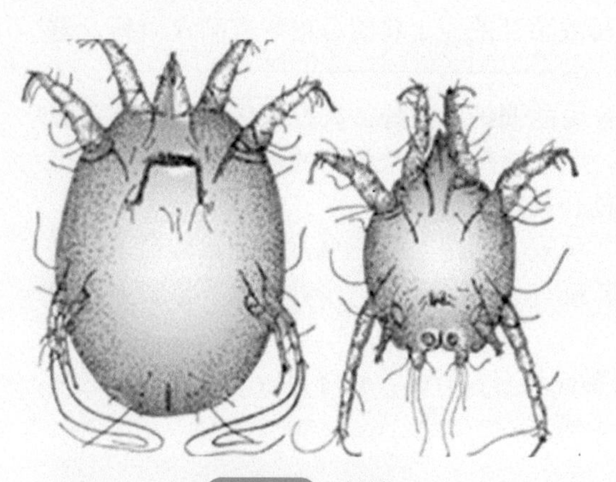

图2-5-1 羊螨

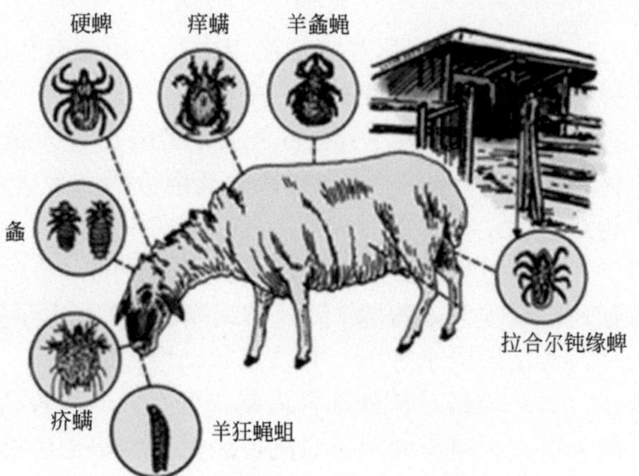

图2-5-2 羊螨病的生活史

图2-5-3 绵羊背部皮肤痒螨病变

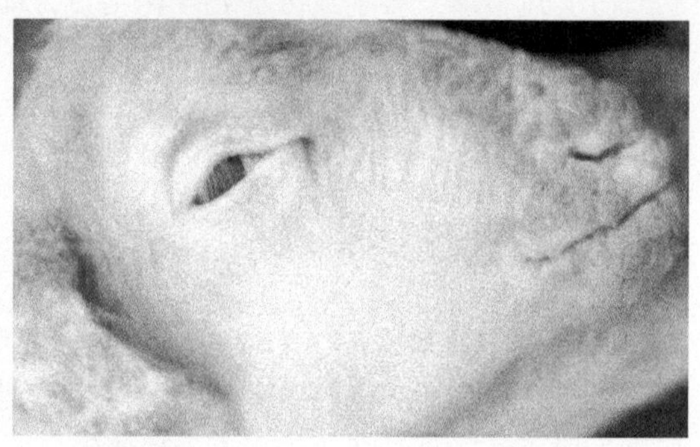

图2-5-4 绵羊唇、鼻与耳部的疥螨病变

图2-5-5 绵羊痒螨病，被毛脱落

【诊断】

根据羊的症状表现及疾病流行情况，对疑病羊刮取皮肤组织查找病原。

【类症鉴别】

1.与羊痘鉴别

参见“五、羊螨病”部分羊螨病与羊痘类症鉴别。

2.与羊螨病鉴别

（1）相似点　临床都具有瘙痒的症状。

（2）不同点　羊螨病用皮肤刮取物涂片，镜检可以发现虫体。

【防治】

1.预防

（1）每年定期对羊群进行药浴，可取得预防和治疗的双重效果。

（2）对新购入的羊应隔离检查，确定无疥螨寄生后再混群饲养。

（3）圈舍应经常保持干燥、通风，并定期清扫和消毒。

2.治疗

（1）药浴疗法　适用于病羊数量多及气候温暖的季节。大规模药浴之前应对所选药物做小批安全试验，为了避免中毒，必须在晴天进行药浴，浴后将羊放在阴凉处，等药干以后再去放牧，药浴时间为1～2分钟，注意浸泡羊头部，药浴前让羊饮足水，以防误饮药液，通常进行两次，间隔7天。常用药物为0.05%的双甲脒水溶液、0.05%的溴氰菊酯水乳剂。

（2）注射疗法　适用于各种情况的螨病治疗，效果良好。常用药物为阿维菌素，剂量为0.2毫克/千克体重，1次皮下注射。本品也有粉剂可供内服和浇泼。

六、肺线虫病

也称肺丝虫病，绵羊和山羊都可感染，各地区常有流行，往往会造成羊只的大量死亡。

【病原】

大型肺线虫（图2-6-1）为大型白色虫体，肠管呈黑色穿行于体内，口囊小而浅。雄虫体长30～80毫米，雌虫体长50～112毫米。小型肺线虫（图2-6-2）虫体纤细，体长12～28毫米。小型肺线虫不同于大型肺线虫，在发育过程中需要中间宿主的参加。

【症状】

羊群遭受感染时，首先个别羊干咳，继而成群咳嗽，运动时和夜间更为明显，呼吸声亦明显粗重。在频繁而痛苦的咳嗽时，常咳出含有成虫、幼虫及成卵的黏液团块。咳嗽时伴发啰音和呼吸急促，鼻孔中排出黏稠分泌物，干涸后形成鼻痂，从而使呼吸更加困难。病羊常打喷嚏，逐渐消瘦，贫血，头、胸及四肢水肿，被毛粗乱。羔羊症状严重，死亡率也高。羔羊轻度感染或成年羊感染时的症状表现较轻。小型肺线虫单独感染时，病情表现比较缓慢，只是在病情加剧或接近死亡时，才明显表现为呼吸困难、干咳或呈暴发性咳嗽。

【病理变化】

可见有不同程度的肺膨胀不全和肺气肿（图2-6-3），肺表面隆起，呈灰白色，触摸时有坚硬感；支气管中有黏性或脓性混有血丝的分泌团块和肺线虫（图2-6-4）。气管内分泌物增

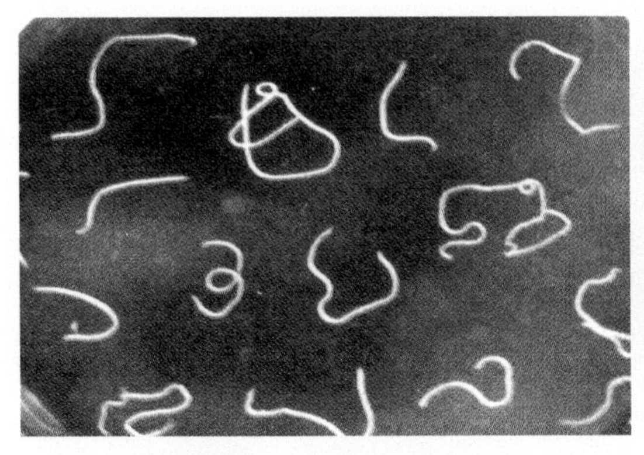

图2-6-1　大型肺线虫的形态

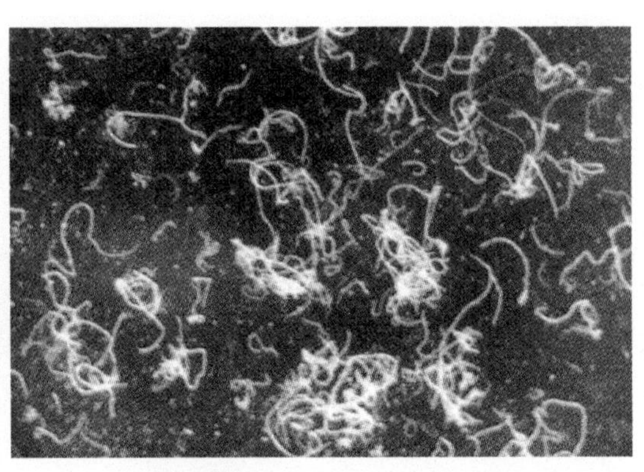

图2-6-2　小型肺线虫的形态

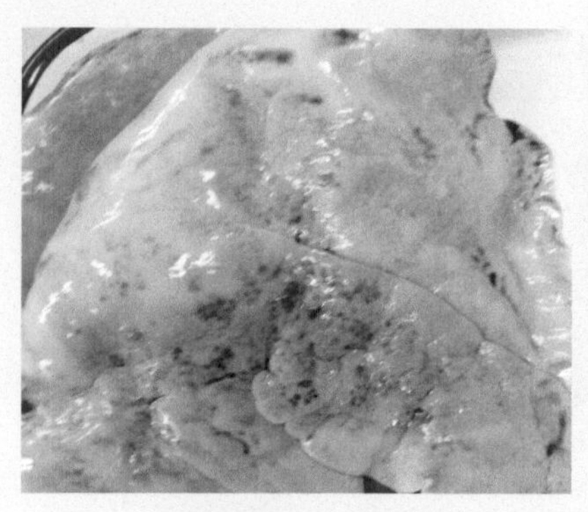
图2-6-3 肺气肿

图2-6-4 支气管中的肺丝虫

图2-6-5 气管中的肺线虫

多，见有肺线虫（图2-6-5）。

【诊断】

根据临床症状、检查幼虫和尸体剖检做出诊断。

【类症鉴别】

1.与羊鼻蝇蛆病鉴别

（1）相似点　都表现流鼻涕及呼吸困难症状。

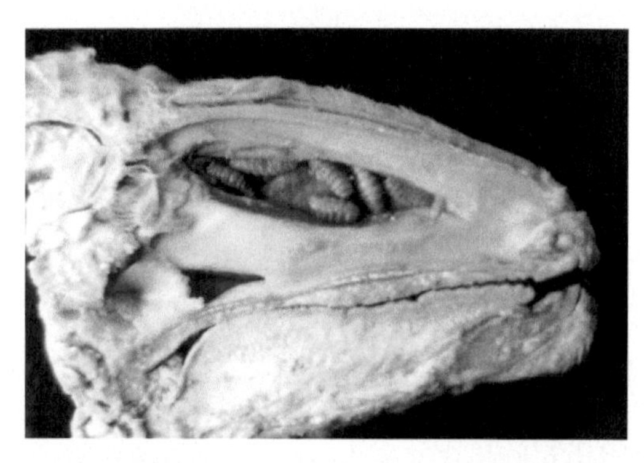
图2-6-6 羊上颌窦内大量鼻蝇蛆寄生

（2）不同点　鼻蝇蛆寄生在羊鼻孔内（图2-6-6），该病发生在鼻蝇活跃的夏季。而肺线虫寄生在羊肺，引起肺膨胀不全和肺气肿，病羊因频繁咳嗽而变得痛苦，有时可咳出成虫。

2.与巴氏杆菌病鉴别

参见第一章“二、羊巴氏杆菌病”部分巴氏杆菌病与羊鼻蝇蛆病类症鉴别。

3.与链球菌病鉴别

参见第一章“十三、链球菌病”部分链球菌病与羊鼻蝇蛆病类症鉴别。

【防治】

1.预防

（1）改善饲养管理，提高羊的健康水平和抵抗力，可缩短虫体寄生时间。

（2）在本病流行区，每年春秋两季（春季在2月，秋季在11月为宜）进行两次以上定期驱虫，驱虫治疗期应将粪便进行生物热处理。

（3）加强羔羊的培育，羔羊与成羊分群放牧，并饮用流动水或井水；有条件的地区，可实行轮牧；避免在低洼沼泽地区放牧；冬季应予适当补饲。

2.治疗

（1）驱虫净　每千克体重10～20毫克，灌服；肌内或皮下注射，按每千克体重10～

12毫克。

（2）左旋咪唑　每千克体重8毫克，灌服；肌内或皮下注射，按每千克体重5～6毫克。

（3）丙硫苯咪唑　每千克体重5～10毫克，灌服。

（4）苯硫咪唑　每千克体重5毫克，灌服。

（5）氰乙酰肼（网尾素）　按每千克体重20毫克，灌服，每天1次，连用3～5天；或每千克体重15毫克，皮下或肌内注射。

（6）亚砜咪唑　按每千克体重5毫克，灌服。

七、羊球虫病

羊球虫病是由球虫寄生于羊肠道所引起的一种原虫病，发病羊只呈现腹泻、消瘦、贫血、发育不良等症状，严重者衰竭而死亡，1～3月龄的羊羔发病率和死亡率较高。

【病原】

球虫的发育无需中间宿主，当羊吞食了具有感染性的卵囊（图2-7-1）后，在肠道中子孢子逸出，在小肠内进行裂体生殖，产生裂殖子（图2-7-2），裂殖子发育到一定阶段，形成大、小配子体，大、小配子体结合为卵囊，排出体外，在适宜的环境下形成孢子化的卵囊，即具有感染性。成年羊感染不发病，2～6月龄的羔羊易发病。主要经消化道感染。

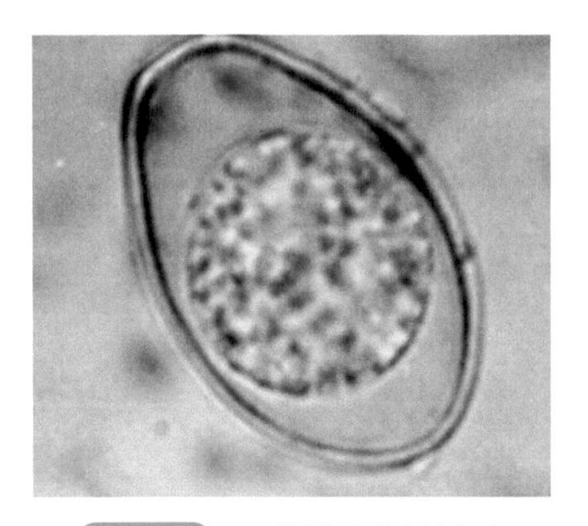

图2-7-1　肠艾美耳球虫的卵囊

【流行特点】

各种品种的绵羊、山羊对球虫均有易感性，但山羊感染率高于绵羊；1岁以下的感染率高于1岁以上的，成年羊一般都是带虫者。流行季节多为春、夏、秋三季，冬季气温低，不利于卵囊发育，很少发生感染。本病的传染源是病羊和带虫羊，卵囊随羊粪便排至外界，污染牧草、饲料、饮水、用具和环境，经消化道使健康羊获得感染。

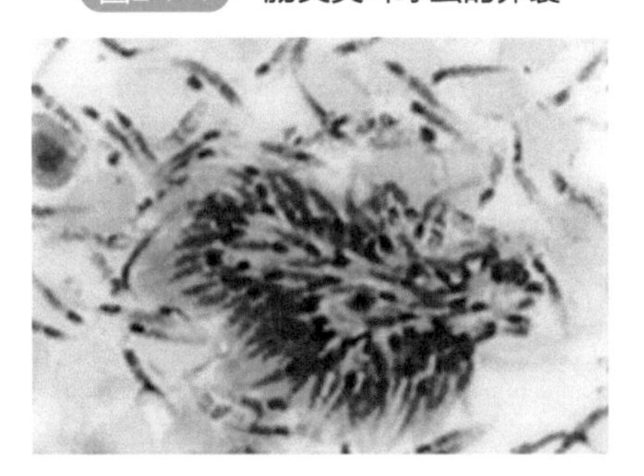

图2-7-2　肠艾美耳球虫的裂殖子

【症状】

病羊食欲不振，轻度感染者排软便，严重感染者病初体温升高，后下降，表现为急剧下痢，排恶臭的血便，继之贫血、消瘦、腹痛。羔羊如不及时治疗，死亡率较高。耐过羊可产生免疫力。

【病理变化】

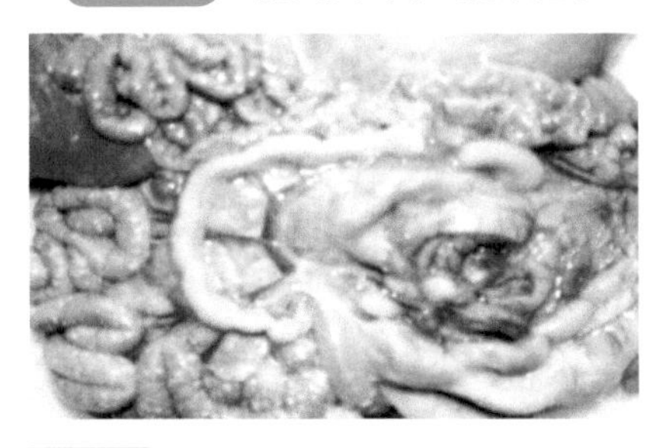

图2-7-3　肠系膜淋巴结肿大，呈浅黄色

剖检病死羊，可见肠系膜淋巴结索状肿胀，苍白色或浅黄色（图2-7-3）。肠道黏膜上有淡白或黄色卵

圆形结节，十二指肠和回肠有卡他性炎症，呈点状或带状出血。

【类症鉴别】

1.与血吸虫病鉴别

（1）相似点　均有腹泻带血症状。

（2）不同点　羊感染血吸虫病后一般在病初症状较轻，多呈慢性经过，表现贫血、黄疸、消瘦等症状，可导致不孕或流产。羊球虫病的发病率和死亡率较高。

2.与肠毒血症鉴别

参见“七、羊球虫病”部分羊球虫病与肠毒血症类症鉴别。

3.与巴氏杆菌病鉴别

参见“七、羊球虫病”部分羊球虫病与巴氏杆菌病类症鉴别。

【防治】

1.预防

（1）由于孢子化的卵囊对外界的抵抗力很强，一般对圈舍和用具使用70 ～ 80℃　3%的热碱水消毒，必要时采用火焰消毒。

（2）成年羊和幼年羊分开饲养，给予良好的营养，增强机体的抵抗力。

2.治疗

（1）盐霉素　按每天每千克体重0.33 ～ 1.0毫克混饲，连喂2 ～ 3天。

（2）氨丙啉　按每天每千克体重145毫克混饲，连喂2 ～ 3周。

（3）对急性病例用磺胺二甲氧嘧啶　按每天每千克体重50 ～ 100毫克，服用4 ～ 5天。

八、脑多头蚴病

羊脑多头蚴病又称脑包虫病（视频2-8-1），是脑多头蚴寄生于羊的脑或脊髓而引起的一系列神经症状的严重寄生虫病。

视频2-8-1

扫码观看：脑多头蚴病（脑内的包虫病）

【病原】

脑多头蚴为乳白色半透明囊泡，圆形或卵圆形（图2-8-1），豌豆大到鸡蛋大，囊壁上有集成簇的许多原头蚴，囊内充满液体。羊吞食多头带绦虫虫卵而受感染，六钩蚴钻入肠黏膜，随血流到达脑、脊髓中，经2 ～ 3个月发育为多头蚴（图2-8-2）。

【流行特点】

是常见的一种羊寄生虫病，成虫寄生于犬、狼、狐、豺等肉食兽的小肠，多发于犬活动频繁的地方。容易侵袭1 ～ 2岁的绵羊和山羊。一年四季都有感染可能。

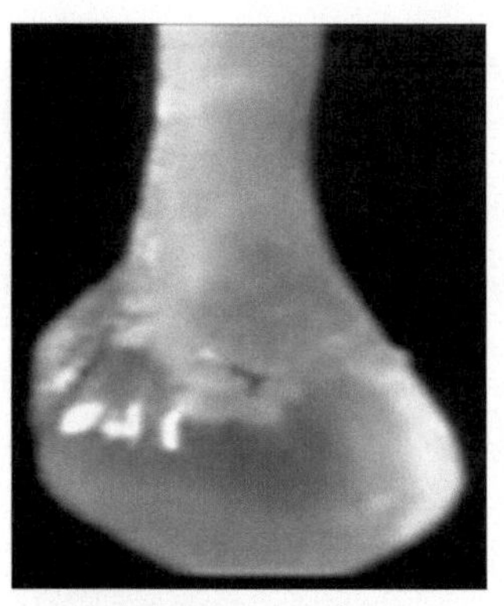

图2-8-1　脑多头蚴

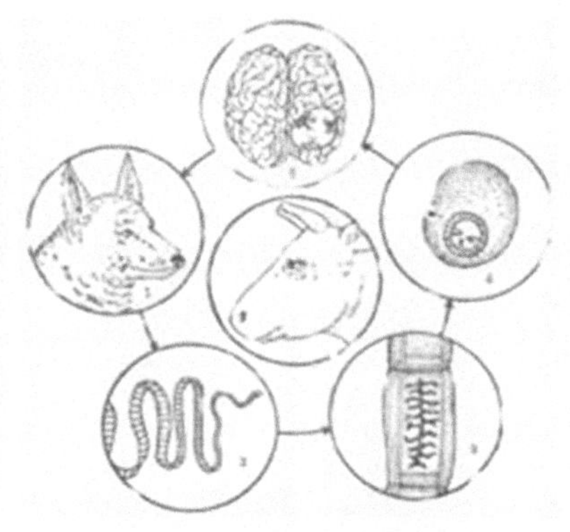

图2-8-2　羊脑多头蚴的生活史

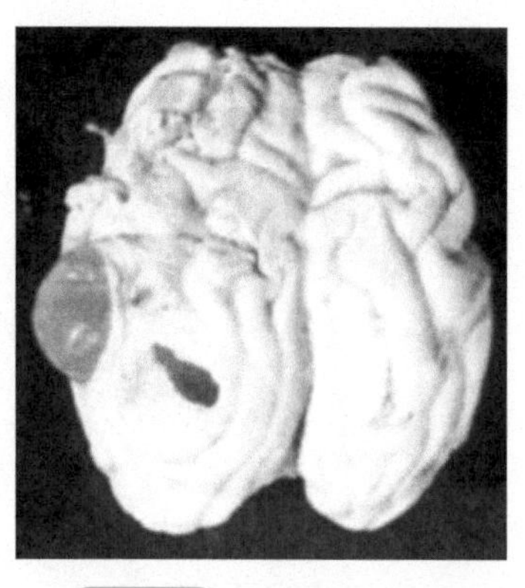

图2-8-3　多头蚴寄生在一侧大脑半球

【症状】

感染2～7个月后出现典型症状，呈现异常运动和异常姿势。虫体寄生在一侧脑半球表面时（图2-8-3），头倾向患侧，并以患侧做圆圈运动，对侧眼失明。虫体寄生在脑前部时，头低垂抵于胸前或高举前肢步行或猛冲向前，遇障碍物后倒地或静立不动。虫体寄生在小脑时，表现易惊恐、步态蹒跚、平衡失调、痉挛等。虫体寄生在腰部脊髓时，后躯及盆腔脏器麻痹，最后死于高度消瘦或因重要神经中枢受害。

【诊断】

根据其特殊的症状、病史做出初步判断。剖检病畜查虫体确诊。

【类症鉴别】

1.与维生素A缺乏症鉴别

（1）相似点　都表现转圈运动。

（2）不同点　羊患有维生素A缺乏症时，会出现夜盲症。另外，临床上表现出运动失调，无定向的作转圈运动，视力减弱。一般进行饲草饲料分析以及流行病学调查来确诊。

2.与羊鼻蝇蛆病鉴别

（1）相似点　病羊均表现神经症状，消瘦。

（2）不同点　羊鼻蝇幼虫在羊鼻腔内寄生移动，引起鼻腔炎症，鼻液为浆液性，后为浆液性和脓性，有时混有血液，鼻孔周围结痂，呼吸困难，眼睑浮肿，常狂躁不安，踢蹄摇头，以鼻擦地等；脑包虫虫卵随血液到达大脑寄生发育，引起病羊狂躁不安，出现回转运动。羊鼻蝇蛆病剖检时打开鼻腔可见到羊鼻蝇幼虫（图2-8-4、图2-8-5）；羊脑包虫病剖检大脑，可找到寄生的脑包虫包囊。

3.与李氏杆菌病鉴别

（1）相似点　病羊均头歪向一侧而转圈。

（2）不同点　李氏杆菌病属传染病，病羊体温升高，视力出现障碍。患李氏杆菌病的妊娠羊大多出现流产，妊娠后期流产者更多。

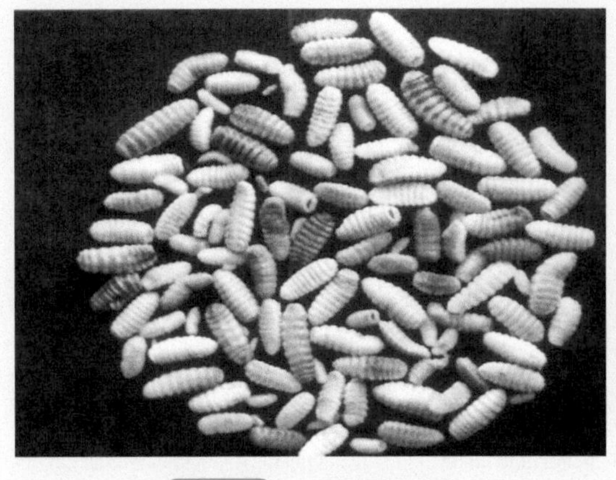

图2-8-4 羊鼻蝇的幼虫

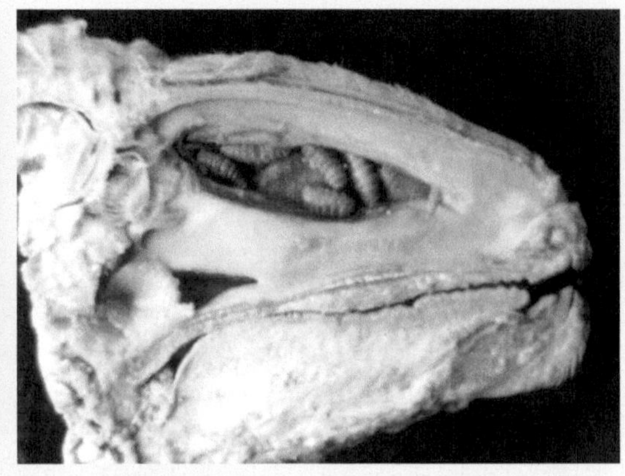

图2-8-5 羊上颌窦的纵切面，大量鼻蝇蛆寄生

4.与细颈囊尾蚴病鉴别

（1）相似点 都会引起病羊的消瘦、贫血。

（2）不同点 羊脑多头蚴病时，病羊做圆圈运动，虫体寄生在脑内。细颈囊尾蚴的虫体寄生在腹腔的肝脏（图2-8-6）、大网膜（图2-8-7）、肠系膜 （图2-8-8）、腹膜（图2-8-9）等处。

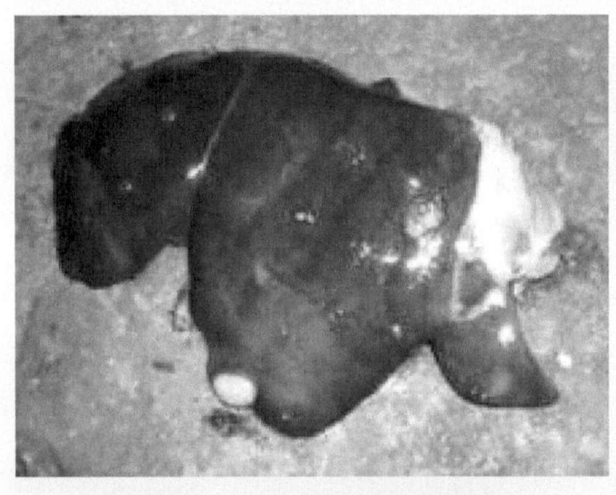

图2-8-6 肝脏上寄生的细颈囊尾蚴

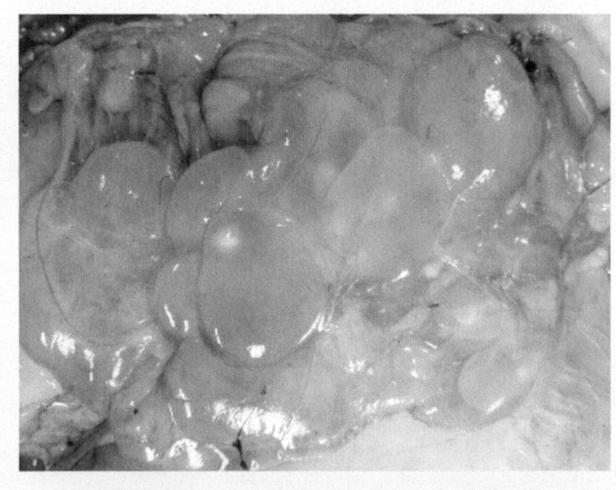

图2-8-7 大网膜上寄生的细颈囊尾蚴

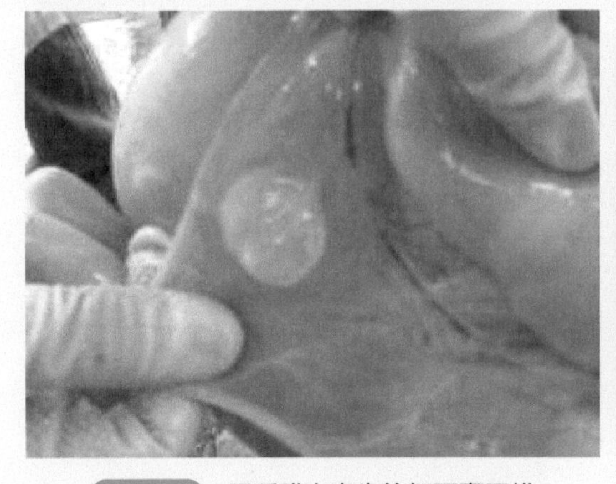

图2-8-8 肠系膜上寄生的细颈囊尾蚴

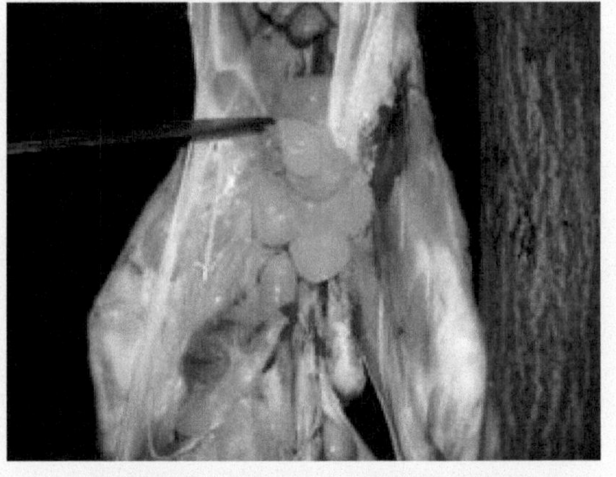

图2-8-9 腹膜上寄生的细颈囊尾蚴

【防治】

（1）预防本病应对牧羊犬定期驱虫，排出的犬粪和虫体应深埋。对野犬、狼等终宿主应予以捕杀，防止犬吃到含脑多头蚴的羊等的脑和脊髓。

（2）施行手术摘除，但脑后部及深部寄生者则较困难。近年来用吡喹酮和丙硫咪唑进行治疗可获得较满意的效果。

九、羊鼻蝇蛆病

羊鼻蝇蛆病是由羊鼻蝇的幼虫寄生在羊的鼻腔及附近腔窦内所引起的疾病。羊鼻蝇主要危害绵羊，对山羊危害较轻。病羊表现为精神不安，体质消瘦，甚至发生死亡。

【病原】

羊鼻蝇的成虫体长10～12毫米，淡灰色，形状似蜜蜂（图2-9-1）。第3期幼虫背面隆起，腹面扁平，长28～30毫米。

【症状】

羊鼻蝇幼虫进入病羊鼻腔、额窦及颌窦后（图2-9-2），在移行过程中，由于口前钩和体表小刺损伤黏膜引起鼻炎；鼻液初为浆液性，后为黏液性和脓性，有时混有血液（图2-9-3）；当大量鼻漏干涸在鼻孔周围形成硬痂时，使羊呼吸困难。病羊不安，打喷嚏，摇头，摩鼻，眼睑浮肿，流泪，食欲减退，日渐消瘦。当个别幼虫进入颅腔损伤了脑膜或因鼻窦发炎而波及脑膜时，可引起神经症状，表现为运动失调，旋转运动，头弯向一侧或发生麻痹；最后，病羊食欲废绝，因极度衰竭死亡。

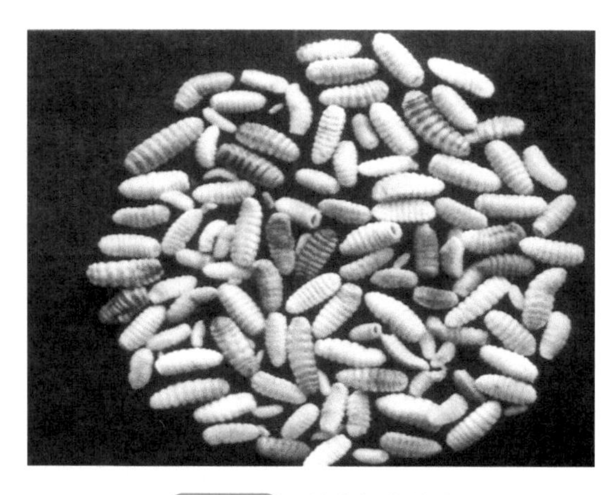

图2-9-1 羊鼻蝇的幼虫

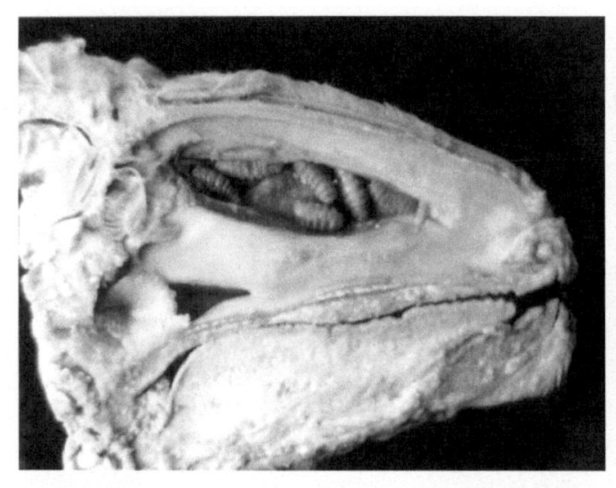

图2-9-2 羊上颌窦的纵切面，大量鼻蝇蛆寄生

图2-9-3 鼻蝇蛆的羊

【诊断】

该病在羊生前诊断，可在早期用药液喷射鼻腔查找有无死亡的幼虫排出；死后剖检，如在鼻腔、鼻窦或额窦内发现羊鼻蝇幼虫，亦可确诊。

【类症鉴别】

1.与李氏杆菌病鉴别

参见第一章“七、李氏杆菌病”部分李氏杆菌病与羊鼻蝇蛆病类症鉴别。

2.与肺线虫病鉴别

参见“六、肺线虫病”部分肺线虫病与羊鼻蝇蛆病类症鉴别。

3.与脑多头蚴病鉴别

参见“八、脑多头蚴病”部分脑多头蚴病与羊鼻蝇蛆病类症鉴别。

【防治】

该病防治应以消灭第一期幼虫为主要措施。各地应根据不同气候条件和羊鼻蝇的发育情况，确定防治的时间，一般在每年11月份进行为宜，可选用下列药物。

1.精制敌百虫

（1）按每千克体重0.12克，配成2%溶液，灌服。

（2）取精制敌百虫60克、95%酒精31毫升，在瓷容器内加热后，加入31毫升蒸馏水，再加热至60～65℃，待药完全溶解后，加水至总量100毫升，经过滤后即可注射。剂量为，羊体重10～20千克用0.5毫升，20～30千克用1毫升，30～40千克用1.5毫升，40～50千克用2毫升，50千克以上用2.5毫升。

2.敌敌畏

（1）每千克体重5毫克，每日1次，连用2天。

（2）常用于大面积防治，按室内空间每立方米用80%敌敌畏0.5～1毫升。吸雾时间应根据小群羊安全试验和驱虫效果而定，一般不超过1小时。

（3）用1%敌敌畏软膏，在成蝇飞翔季节涂擦良种羊的鼻孔周围，每5天1次，可杀死雌虫产下的幼虫。

十、血吸虫病

羊血吸虫病是血吸虫寄生在羊门静脉、肠系膜静脉和盆腔静脉内，导致病羊贫血、消瘦、生长发育受阻，甚至死亡等的一种疾病。

【病原】

血吸虫雌雄异体，体为长圆柱形。雄虫粗短，呈乳白色。在虫体前端有口吸盘，腹吸盘与口吸盘相距较近，雄虫体壁自腹吸盘后方至尾部两侧向腹面卷起形成抱雌沟，通常雌虫在沟内呈合抱状态。雌虫一般呈暗褐色，虫体为椭圆形，前端细小，后端粗圆。虫体中部偏后方两肠管合并处前方是卵巢。虫卵呈短卵圆形，淡黄色。

【流行特点】

血吸虫的中间宿主为椎实螺，该病多发于夏、秋季节。该病感染途径为血吸虫尾蚴钻入羊的皮肤，也可经吞食含有尾蚴的水、草而感染。

【症状】

羊感染血吸虫病后一般在病初症状较轻，多呈慢性经过，具体表现为病羊颌下、腹下部水肿，腹围增大，贫血，黄疸，消瘦，幼羊生长发育受阻，母羊繁殖性能下降并导致流产，如突然感染尾蚴时，才呈急性发作，表现腹泻，体温升高，精神沉郁，呼吸困难，粪便中混有黏液、血液，可导致不孕或流产。

视频2-10-1 扫码观看：血吸虫病（肝脏表面凹凸不平，并且散布着大小不等的灰白色坏死结节）

【病理变化】

剖检可见尸体明显消瘦、贫血（图2-10-1），腹腔内常有大量腹水。在感染数千条以上的病例，其肠系膜及大网膜均有明显的胶样浸润，更严重的可以波及胃肠壁的浆膜层。小肠黏膜上可见有出血点或坏死灶。肠系膜淋巴结普遍地表现水肿。肝组织出现程度不同的结缔组织化。肝脏质地变硬，在肝表面可以见到灰白色网状组织的凹陷纹理，而使肝表面低洼不平，并且散布着大小不等的灰白色坏死结节（视频2-10-1，图2-10-2）。肝脏在初期多表现为肿大，后期多表现为萎缩，被膜增厚，呈灰白色。

【诊断】

对羊血吸虫病的实验室诊断方法有两种，即病原学诊断和PCR诊断。

【类症鉴别】

1.与球虫病鉴别

参见“十、血吸虫病”部分血吸虫病与球虫病类症鉴别。

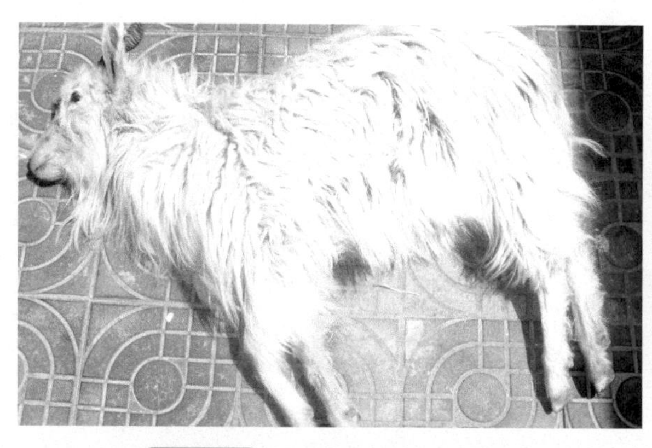

图2-10-1 尸体明显消瘦、贫血

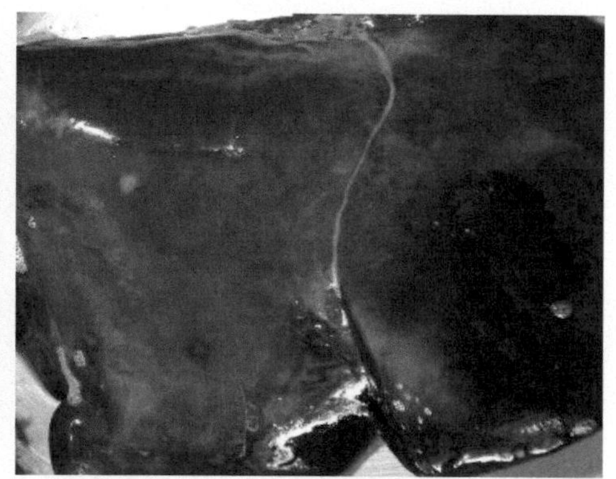

图2-10-2 肝脏表面散布着大小不等的坏死结节

2.与羊肠毒血症鉴别

参见第一章“十六、羊肠毒血症”部分羊肠毒血症与血吸虫病类症鉴别。

【防治】

1.预防

在4、5月份和10、11月份定期驱虫，病羊要淘汰。结合水土改造工程或用灭螺药物杀灭中间宿主，阻断血吸虫的发育途径。疫区内粪便进行堆肥发酵和制造沼气，既可增加肥效，又可杀灭虫卵。选择无螺水源，实行专塘用水，以杜绝尾蚴的感染。

2.治疗

（1）硝硫氰胺，按千克体重4毫克，配成2%～3%水悬液，颈静脉注射。

（2）吡喹酮，按每千克体重30～50毫克，1次口服。

（3）敌百虫，绵羊按每千克体重70～100毫克，山羊按每千克体重50～70毫克，灌服。

（4）六氯对二甲苯，按每千克体重200～300毫克，灌服。

十一、住肉孢子虫病

住肉孢子虫病是绵羊的一种慢性疾病，以心肌与骨骼肌中形成包囊为特征。本病在所有品种和性别的绵羊均可发生，但在4～7岁的绵羊中传染更为广泛。

【病原】

住肉孢子虫主要寄生在羊的心肌、食道和骨骼肌（图2-11-1，图2-11-2），在肌肉内形成椭圆形包囊，成熟时含有数百个裂殖子，长达1厘米。

【流行特点】

当犬和猫吃了绵羊和牛肌肉中的住肉孢子虫后，经7～10天住肉孢子虫的孢子囊由粪便中排出。当绵羊吃下犬、猫粪中的孢子囊时，住肉孢子虫裂殖体和包囊便在羊的肌肉中形成。这说明住肉孢子虫是2个宿主的寄生虫，它在草食动物肌肉中经历裂殖生殖，在肉食动

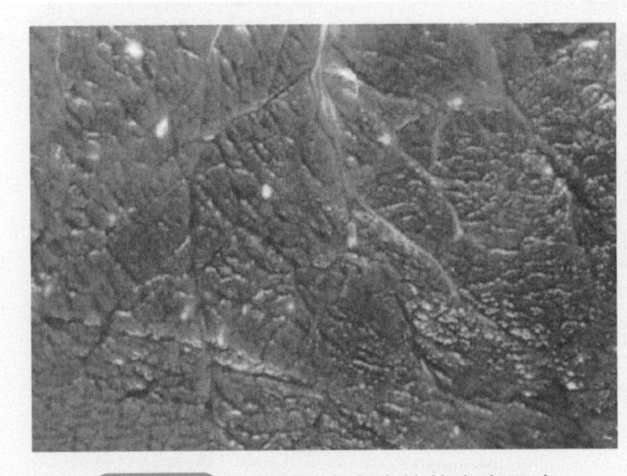

图2-11-1 骨骼肌中寄生的住肉孢子虫

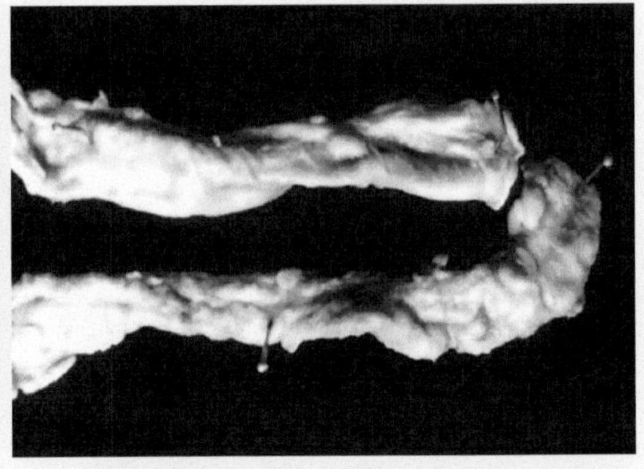

图2-11-2 食道外膜寄生的住肉孢子虫

物肠道中进行孢子生殖。

【症状】

轻度感染不显症状。严重感染时，羊表现不安，无力，肌肉僵硬，食欲不振，发热，贫血，淋巴结肿大，腹泻，发育不良，有的跛行，后肢瘫痪，共济失调。母羊可引起流产。部分严重病羊可发生死亡。

【病理变化】

剖检时，食道、腹部、膈脚和腰肌中有椭圆形、灰色、坚硬的包囊。

【诊断】

食道、腹部、膈脚和腰肌中有椭圆形、灰色、坚硬的包囊可以做出初步诊断，由包囊切片或抹片中裂殖子的鉴定可进一步确诊。

【类症鉴别】

与棘球蚴病鉴别

（1）相似点　组织内都有寄生虫结节。

（2）不同点　住肉孢子虫病以心肌与骨骼肌中形成包囊为特征。棘球蚴病以肝肺表面和实质内有数量不等的棘球蚴囊泡突起（图2-11-3、图2-11-4）为特征。

【防治】

1.预防

肉食动物必须与草食动物及禽类分饲，并减少接触；加强环境卫生管理，不要用生肉饲喂动物，杀灭鼠类。

2.治疗

目前尚无可杀灭虫体的有效药物。在生产中试用灭虫丁注射液，每千克体重200微克，肌内注射；其后，隔5天，再用吡喹酮，每千克体重20毫克，灌服，并补饲生长素添加剂，可使患羊康复。

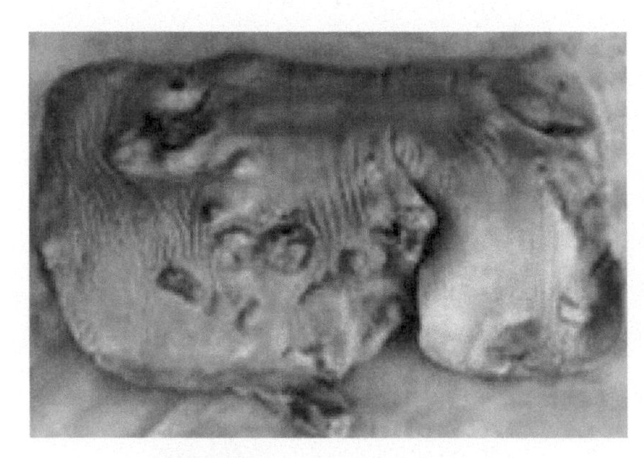

图2-11-3　肝脏表面的棘球蚴

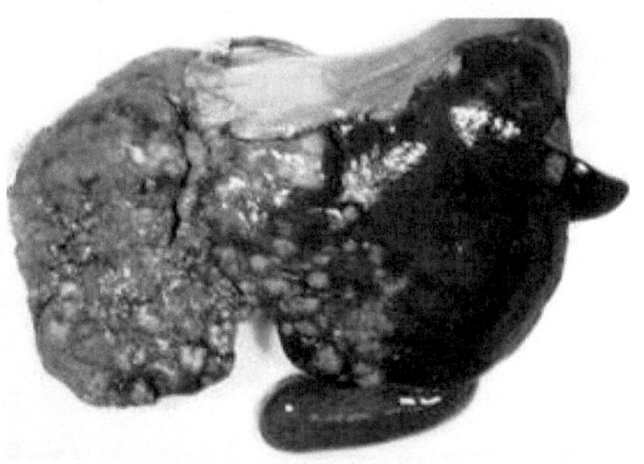

图2-11-4　肝脏实质的棘球蚴

十二、棘球蚴病

棘球蚴病也叫囊虫病或包虫病，本病是一种人兽共患的绦虫蚴病。发生本病后，可使幼羊发育缓慢，成年羊的毛、肉、奶的数量减少，质量降低，造成严重的经济损失。

【病原】

病原棘球蚴是犬细粒棘球绦虫的幼虫期。细粒棘球绦虫寄生在犬、狼及狐狸的小肠里，虫体很小。棘球蚴寄生于羊的肝脏、肺脏以及其他器官，形态多种多样，大小不一。

【流行特点】

终末宿主狗、狼、狐狸把含有细粒棘球绦虫的孕卵节片和虫卵随粪排出，污染牧草、牧地和水源。当羊只通过吃草饮水吞下虫卵后，卵膜因胃酸作用被破坏，六钩蚴逸出，钻入肠黏膜血管，随血流达到全身各组织，逐渐生长发育成棘球蚴，最常见的寄生部位是肝脏和肺脏。如果终末宿主吃了含有棘球蚴的器官，经2.5 ～ 3个月就在肠道内发育成细粒棘球绦虫，并可在宿主肠道内生活达6个月之久（图2-12-1）。

【症状】

严重感染时，有长期慢性的呼吸困难和微弱的咳嗽。当肝脏受侵袭时，羊表现疼痛。当肝脏容积极度增加时，可观察右侧腹部稍有膨大。绵羊严重感染时，营养不良，被毛逆立，容易脱落。有特殊的咳嗽，当咳嗽发作时，病羊躺在地上。

【病理变化】

剖检病变主要表现在虫体经常寄生的肝脏和肺脏。可见肝肺表面凹凸不平，重量增大，表面有数量不等的棘球蚴囊泡突起（图2-12-2）；肝脏实质中亦有数量不等、大小不一的棘球蚴囊泡（图2-12-3）。棘球蚴内含有大量液体，液体沉淀后，可见有大量包囊砂。有时棘球蚴发生钙化和化脓。有时在心（图2-12-4）、脾、肾、脑、脊椎管、肌内、皮下亦可发现棘球蚴。

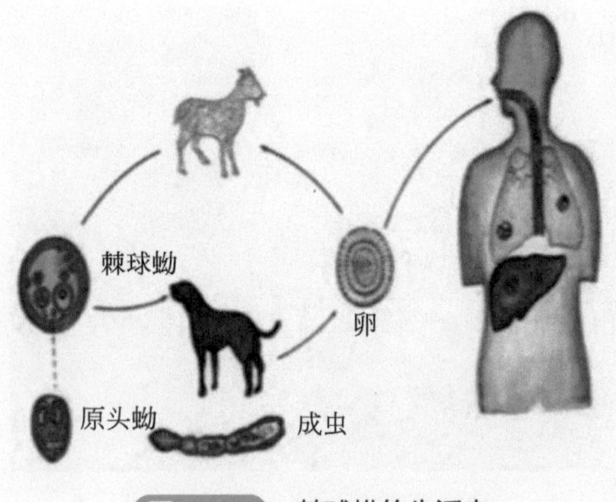

图2-12-1　棘球蚴的生活史

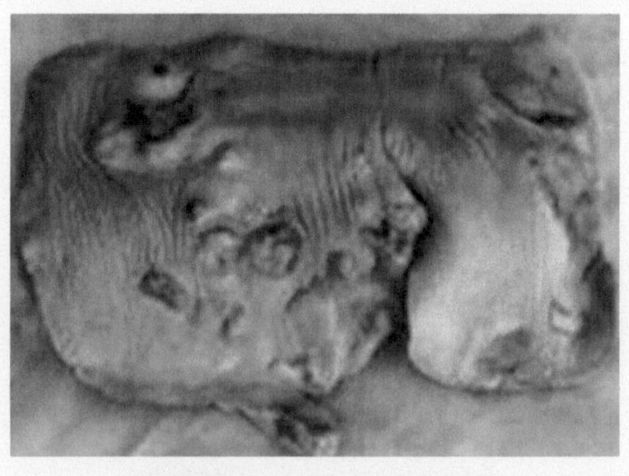

图2-12-2　肝脏表面的棘球蚴

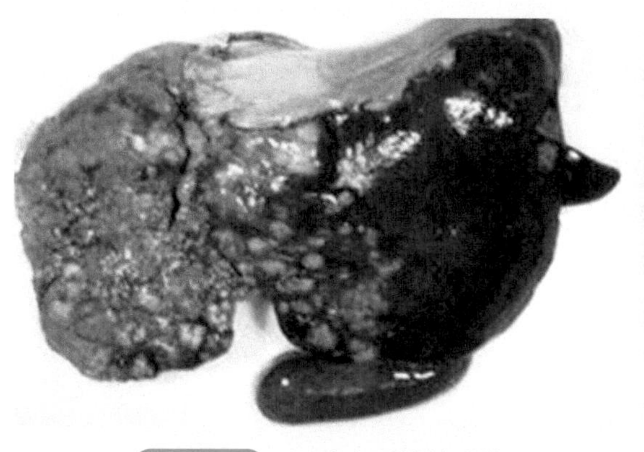

图2-12-3 肝脏实质的棘球蚴

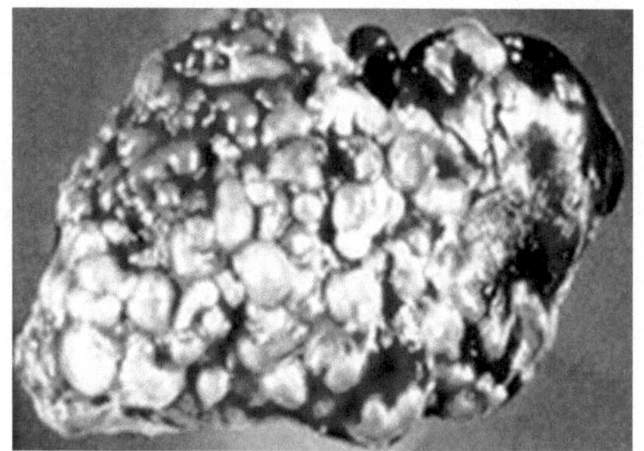

图2-12-4 心脏的棘球蚴

【诊断】

严重病例可依靠症状诊断，或用X光和超声检查进行确诊。

【类症鉴别】

与住肉孢子虫病鉴别

参见“十一、住肉孢子虫病”部分住肉孢子虫病与棘球蚴病类症鉴别。

【防治】

尚无有效疗法。患棘球蚴病畜的脏器一律进行深埋或烧毁，以防被犬或其他肉食兽吃入；做好饲料、饮水及圈舍的清洁卫生工作，防止犬粪污染。驱除犬的绦虫，要求每个季度进行一次，驱虫药用氢溴酸槟榔碱时，剂量按每千克体重1～4毫克，绝食12～18小时后口服；也可选用吡喹酮，剂量按每千克体重5～10毫克口服。服药后，犬应拴留1昼夜，并将所排出的粪便及垫草等全部烧毁或深埋处理，以防病原扩散传播。

十三、细颈囊尾蚴病

细颈囊尾蚴病是寄生于犬和野狼、狐等肉食动物小肠内的带科、泡状带绦虫的幼虫——细颈囊尾蚴，寄生在羊的腹膜、大网膜、肝脏与膈等处所引起的寄生虫病。

【病原】

病原为细颈囊尾蚴，寄生于感染动物的肠系膜上，有时寄生于肝脏表面。寄生数目不等，有时可达数十个，一般为豌豆到鸡蛋大，白色，囊内充满透明液体，在囊泡上长有一个像高粱粒大的白色颗粒，就是向内凹陷的头节。其成虫为白色或淡黄色。虫卵呈无色透明的圆形或椭圆形，薄而脆弱，内有六钩蚴虫。

【流行特点】

羊感染细颈囊尾蚴，系由于感染有泡状带绦虫的犬、狼等动物的粪便中排出有绦虫的节片或虫卵，它们随着终末宿主的活动污染了牧场、饲料和饮水。细颈囊尾蚴对羔羊致病力强，往往由于六钩蚴虫移行至肝脏时，形成孔道形成急性肝炎。

【症状】

本病主要危害幼龄羊，成年羊群常仅为带虫者。病羊身体日渐消瘦，被毛逆立而无光泽，眼结膜及皮肤的颜色日益变淡，在出牧过程中常常行动落后，平时往往舔食粪尿和其他污物，表现异嗜。病情严重时，患羊精神不振，采食和饮水减少，喜卧（视频2-13-1），生长发育缓慢，在寒冷季节和饲料单一而营养不足的情况下，容易发生死亡。

视频2-13-1

扫码观看：细颈囊尾蚴病（患羊精神不振，采食和饮水减少，喜卧）

【病理变化】

剖检病死羊，很容易在其腹腔的肝脏（图2-13-1）、大网膜（图2-13-2）、肠系膜 （图2-13-3）、腹膜（图2-13-4）、横膈膜及骨盆腔脏器外面等处发现呈"水铃铛"样的细颈囊尾蚴。该虫体呈乳白色囊泡状，在羊腹腔内寄生的数量不一，多者可达十几个或更多。虫体大小不等，常见其小者如豌豆大，大者如鸡蛋大。病死的羊，皮下脂肪减少，肌肉颜色变淡，血液稀薄，在皮下或

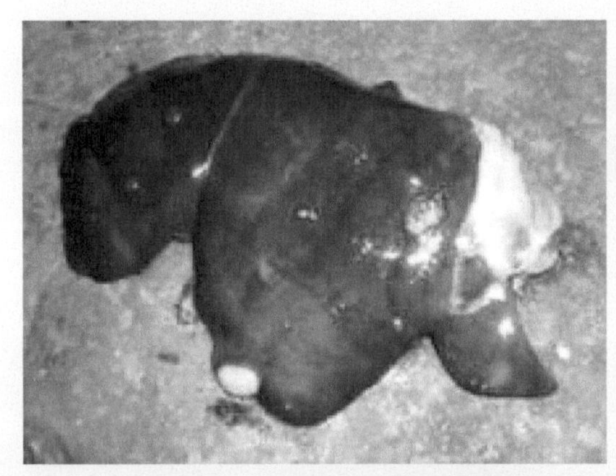

图2-13-1　肝脏上寄生的细颈囊尾蚴

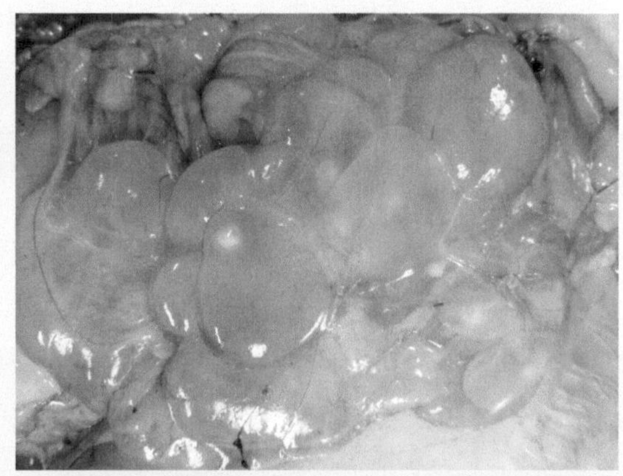

图2-13-2　大网膜上寄生的细颈囊尾蚴

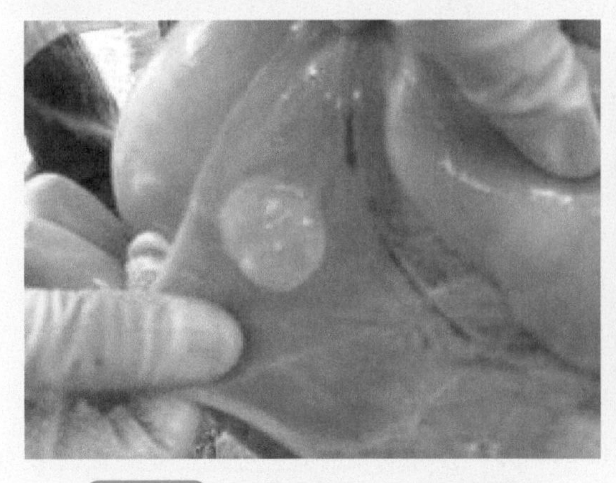

图2-13-3　肠系膜上寄生的细颈囊尾蚴

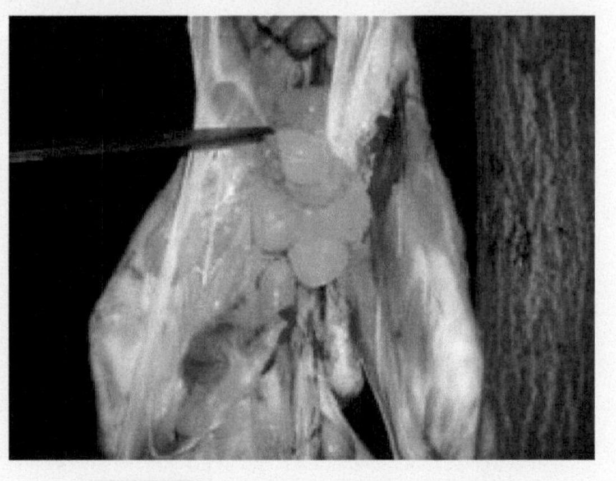

图2-13-4　腹膜上寄生的细颈囊尾蚴

肌间往往出现胶样浸润。

【诊断】

根据病理变化，在网膜、肠系膜和胃肠浆膜等腹腔浆膜上可见的囊尾蚴囊泡。

【类症鉴别】

与细颈囊尾蚴病鉴别

参见“八、脑多头蚴病”部分脑多头蚴病与细颈囊尾蚴病鉴别。

【防治】

1.预防

犬进行定期检查和驱虫，可选用以下几种药物。

（1）氢溴酸槟榔碱　犬按1毫克/千克体重，停食12～13小时，以肠衣片经口给药。

（2）盐酸丁奈脒　按25～50毫克/千克体重，停食3～4小时，口服，用前不得将药捣碎或溶于水，否则会引起中毒。

（3）硫酸双氯酚　按200毫克/千克体重，1次口服。

（4）丙硫咪唑　按400毫克/千克体重，1次口服。

中间宿主的家畜屠宰后，应加强肉品卫生检验，检出细颈囊尾蚴及其寄生的内脏需进行无害处理。严禁犬进入屠宰场，更不能将病畜内脏喂犬。采取可行方法灭蝇。

2.治疗

（1）吡喹酮　以每千克体重50毫克内服，可杀死细颈囊尾蚴。

（2）10%液体石蜡　分2次间隔1天肌内注射，有良效。

十四、弓形体病

羊弓形体病是弓形虫引起的一种人兽共患病，特征是流产、死胎和产出弱羔。

【病原】

弓形虫属于孢子虫纲的原生动物，它是一种细胞内寄生虫，在巨噬细胞、各种内脏细胞和神经系统内繁殖。根据弓形虫发育的不同阶段，将虫体分为速殖子、包囊、裂殖体、配子体和卵囊5种类型。前两型在中间宿主体内发育，后三型在终末宿主猫体内发育。

【流行特点】

本病的感染与季节有关，7～9月检出的阳性率较3～6月为高。因为7～9月的气温较高，适合于弓形虫卵囊的孵化，这就增加了感染的可能性。

【症状及病理变化】

大多数成年羊呈隐性感染，主要表现为妊娠羊于正常分娩前4～6周出现流产（图2-14-1），流产时约一半的胎膜有病变，胎盘绒毛叶呈暗红色，中间有许多直径为1～2毫米的白色坏

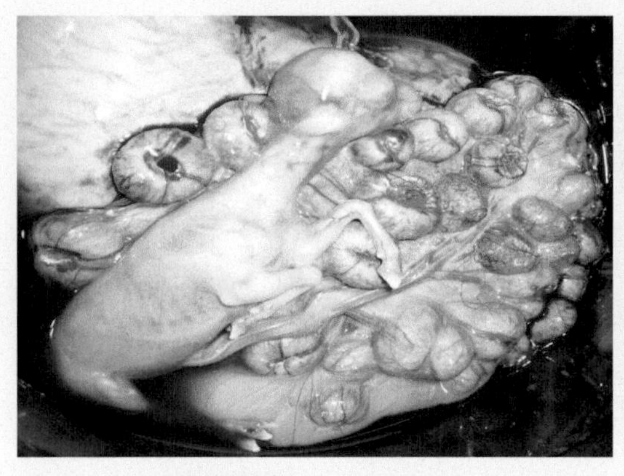

图2-14-1 妊娠羊流产

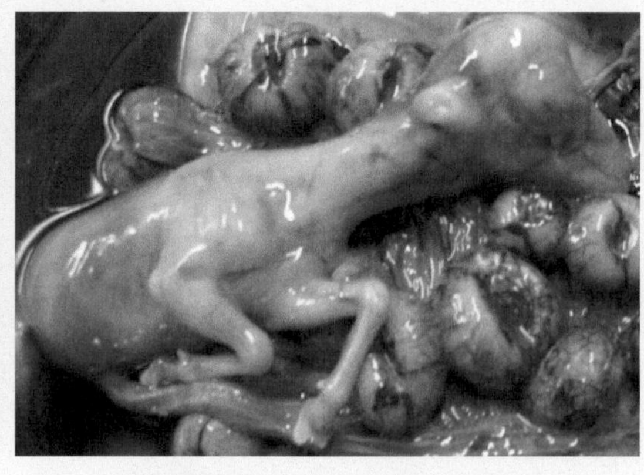

图2-14-2 产出的死羔皮下水肿

死灶。产出的死羔皮下水肿（图2-14-2），体腔积液，肠内充血，尤其是小脑前部有广泛性非炎症性小坏死点。表现呼吸困难，咳嗽，流泪，流涎，流鼻液，走路摇摆，运动失调，视力障碍，体温升高。剖检可见淋巴结肿大，边缘有小结节。肺表面有散在出血点。

【诊断】

患羊便秘或下痢，精神高度沉郁，呼吸极度困难，呈现痉挛或麻痹，卧地不起等症状。

【类症鉴别】

1.与布氏杆菌病鉴别

参见第一章“三、布氏杆菌病”部分布氏杆菌病与弓形体病类症鉴别。

2.与衣原体病鉴别

参见第一章“十二、衣原体病”衣原体病与弓形体病类症鉴别。

【防治】

1.预防

做好畜舍卫生工作，防止饮水、饲料、饲草被猫的排泄物污染。对羊的流产胎儿及其排泄物要进行无害化处理。

2.治疗

急性病例可应用磺胺类药物，与抗菌增效剂联合使用效果更好，也可使用四环素类抗生素或螺旋霉素等。

第三章　羊内科病的类症鉴别及诊治

一、口炎

口炎是羊口腔黏膜表层和深层（包括舌、腭、齿龈在内）的炎症总称，临床上以流涎及口腔黏膜潮红、肿胀为特征。其病演变过程有单纯性局部炎症和继发性全身反应等，按其性质可分为卡他性口炎、水疱性口炎、溃疡性口炎、霉菌性口炎和继发性口炎。

【病因】

1.卡他性口炎

卡他性口炎是一种单纯性口炎，为口腔黏膜表层的轻度炎症。由机械性、物理性、化学性、有毒物质以及传染性因素的刺激、侵害和影响所致。包括采食粗硬、有芒刺或刚毛的饲料（植物枝杈、秸秆），或者饲料中混有玻璃、铁丝等各种尖锐异物的直接损伤，或因灌服过热的药液，或采食冰冻饲料或霉败饲料，或误饮氨水，舔食强酸、强碱等。此外，还常继发于咽炎、唾液腺炎、前胃疾病、胃炎、肝炎以及某些维生素缺乏症。

2.水疱性口炎

口腔黏膜上生成充满透明浆液水疱为特征的炎症。由于饲养不当，羊采食了带有锈病菌、黑穗病菌的饲料，发芽的马铃薯，以及细菌和病毒的感染。

3.溃疡性口炎

是一种以口腔黏膜溃疡、坏死为特征的炎症。主要是口腔不洁，被细菌或病毒感染所致。

4.霉菌性口炎

俗称山羊鹅口疮，是由白色念珠菌所致，其特征是口腔黏膜和舌面出现白色伪膜和溃疡，多发生于羔羊。

5.继发性口炎

多发生于羊患口疮、口蹄疫、羊痘、过敏反应和羔羊营养不良等疾病。

【症状及病理变化】

（1）病羊采食、咀嚼缓慢甚至不敢咀嚼；只采食柔软饲料，拒绝粗硬饲料；流涎，口角附白色泡沫；口腔黏膜潮红、红肿、疼痛、口温增高等共同症状（视频3-1-1）。细菌感染时有口臭、

视频3-1-1

扫码观看：口炎（口腔黏膜潮红、红肿、疼痛）

发热，颌下淋巴结急性肿大。

（2）卡他性口炎　表现口腔黏膜发红、充血、肿胀、疼痛，口温增高，特别是唇、齿龈、颊部、腭部黏膜肿胀明显（图3-1-1）。舌表面常有灰白色或灰黄色舌苔，流涎，口臭。

（3）水疱性口炎　在口唇和口腔黏膜散在有小米至黄豆大水疱（图3-1-2），破溃后出现鲜红色的糜烂面。

（4）溃疡性口炎　在口腔黏膜、舌及齿龈上有糜烂、坏死或溃疡面（图3-1-3），齿龈易出血，口内流出混有血液的恶臭唾液。口腔恶臭，体温升高，食欲废绝、衰弱、消瘦和下痢等。

（5）霉菌性口炎　其特征是在口腔黏膜上有柔软、稍隆起的斑点，表面被覆白色坚韧的假膜，其边缘发红，还表现下泻、黄疸等。

【诊断】

原发性口炎，根据病史及口腔黏膜炎症变化，可做出诊断，继发性口炎还应做鉴别诊断。

【类症鉴别】

1.与羊传染性脓疱病（羊口疮）鉴别

（1）相似点　均有口腔、舌溃疡，流口水，口臭。

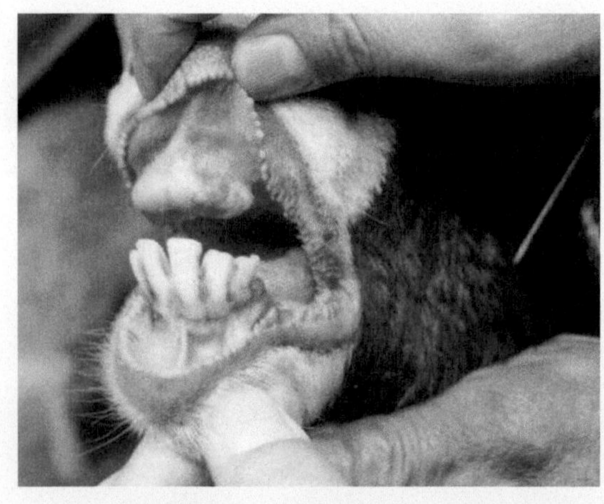

图3-1-1　口腔黏膜潮红、糜烂

图3-1-2　口唇上的水疱

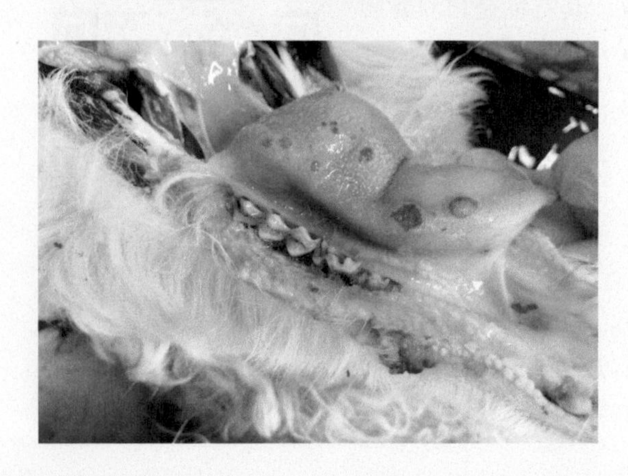

图3-1-3　腭和舌面溃疡

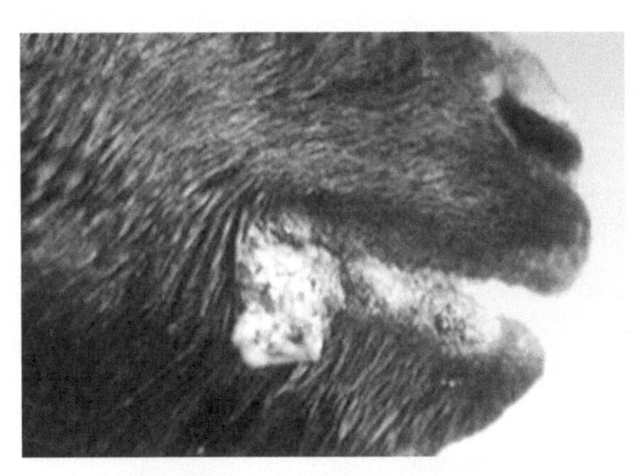

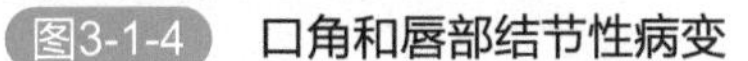

图3-1-4 口角和唇部结节性病变

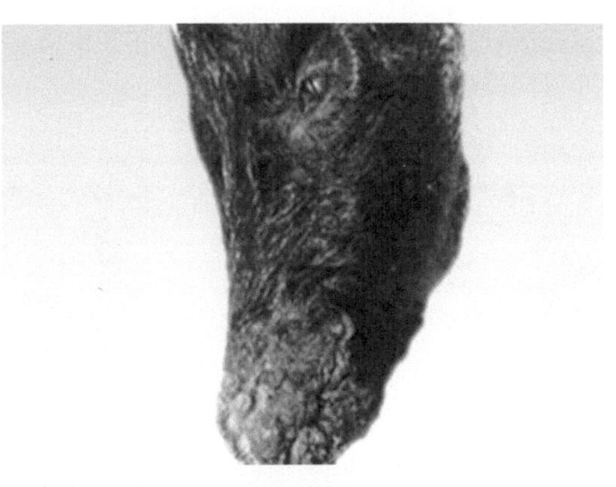

图3-1-5 鼻唇部发生的花椰菜头状病变

（2）不同点　羊口疮病原为羊口疮病毒，有传染性，主要表现唇型，少数病例同时伴发蹄型。唇、口角皮肤有红疹、水泡、脓疱、结痂过程，而且主要表现局部增生性病变，常在山羊和绵羊的口角和唇部皮肤、口腔黏膜结节性病变（图3-1-4）以及鼻孔周围出现菜花状增生（图3-1-5）。而口炎无传染性，个体发病。

2.与口蹄疫鉴别

（1）相似点　均引起卡他性、水疱性和溃疡性口炎。

（2）不同点　口蹄疫是由口蹄疫病毒引起的，有较高传染性，传播快，发病数量多，全身反应重。口蹄疫时，除口腔黏膜发生水疱、溃疡及烂斑外，趾间（图3-1-6）及乳房（图3-1-7）皮肤也有类似病变，此外，口蹄疫还伴发心肌炎。而口炎无传染性，个体发病，除口腔外其他部位皮肤无病变。

3.与羊痘鉴别

（1）相似点　均可引起口炎。

（2）不同点　羊痘是由羊痘病毒所致，有较高传染性，发病数量多，全身反应重。羊痘发生在口腔时主要表现口腔黏膜圆形痘疹，中央凹陷呈脐状，结痂后呈圆形，凸出皮肤表面，界限明显（图3-1-8），除口黏膜有典型的痘疹外，在眼角（图3-1-9）、头部（图3-1-10）、嘴唇（图3-1-11）、尾根（图3-1-12）、乳房（图3-1-13）、腹下皮肤（图3-1-14）以及瘤

图3-1-6 蹄冠和趾间皮肤溃烂、坏死

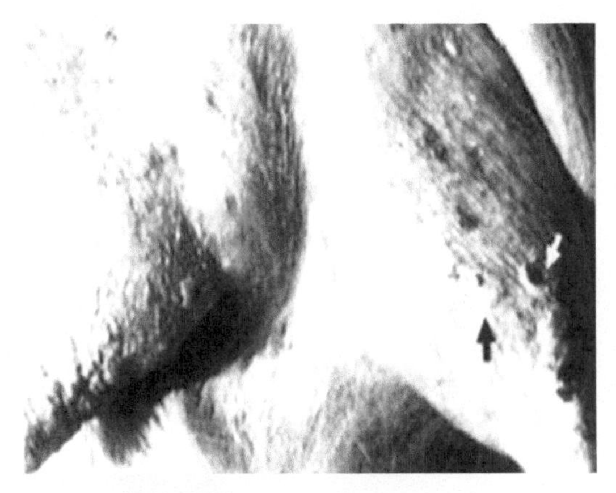

图3-1-7 奶山羊乳房上的水泡

胃黏膜（图3-1-15）、肺脏表面（图3-1-16）等处亦有痘疹。而口炎无传染性，个体发病，病变仅局限在口腔。

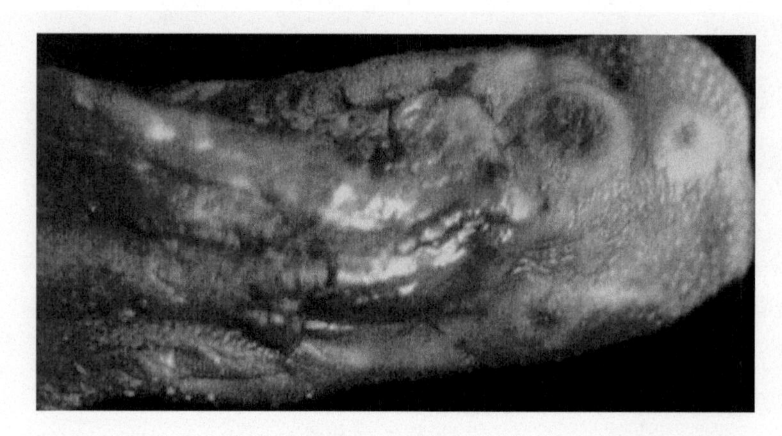
图3-1-8　舌面圆形痘疱

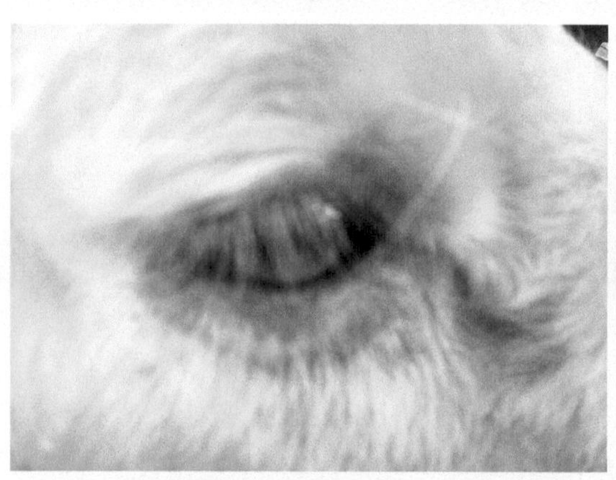
图3-1-9　眼睛周围发生红疹

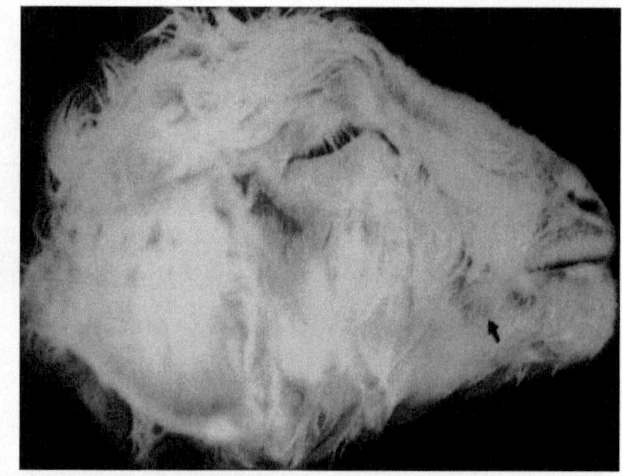
图3-1-10　头部皮肤痘疱

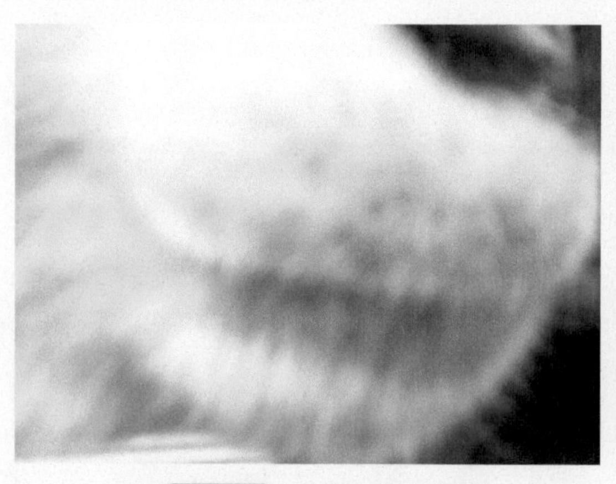
图3-1-11　嘴唇发生红疹

图3-1-12　尾根部皮肤上的痘疹

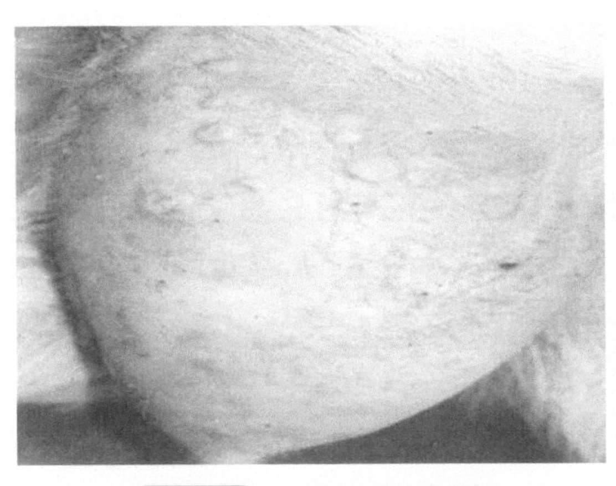

图3-1-13 乳房部的痘疹结节

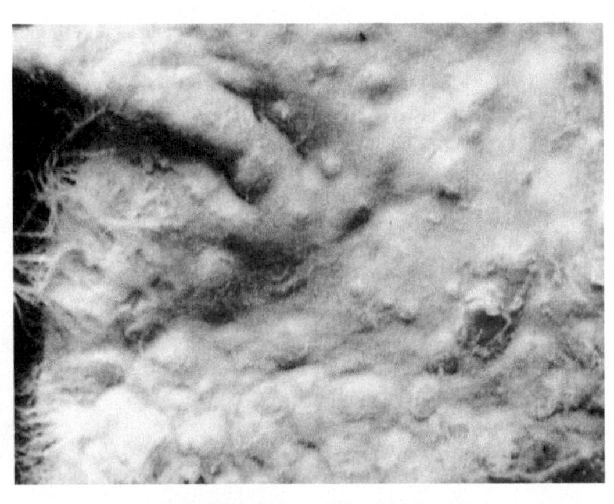

图3-1-14 腹部皮肤痘疱

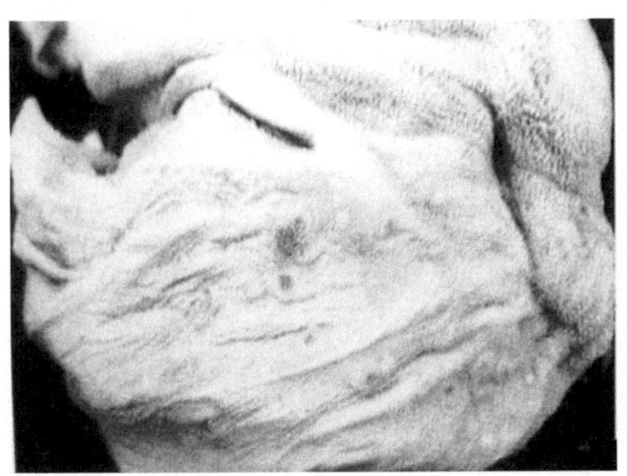

图3-1-15 瘤胃黏膜圆形痘疱

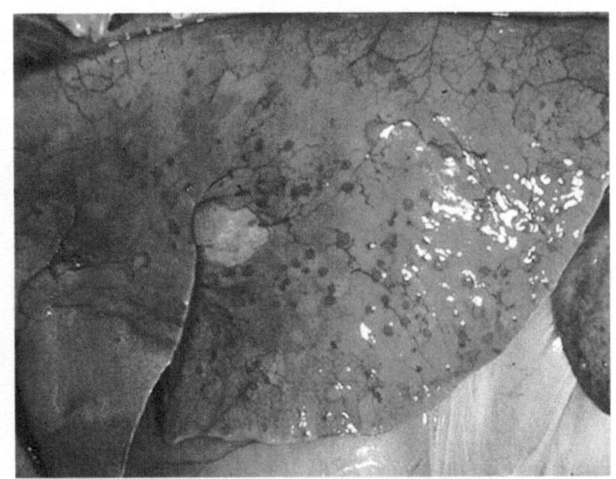

图3-1-16 肺脏表面的痘疹结节

4.与坏死杆菌病鉴别

（1）相似点　均引起溃疡性口炎。

（2）不同点　坏死杆菌病是由坏死杆菌引起的一种慢性传染病，可在口腔、咽等处形成溃疡或糜烂。但本病的特点是组织坏死，形成伪膜，呈粗糙、污秽的灰褐色或灰白色，剥去伪膜可露出不规则的溃疡面，易出血。发生在咽喉者，有颌下水肿，呼吸困难等。坏死物脱落，一旦被吸入肺，可引起异物性肺炎和坏死性肺炎，在肺脏表面有数量不等、大小不一的坏死灶。此外，坏死杆菌常引起羊的腐蹄病，表现跛行、蹄部红肿热痛、溃疡、流脓，蹄匣脱落（图3-1-17）。

5.与蓝舌病鉴别

（1）相似点　均可引起溃疡性口炎。

（2）不同点　蓝舌病是由蓝舌病病毒引起的以昆虫为传染媒介的一种传染病，主要发生于1岁左右的绵羊。炎症除主要发生在口腔黏膜和口唇外，也可蔓延到面部和耳部，甚至颈部、腹部。口腔黏膜充血，后发绀，呈青紫色（图3-1-18）。面部无毛区皮肤充血（图3-1-19），有时蹄冠、蹄叶发生炎症，跛行。病理变化主要见于口腔、瘤胃、心、肌肉、皮肤和蹄部，食道沟、瘤胃和瓣胃黏膜坏死（图3-1-20）。

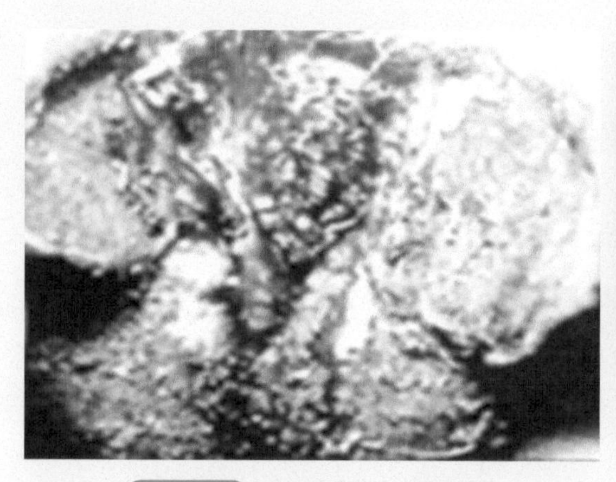
图3-1-17 蹄匣脱落，蹄底坏死

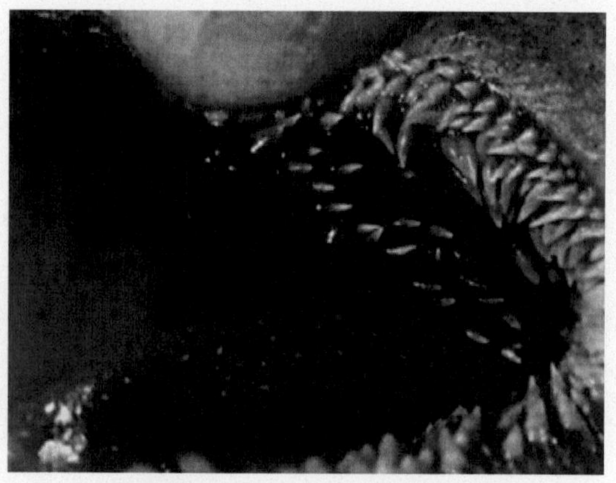
图3-1-18 口腔和舌面黏膜发绀

图3-1-19 面部无毛区皮肤充血

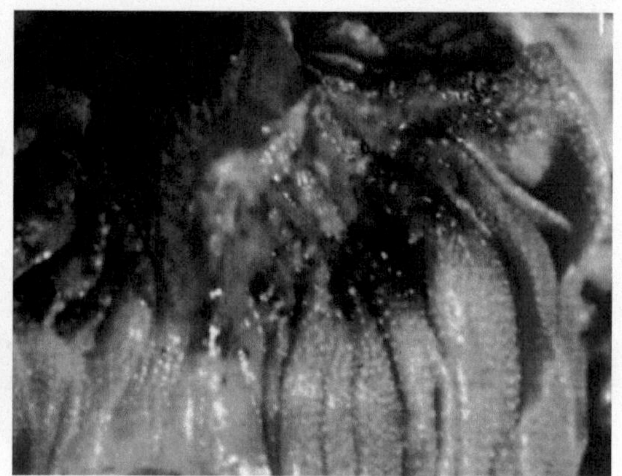
图3-1-20 食道沟和瓣胃黏膜坏死

6.与羊放线菌病鉴别

（1）相似点　均可引起流涎、采食和咀嚼障碍。

（2）不同点　羊放线菌病是由放线菌引起的一种散发传染病，发病率很低，在口腔内极少形成溃疡和糜烂现象，大多为丘疹或结节，甚至形成脓肿或囊肿（图3-1-21）。虽有流涎、咀嚼、吞咽困难，但因口腔内结节和舌体肿大，舌活动不灵活所致。

7.与小反刍兽疫鉴别

（1）相似点　均可引起流涎、口腔黏膜糜烂、坏死。

（2）不同点　小反刍兽疫是由小反刍兽疫病毒引起的一种传染病，有传染性，发热，体温高达40℃以上。该病除表现流涎、有时口腔溃疡和坏死外，主要表现鼻腔分泌物增多（图3-1-22），结膜炎（图3-1-23），支气管肺炎，尖叶性肺炎（图3-1-24），嘴唇肿胀，上皮坏死（图3-1-25），嘴唇外周结节性病变（图3-1-26），腹泻、便血（图3-1-27），消化道呈斑马条纹状出血（图3-1-28～图3-1-31）。

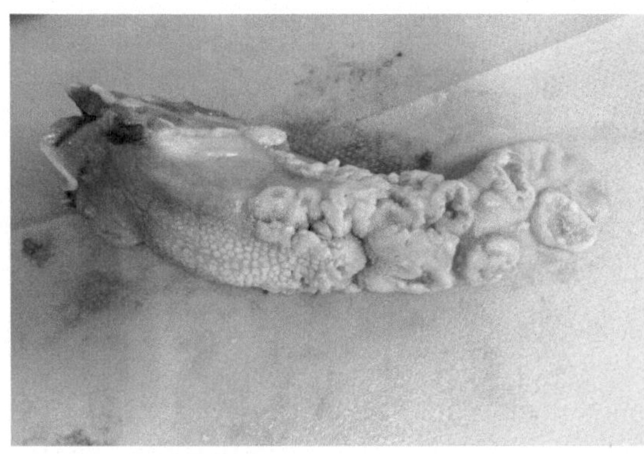
图3-1-21 口腔内结节、囊肿

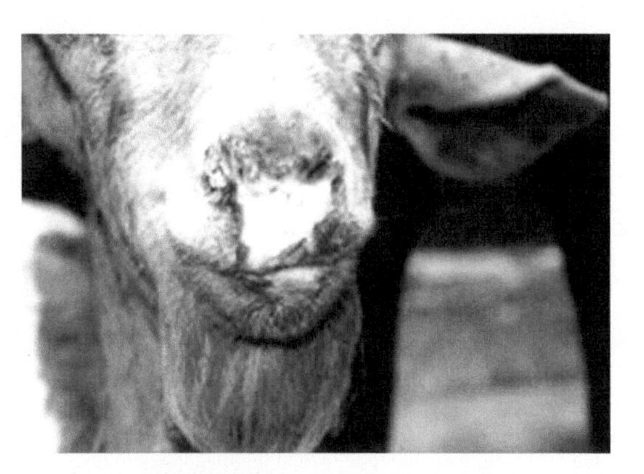
图3-1-22 鼻腔分泌物增多

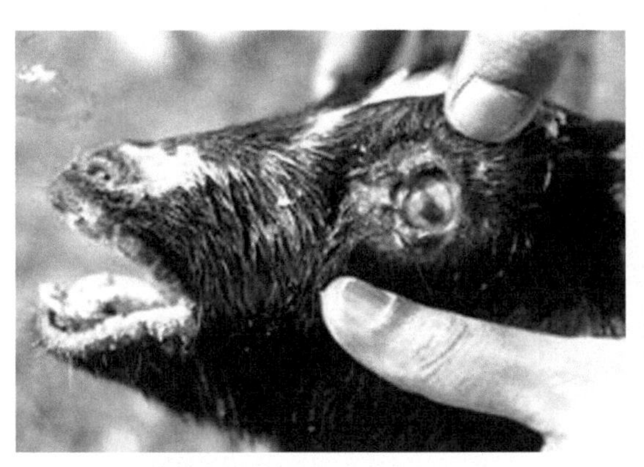
图3-1-23 结膜炎，眼分泌物增多

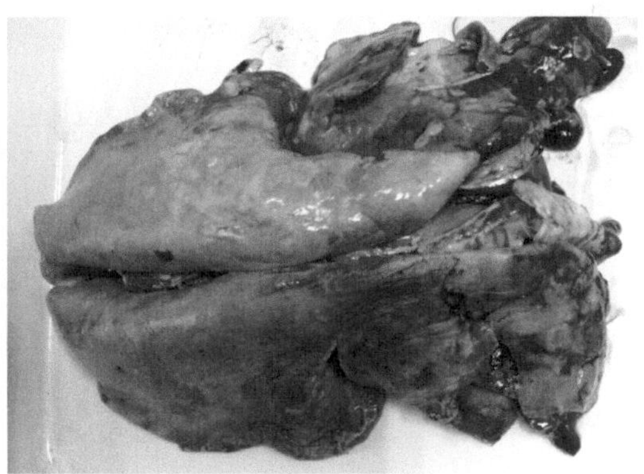
图3-1-24 尖叶性肺炎

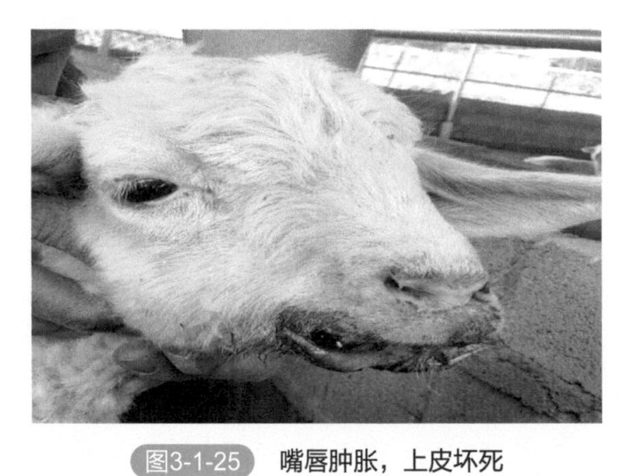
图3-1-25 嘴唇肿胀，上皮坏死

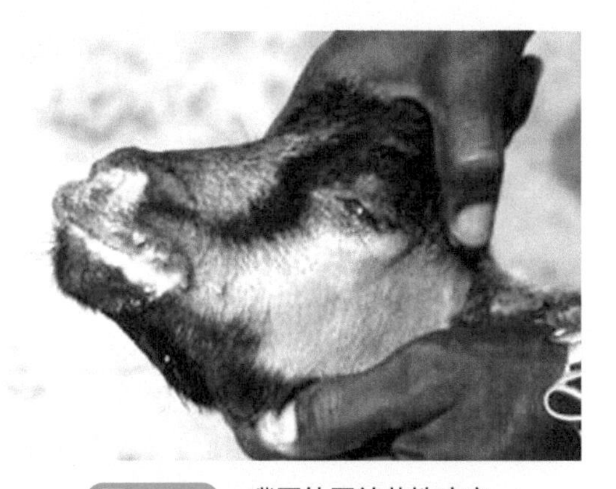
图3-1-26 嘴唇外周结节性病变

图3-1-27　腹泻、便血

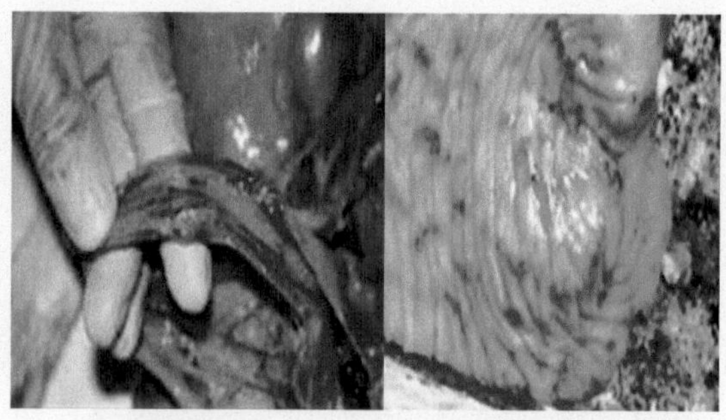

图3-1-28　消化道呈斑马条纹状出血

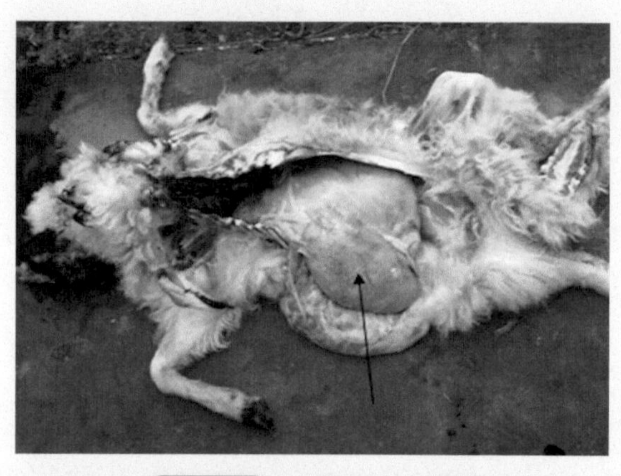

图3-1-29　瘤胃出血、溃疡

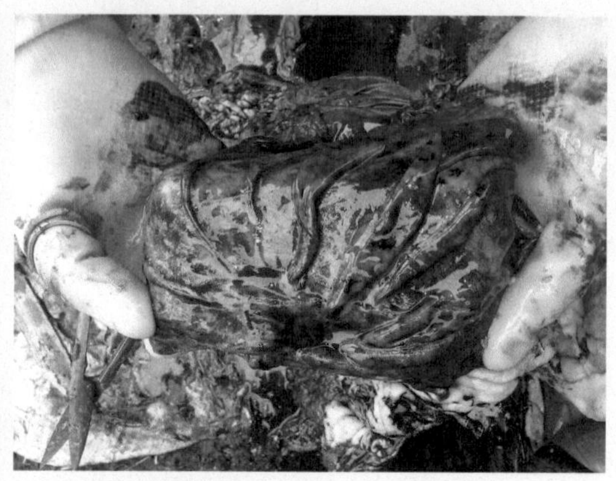

图3-1-30　真胃斑马条纹状出血

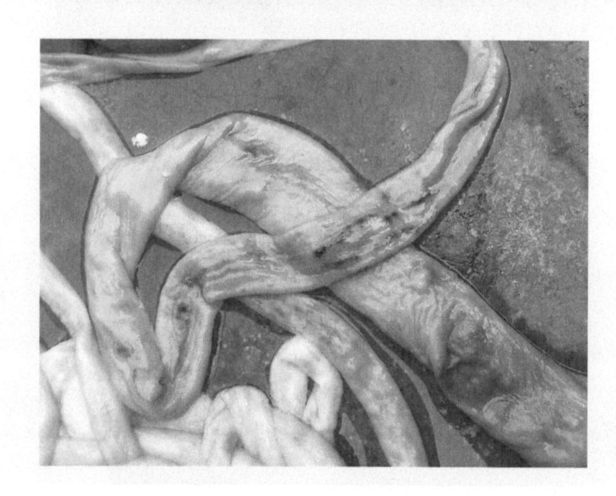

图3-1-31　结肠条带状出血

8.与过敏反应性口炎鉴别

（1）相似点　均表现流涎，口腔黏膜红肿。

（2）不同点　过敏反应性口炎多与突然采食或接触某种过敏原有关，除口腔有炎症变化外，表现头面部肿胀，在鼻腔、乳房、肘部和股部内侧等处见有充血、渗出、溃烂、结痂等变化。

9.与腮腺炎、秋水仙中毒、毛莨中毒、有机磷农药中毒和食管阻塞鉴别

（1）相似点　均表现流涎症状。

图3-1-32　流涎

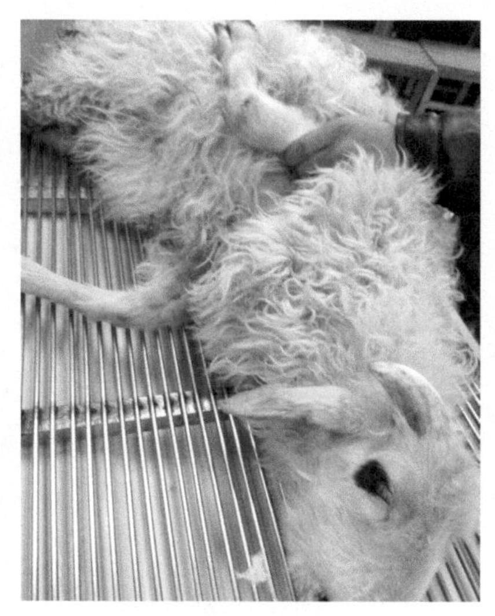

图3-1-33　神经症状

（2）不同点　病因不同，症状也有差异。腮腺炎、秋水仙中毒、毛茛中毒、有机磷农药中毒和食管阻塞虽表现大量流涎（图3-1-32），但极少表现溃疡和糜烂。腮腺炎以下颌骨后缘肿胀是其特点。秋水仙中毒和毛茛中毒仅发生于放牧羊，两者都表现疝痛，下痢，粪便带血，尿液异常，蛋白尿，甚至血尿。有机磷农药中毒发病急，除大量流涎外，表现瞳孔缩小，尿频，腹泻，肌肉震颤和神经症状（图3-1-33）等。食管阻塞的症状典型，如突然不食，不断吞咽，逐渐臌气等。

10.与羊肠毒血症鉴别

（1）相似点　均表现流涎。

（2）不同点　羊肠毒血症是由D型产气荚膜梭菌所致的急性毒血症，最急性型表现为突然发病，腹痛、肚胀、磨牙，全身震颤，四肢僵硬，头颈后仰，呼吸困难，濒死期发生肠鸣和腹泻，很快痉挛而死。急性型表现为剧烈腹泻，粪便恶臭，混有血液和黏液，继而排黑褐色夹杂稀水的血块，腹痛，行动迟缓，卧地不起，四肢呈游泳状运动，哀叫而死。特征性病理变化是肾软化，肾脏皮质柔软如泥（图3-1-34），小肠黏膜充血、出血（图3-1-35），心内、外膜有小点状出血（图3-1-36），脑膜出血（图3-1-37）。

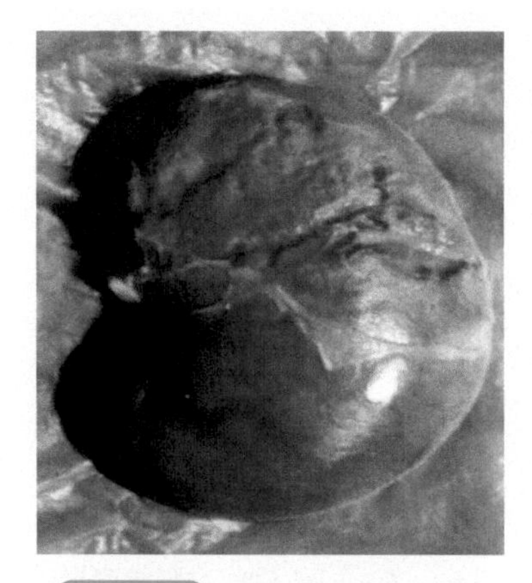

图3-1-34　肾脏皮质柔软如泥

图3-1-35　小肠充血、出血

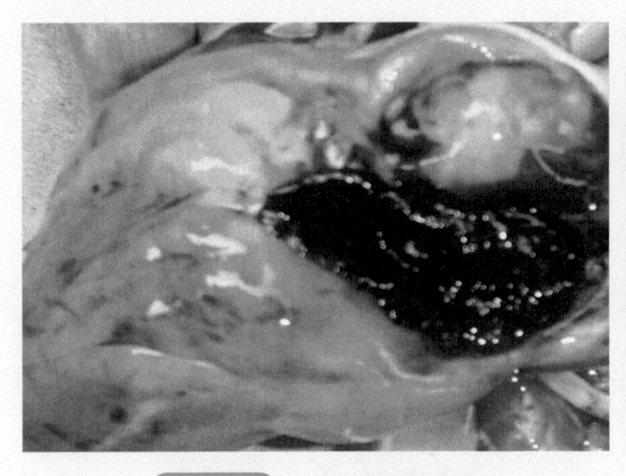

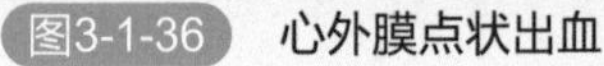

图3-1-36　心外膜点状出血

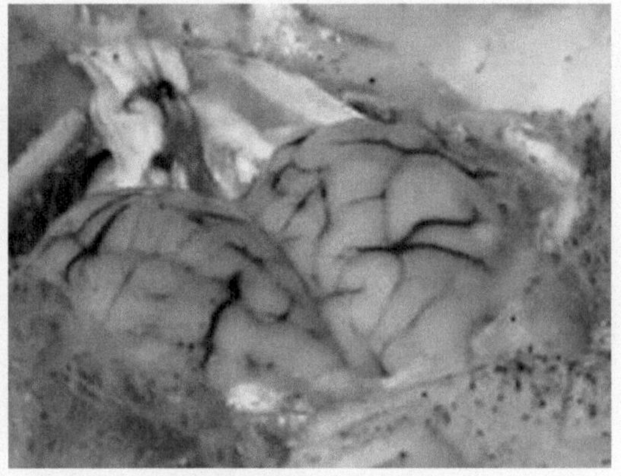

图3-1-37　脑膜出血

11.与羊气肿疽鉴别

（1）相似点　均表现流涎。

（2）不同点　羊气肿疽是由气肿疽梭菌引起，主要表现皮肤局部肿胀，触诊有捻发音，步态僵硬，体温升高，皮肤呈蓝红色甚至黑色，有的有血色浆液渗出，表皮脱落。切开病变部，皮下组织有红色或黄色的胶性渗出物，混有出血点和气泡，皮下肌肉呈暗红色或黑色，可挤出污红色而酸臭的液体，内含气泡。

12.与羊链球菌病鉴别

（1）相似点　均表现流涎。

（2）不同点　羊链球菌病是由C型败血型链球菌所致，表现体温升高，咳嗽，下颌淋巴结肿大，咽喉肿胀，呼吸困难，流鼻液，有的结膜充血，流泪（图3-1-38），粪便混有血液，死前磨牙、呻吟、痉挛。妊娠羊流产。病理变化主要是各脏器广泛性出血，淋巴结肿大、出血，咽喉部黏膜高度水肿（图3-1-39），肝脏肿大（图3-1-40），胆囊肿大，充满黑绿色胆汁（图3-1-41），上呼吸道充血、出血，浆液纤维素性肺炎（图3-1-42），脑膜充血、出血、增厚，脑回变平（图3-1-43）。

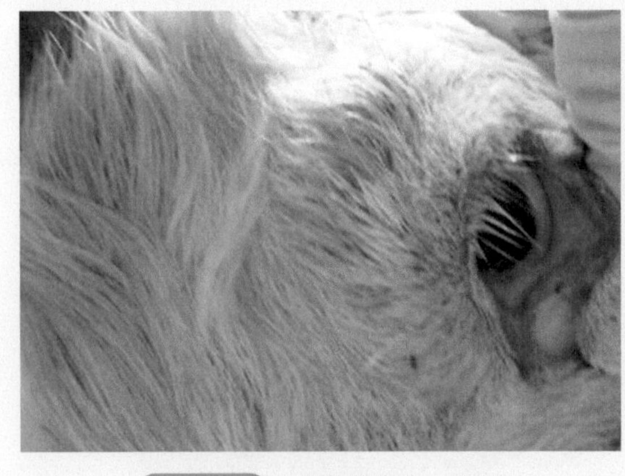

图3-1-38　眼结膜充血、流泪

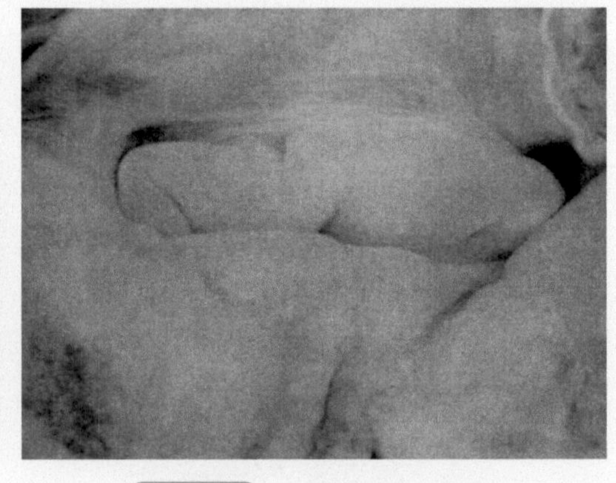

图3-1-39　咽喉黏膜高度水肿

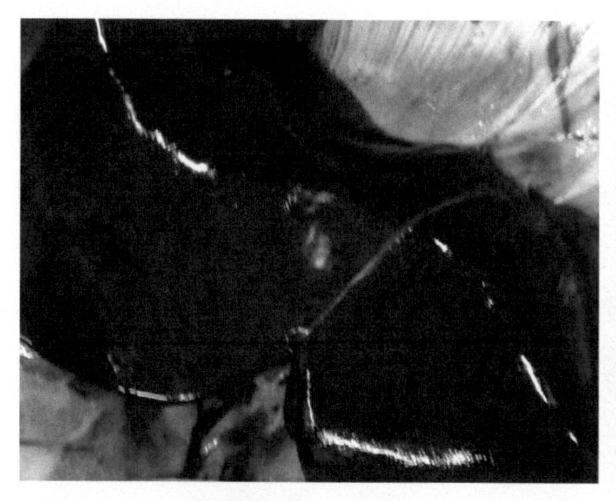

图3-1-40　肝脏肿大

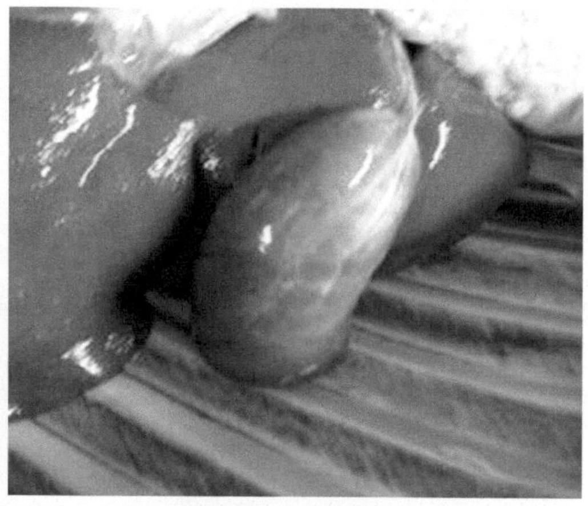

图3-1-41　胆囊肿大

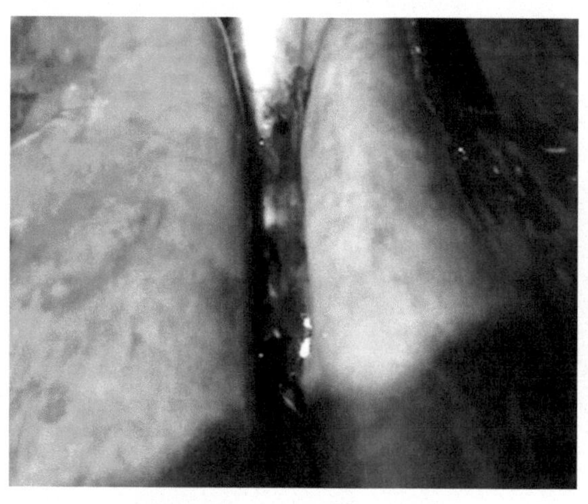

图3-1-42　浆液纤维素性肺炎

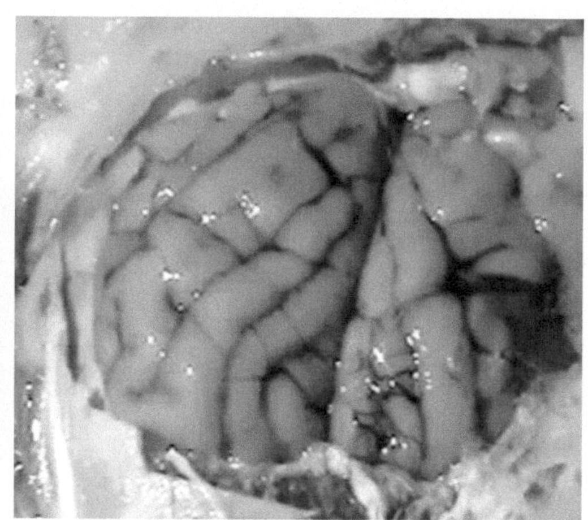

图3-1-43　脑膜充血、出血

13. 与羊伪狂犬病鉴别

（1）相似点　均表现流涎。

（2）不同点　羊伪狂犬病是由伪狂犬病病毒引起的传染病，表现体温升高，肌肉震颤，奇痒，前肢摩擦口唇、头部或啃咬皮毛，咽喉麻痹，口流泡沫状的唾液（图3-1-44），流鼻液，运动失调（图3-1-45），结膜炎，病理变化为中枢神经系统呈弥漫非化脓性脑膜脑脊髓炎及神经炎。

14. 与羊亚硝酸盐中毒鉴别

（1）相似点　均表现流涎。

（2）不同点　硝酸盐和亚硝酸盐中毒主要是采食富含硝酸盐的植物所致，病羊表现精神沉郁，腹痛，腹泻，脱水，可视黏膜发绀，呼吸困难，心跳加快，肌肉震颤，步态蹒跚。很快卧地不起，四肢划动，全身痉挛而死亡。病理变化为血液呈酱油色，血凝不良，胃肠黏膜充血、出血（图3-1-46），易脱落，肺水肿，肝脏肿大（图3-1-47），心外膜有出血点。

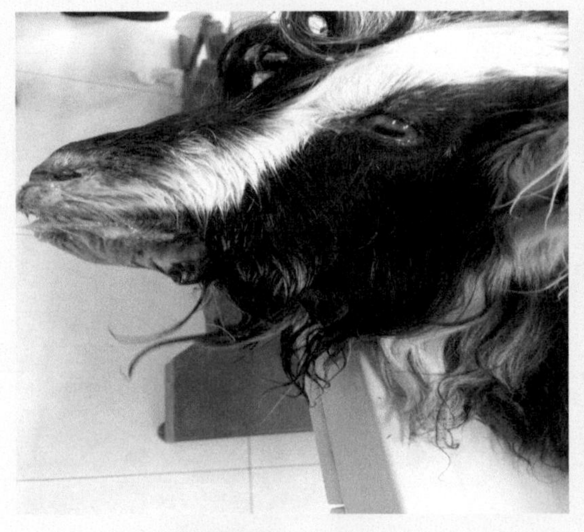

图3-1-44 口鼻流涎

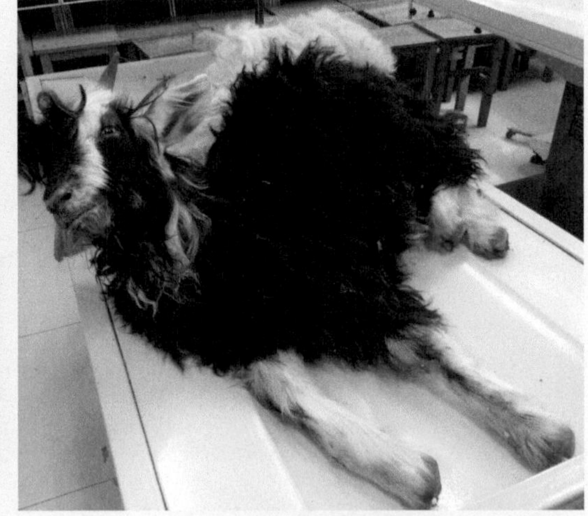

图3-1-45 运动失调

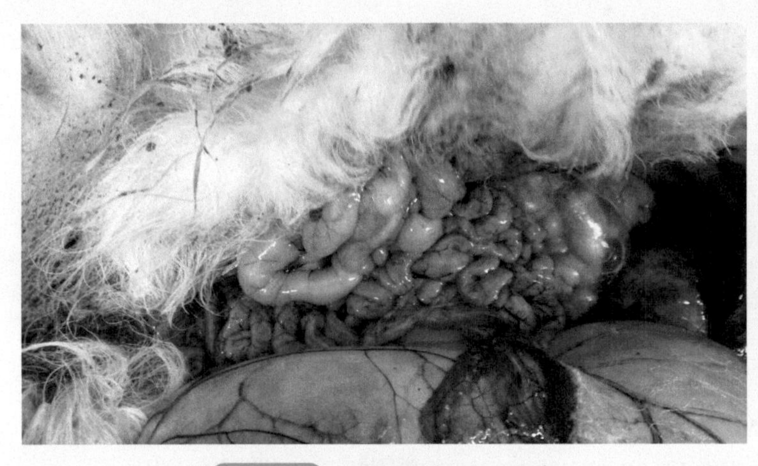

图3-1-46 胃肠黏膜充血、出血

图3-1-47 肝脏肿大

15.与羊氢氰酸中毒鉴别

（1）相似点　均表现流涎。

（2）不同点　氢氰酸中毒主要是采食含氰苷的植物所致，表现兴奋不安，腹痛，腹胀，腹泻，心跳、呼吸加快，行走摇摆，呼吸困难，瞳孔散大，最后因心力衰竭而死亡。病理变化为血液呈鲜红色，凝固不良，口腔有血色泡沫，胃肠黏膜充血、出血（图3-1-48）。

16.与羊食盐中毒鉴别

（1）相似点　均表现流涎。

（2）不同点　食盐中毒主要是饲喂含盐多的饲料，或饮水不足，表现食欲、反刍减弱或停止，瘤胃蠕动消失，结膜发绀，瞳孔散大或失明，呼吸困难，腹痛，腹泻，粪便混有血液，兴奋不安，肌肉震颤，盲目行走或转圈运动，卧地不起，四肢划动，昏迷、死亡。

17.与羊尿素中毒鉴别

（1）相似点　均表现流涎。

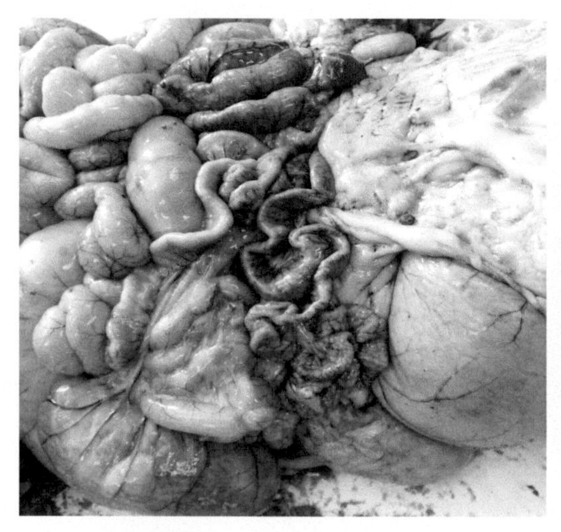

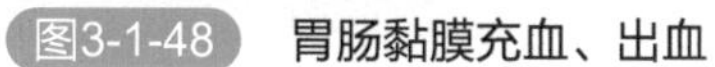
图3-1-48 胃肠黏膜充血、出血

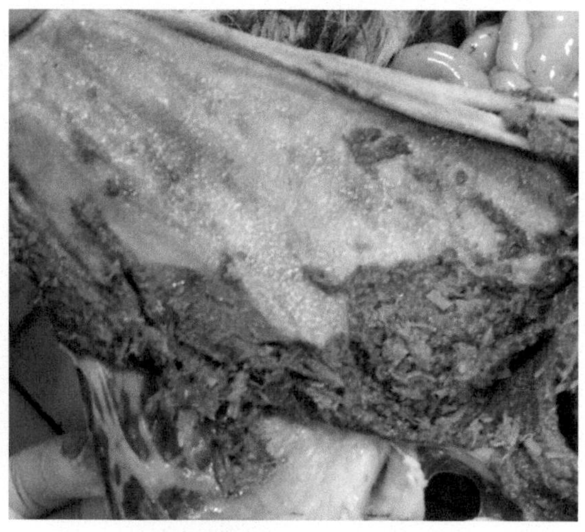
图3-1-49 瘤胃黏膜脱落

（2）不同点 尿素中毒主要是尿素补饲不当或过量所致，表现不安，肌肉震颤，呻吟，步态不稳，强直痉挛，眼球颤动，呼吸困难，腹痛，腹胀，最后窒息死亡。瘤胃黏膜脱落（图3-1-49），底部出血（图3-1-50）。肠黏膜脱落出血，尤其是小肠前段的出血和溃疡严重。肝脏肿大，含血量多（图3-1-51），质地变脆，胆囊扩张，充满胆汁（图3-1-52）。

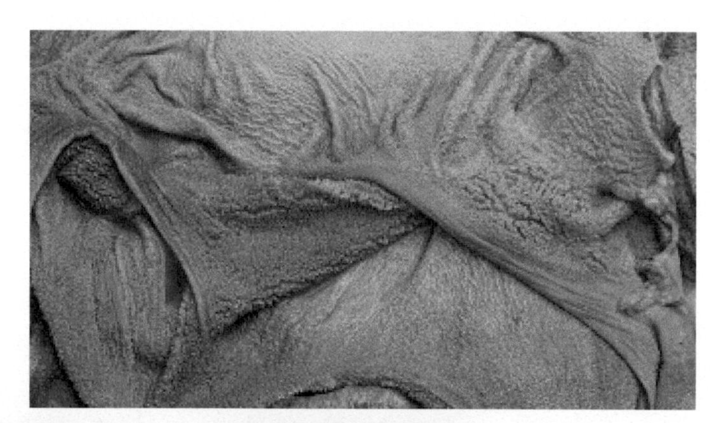
图3-1-50 瘤胃黏膜充血、出血

图3-1-51 肝脏肿大，含血量多

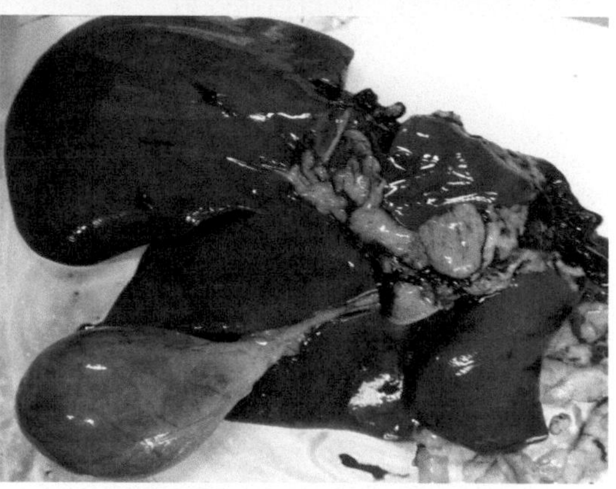
图3-1-52 胆囊充满胆汁

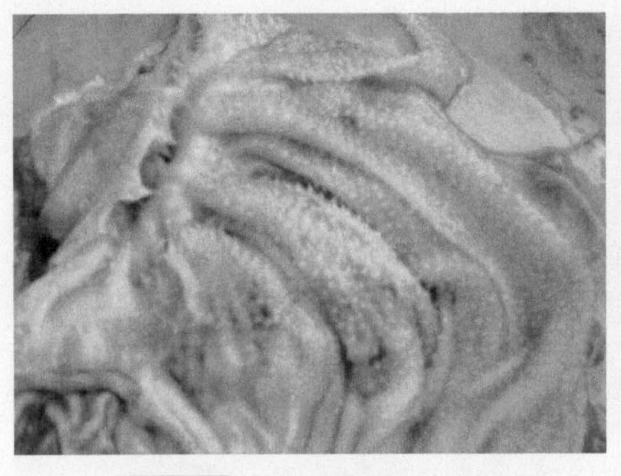

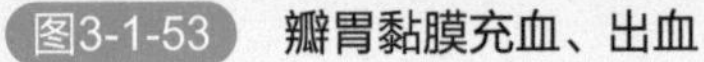
图3-1-53 瓣胃黏膜充血、出血

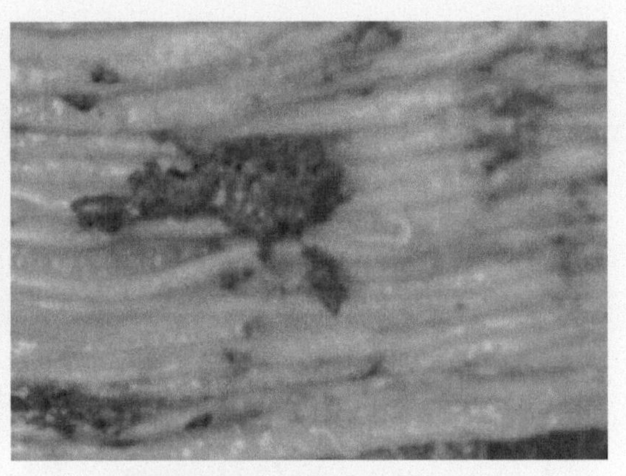

图3-1-54 皱胃黏膜充血、出血

18.与羊有机磷农药中毒鉴别

（1）相似点　均表现流涎。

（2）不同点　有机磷农药可通过消化道、呼吸道及皮肤进入体内，表现呼吸困难，肌肉震颤，瞳孔缩小，心跳加快，神志不清，黏膜发紫，全身痉挛而死。病理变化为胃、肠黏膜充血、出血、肿胀（图3-1-53，图3-1-54），胃内容物有大蒜臭味，肺脏水肿。

【防治】

1.预防

加强饲养管理，防止化学、机械及尖锐的异物对口腔的损伤。提高羔羊饲料品质，饲喂富含维生素的柔软饲料；不喂发霉变质饲料，饲槽应经常使用2%的碱水进行消毒。服用带有刺激性或腐蚀性的药物时，一定按要求使用。

2.治疗

轻度口炎，可用0.1%雷佛奴尔液或0.1%高锰酸钾液冲洗，亦可用20%盐水冲洗；发生糜烂及渗出时，用2%明矾液冲洗；有溃疡时，用1 ∶ 9碘甘油涂擦。全身反应明显时，用青霉素40万～80万单位，链霉素100万单位，1次肌内注射，连用3～5日；亦可服用磺胺类药物。中药疗法，可口衔冰硼散、青黛散，每日1次。对传染病合并口腔炎症者，宜隔离消毒，积极治疗原发病。

二、食道阻塞

食道阻塞是食道内腔被食物或异物堵塞而发生的以咽下障碍为特征的疾病。

【病因】

该病主要由于过度饥饿的羊吞食了过大的块根饲料，未经充分咀嚼而吞咽，阻塞于食道某一段而引起。例如，吞进大块萝卜、西瓜皮、洋芋、玉米棒、包心菜根等。亦见有误食塑料袋、地膜等异物造成食道阻塞的。继发性食道阻塞常见于食道麻痹、狭窄和扩张。

图3-2-1 羊食道阻塞时头颈伸直

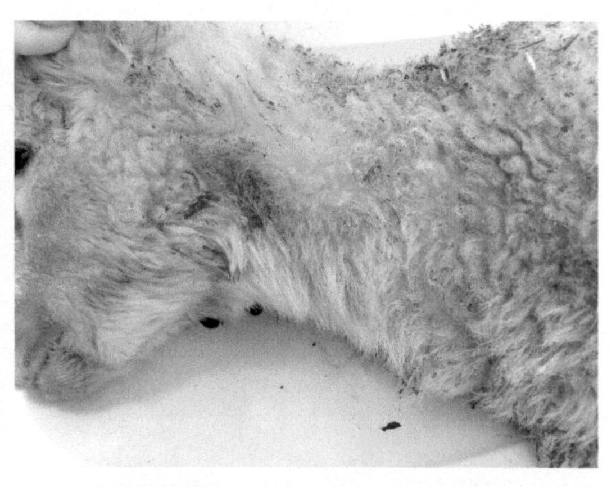

图3-2-2 颈部阻塞时，局部突起

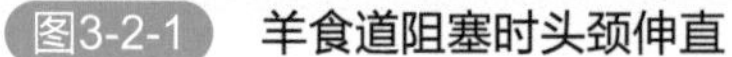

【症状及病理变化】

该病一般多突然发生。一旦阻塞，病羊采食停止，头颈伸直（图3-2-1），伴有吞咽和作呕动作；口腔流涎，骚动不安；或因异物吸入气管，引起咳嗽。当阻塞物发生在颈部食道时，局部突起（图3-2-2），形成肿块，手触可感觉到异物形状；当发生在胸部食道时，病羊疼痛明显，并可继发瘤胃臌气。食道阻塞时，如有异物吸入气管可发生异物性气管炎和异物性肺炎。

【诊断】

食道阻塞分完全阻塞和不完全阻塞，使用胃管探诊可确定阻塞的部位。完全阻塞，水和唾液不能下咽，从鼻孔、口腔流出，在阻塞物上方部位可积存液体，手触有波动感。不完全阻塞，液体可以通过食道，而食物不能下咽。

【类症鉴别】

1.与食道癌的鉴别

（1）相似点　均不能吞咽食物，导管入胃有阻碍，如病在颈部可触摸到梗塞物。

（2）不同点　食道癌的吞咽障碍是逐渐加重的，一般饮水不从鼻流出，剖检可见食道中有肿瘤。

2.与咽炎的鉴别

（1）相似点　均有头颈伸直，吞咽障碍，流口水，饮水从鼻孔流出。

（2）不同点　咽炎的咽部红肿，触捏时有痛感。

3.与急性瘤胃臌气的鉴别

（1）相似点　均有瘤胃臌胀，食欲、反刍废绝。

（2）不同点　急性瘤胃臌气多是由于大量采食容易产气发酵的饲料引起，病羊呆立不动（图3-2-3），弓背，随后不安，腹痛，回头顾腹（图3-2-4），瘤胃臌胀迅速（图3-2-5）。不久腹部迅速胀大，无频繁吞咽动作，口腔和鼻腔无大量分泌物流出，出现极度呼吸困难。而食道阻塞往往在采食过程中突然受惊吓而发生，表现极度不安，摇头伸颈，口腔和鼻腔大量泡沫样唾液流出，往往继发瘤胃臌气。

图3-2-3 病羊呆立不动

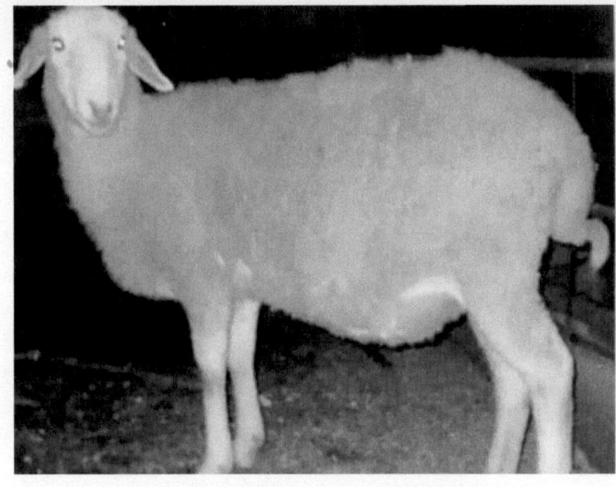

图3-2-4 病羊回头顾腹

图3-2-5 病羊瘤胃臌胀

4.与口炎的鉴别

参见“一、口炎”部分口炎类症鉴别。

【防治】

1.预防

喂食主要应少给勤添，喂料时豆饼应捏碎，胡萝卜、马铃薯应切成小块喂，以防止发生梗死。防止羊偷食未加工的块根饲料；补喂家畜生长素制剂或饲料添加剂；清理牧场、厩舍周围的废弃杂物。

2.治疗

（1）吸取法　阻塞物如为草料食团，可将羊保定好，插胃管后用橡皮球吸取水注入胃管，在阻塞物上部或前部软化阻塞物，反复冲洗，边注入边吸出，反复操作，直至食道畅通。

（2）胃管探送法　阻塞物在近贲门部位时，可先将2%普鲁卡因溶液5毫升、石蜡油30毫升混合后，用胃管送至阻塞部位，待10分钟后，再用硬质胃管推送阻塞物进入瘤胃中。

（3）砸碎法　当阻塞物易碎、表面光滑并阻塞在颈部食道时，可在阻塞物两侧垫上软垫，将一侧固定，在另一侧用木槌或拳头砸（用力要均匀），使其破碎后咽入瘤胃。

治疗中若继发瘤胃臌气，可施行瘤胃放气术，以防病羊发生窒息。

三、瘤胃积食

羊瘤胃积食是指瘤胃充满饲料超过了正常容积，致使胃体积增大、胃壁扩张、食糜滞留在瘤胃引起严重消化不良的疾病。该病临床特征为反刍、嗳气停止，瘤胃坚实，腹痛，瘤胃蠕动极弱或消失。

【病因】

多为饲养管理不当，采食过多富含粗纤维、不易消化的饲料，如豆秸、山芋藤、老苜蓿、花生蔓、紫云英、谷草、稻草、麦秸、甘薯蔓等，缺少饮水，难于消化所致。过食麸皮、棉子饼、酒糟、豆渣等，也能引起瘤胃积食。长期舍饲的羊，运动不足，当忽然变换可口的饲料，常常造成采食过多，或者由放牧转舍饲，采食难于消化的干涸饲料而发病。当环境卫生不良、过于肥胖、中毒等产生应激反应，也能引起瘤胃积食。也可继发于前胃弛缓、创伤性网胃炎、瓣胃阻塞、真胃阻塞、真胃扭转、腹膜炎等疾病。

【症状及病理变化】

本病一般发生在羊采食后不久。病初患羊表现为食欲下降甚至废绝，虚嚼、磨牙，流涎，反刍逐渐减少甚至停止，瘤胃蠕动音先增强、后减弱或消失，鼻镜干燥，耳根发凉，口出臭气，口舌赤红（后期青紫），粪便量少而干黑（有时稀软恶臭）；病情严重时，患羊弓背咩叫，腹痛不安，摇尾，回头顾腹，时起时卧，卧地时四肢紧贴腹部向外伸展，有时用后肢或角撞击腹部，腹围膨大，左肷窝部臌胀，呼吸困难，结膜发红、发绀，脉搏加快，若无并发症体温一般正常，触诊瘤胃患羊反应敏感，瘤胃内容物呈面团状（图3-3-1），以拳压迫瘤胃时瘤胃胀满、硬实（图3-3-2）；发病末期，患羊体力衰竭，四肢无力，战栗，步态不稳，有时卧地呈昏睡状。羊过食大量豆类精料常呈急症，主要表现为中枢神经兴奋性增强、出现视觉障碍、时起时卧、脱水及酸中毒和胃肠炎（图3-3-3），故又称瘤胃酸中毒。

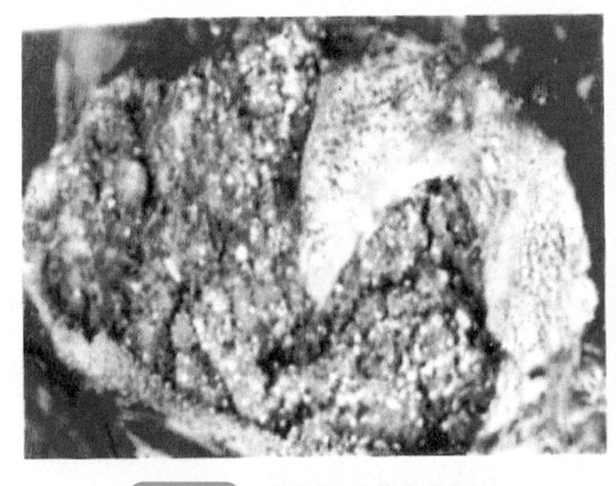

图3-3-1　瘤胃内容物呈面团状

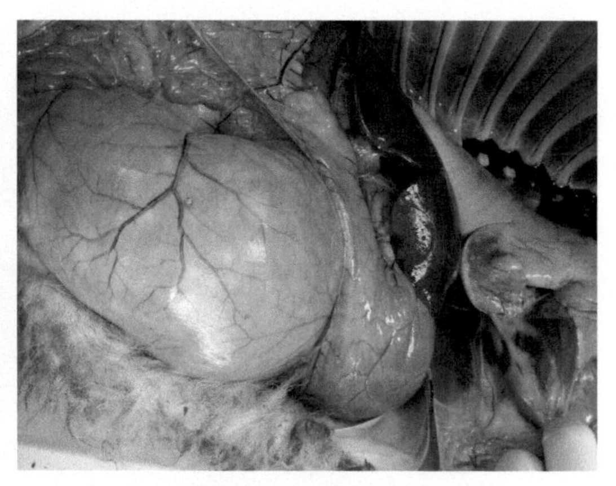

图3-3-2　瘤胃胀满、硬实

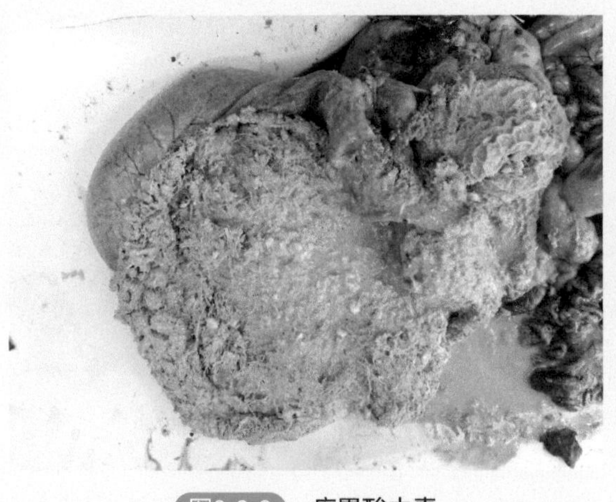

图3-3-3 瘤胃酸中毒

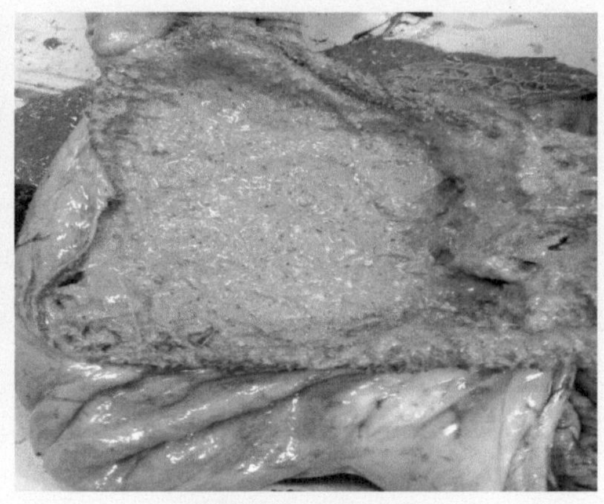
图3-3-4 瘤胃内容物

【诊断】

根据其发生原因，过食后发病，左侧瘤胃上部饱满，腹痛，瘤胃内容物充满而硬实，食欲、反刍停止等特征，可以确诊。

【类症鉴别】

1.与瘤胃弛缓鉴别

（1）相似点　均有食欲、反刍减少或废绝，瘤胃蠕动弱。

（2）不同点　瘤胃弛缓瘤胃内容物不多，也不很硬，且病程长，瘤胃内容物呈粥状（图3-3-4），不断嗳气，并呈现瘤胃间歇性臌胀。瘤胃积食有采食大量不消化饲料或贪食大量蔓藤类青饲料的病史。

2.与急性瘤胃臌气鉴别

（1）相似点　均有食欲、反刍减少或废绝，瘤胃胀满，出现呼吸困难。

（2）不同点　急性瘤胃臌气病程发展急剧，肚腹显著臌胀，瘤胃壁紧张而有弹性，触不到瘤胃内容物，叩诊左肷呈鼓音，瘤胃穿刺排出大量气体，血液循环障碍，高度呼吸困难（图3-3-5）。瘤胃积食有采食大量不消化饲料或贪食大量蔓藤类青饲料的病史（图3-3-6）。

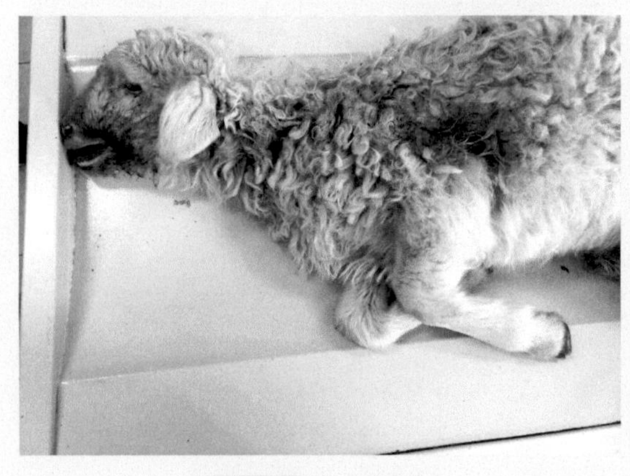
图3-3-5 呼吸困难

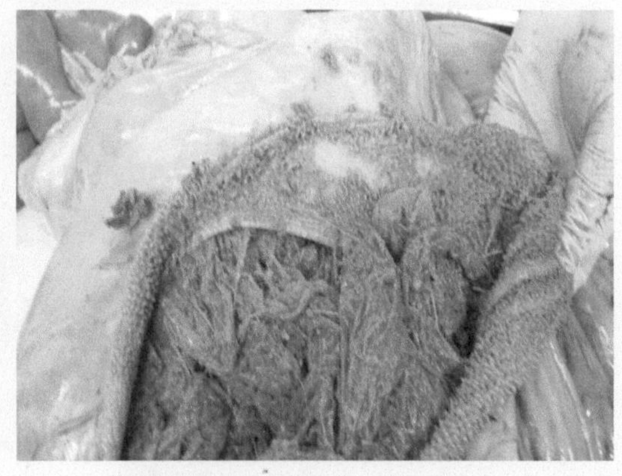
图3-3-6 瘤胃未消化内容物

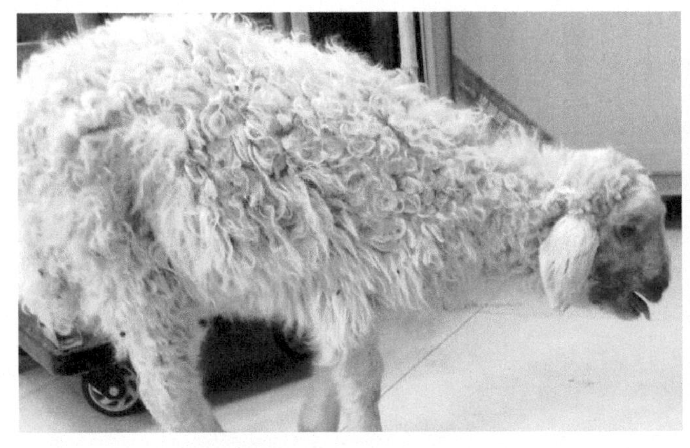

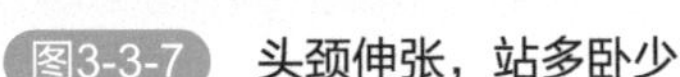
图3-3-7　头颈伸张，站多卧少

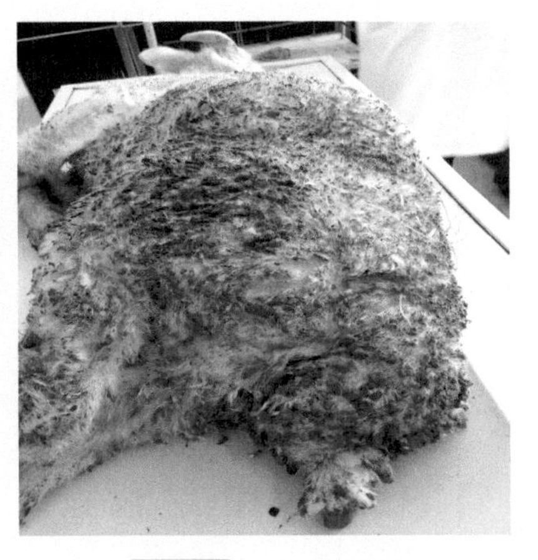
图3-3-8　左腹部隆起

3.与创伤性网胃炎鉴别

（1）相似点　均有食欲、反刍减少或废绝，瘤胃蠕动弱。

（2）不同点　创伤性网胃炎是因采食尖锐异物引起，早期体温升高，网胃区压迫检查疼痛，姿势异常，神情忧郁，头颈伸张（图3-3-7），站多卧少，不愿运动，间歇性瘤胃臌气，应用副交感神经兴奋药物，病情显著恶化。瘤胃积食有采食大量不消化饲料或贪食大量蔓藤类青饲料的病史。

4.与皱胃阻塞鉴别

（1）相似点　均有食欲、反刍减少或废绝，瘤胃胀满，瘤胃蠕动弱。

（2）不同点　皱胃阻塞是由于大量采食大量过于细软饲料或含泥沙多的饲草引起，主要表现瘤胃积液，左下腹部显著膨隆（图3-3-8），皱胃冲击触诊有击水音，腰旁窝听诊结合叩诊呈现叩击钢管的铿锵音。瘤胃积食有采食大量不消化饲料或贪食大量蔓藤类青饲料的病史。

5.与瓣胃阻塞鉴别

（1）相似点　均有食欲、反刍减少或废绝，瘤胃蠕动弱，脱水症状明显，粪球干而小。

（2）不同点　瓣胃阻塞瘤胃内容物不多，触诊不硬，有时有回头向右看的表现，脱水症状更明显，表现鼻镜龟裂，排粪干小，而右肋弓向里向前可触及球形瓣胃，冲击触诊有明显抵抗感，瓣胃注射困难。剖检瓣胃内容物充满、坚硬，其容积增大1～3倍，瓣胃内积有大量的未消化食物，瓣叶间内容物干涸，形同纸板（图3-3-9）。

图3-3-9　瓣胃阻塞

6.与肠变位鉴别

（1）相似点　均有食欲、反刍减少或废绝，瘤胃蠕动弱，脱水症状明显，粪少而呈黑色，并有腹痛表现。

（2）不同点　肠变位是多种原因使肠管的位置发生改变，同时伴发机械性肠腔闭塞，肠壁的血液

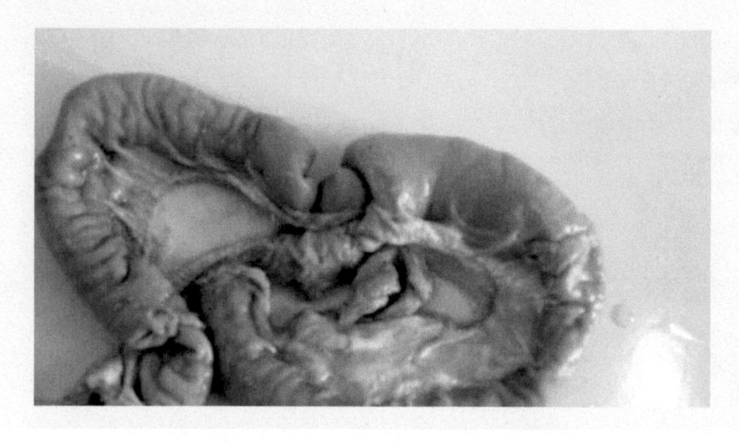

图3-3-10 肠套叠

循环受到严重破坏，引起剧烈的腹痛，右腹部可摸到套叠或缠结的肠管（图3-3-10），捏之有痛感。瘤胃积食多为饲养管理不当，采食过多富含粗纤维、不易消化的饲料引起，瘤胃胀满，触诊瘤胃呈坚硬感，腹痛症状不如肠痉挛明显。

【防治】

1.预防

加强饲养管理。避免大量饲喂干硬而不易消化的饲料，合理供给精料。冬季舍饲时，应给予充足的饮水，在饱食后不宜供给其大量冷水，注意预防羊贪食与暴食。对病羊加强护理，停喂草料，待积去胀消、反刍恢复后，喂给少量易于消化的干青草，逐步增量；反刍正常后，方可恢复正常饲喂。治疗期间给温盐水饮用。

2.治疗

应消导下泻，兴奋瘤胃蠕动，止酵助消化，纠正酸中毒，强心补液。

（1）消导下泻　石蜡油100毫升、人工盐或硫酸镁50克、大黄末10克，加水500毫升，1次灌服。

（2）兴奋瘤胃，促进反刍　用促反刍注射液50～100毫升、10%氯化钠30～60毫升，一次静脉注射。维生素$B_1$10～20毫升、胃复安2～4毫升、甲基硫酸新斯的明1～2毫克，一次肌内注射。也可按摩瘤胃，或用去皮臭椿树根（或木棍）横衔嘴里，并适当牵遛，有促进反刍之功效。

（3）止酵助消化　食母生50片、吗丁啉2片、复方维生素B50片，一次灌服。

（4）纠正酸中毒　5%的碳酸氢钠100毫升，或11.2%乳酸钠30毫升，1次静脉注射。

（5）强心补液　5%的葡萄糖200～500毫升，10%安钠咖5毫升或10%樟脑磺酸钠4毫升，静脉注射。呼吸系统和血液循环系统衰竭时，用尼可刹米注射液2毫升，肌内注射。

（6）中药治疗　选用健胃散、大承气汤灌服。

（7）手术治疗　药物疗效不佳时，应迅速实施瘤胃切开术，取出内容物。

四、前胃弛缓

羊前胃弛缓是前胃神经肌肉感受性降低，收缩力减弱，瘤胃内容物运转迟滞，菌群失调，产生大量发酵和腐败物质，引起消化障碍，乃至全身功能紊乱的一种疾病。临床特征为正常的食欲、反刍、嗳气紊乱，胃蠕动减弱或停止，可继发酸中毒。本病在冬末、春初饲料缺乏时最为常见。

【病因】

原发性前胃弛缓，也称之为单纯性消化不良。常因长期饲喂粗纤维多、营养成分少的饲草，一旦变换饲料，即引起消化不良；草料质量低劣，常饲喂一些纤维粗硬、刺激性强、难以消化的饲料；饲喂变质或冰冻饲料；矿物质和维生素缺乏；此外，饲养失宜、管理不当、应激反应等因素（如误食塑料袋、化纤布或分娩后的母羊食入胎衣等）也可导致本病的发生。继发性前胃弛缓，常继发于瘤胃积食、胃肠炎和其他内科、产科和某些寄生虫病时。

【症状及病理变化】

急性前胃弛缓表现食欲减少或废绝，渴欲增加，反刍停止，鼻镜干燥，经常空口磨牙，嗳气发臭，眼球凹陷（图3-4-1），瘤胃蠕动减弱或停止；瘤胃内容物腐败发酵（图3-4-2），产生大量气体，左腹增大（图3-4-3）。常发生便秘，排泄物色黑而硬；泌乳量显著减少或完全停止。体温、脉搏无变化。病羊站立时低头伸颈，背拱起，常磨牙。胀气显著时，呈现呼吸困难。慢性前胃弛缓表现病畜精神沉郁，食欲、饮水逐渐减少，异食，反刍缓慢，腹部呈间歇性臌气，触诊前胃时，感到坚硬，有时呈现疼痛反应。被毛粗乱，倦怠无力，喜卧地（视频3-4-1，图3-4-4），体温、呼吸、脉搏无变化。剖检发现，病羊瘤胃胀满（图3-4-5），瘤胃黏膜发红，存在血斑。少数会发生局限性或者弥漫性腹膜炎，甚至具有全身性败血症状。

视频3-4-1

扫码观看：前胃弛缓（被毛粗乱，倦怠无力，喜卧地，腹围增大）

【诊断】

根据病史结合其病因和特殊的症状等做出判断。检测瘤胃内容物性状变化，可作为诊疗之依据。瘤胃液pH值降至5.5以下，纤毛虫数量减少、活力降低，纤维素消化试验时间延长，瘤胃液沉淀活性试验时间延长。

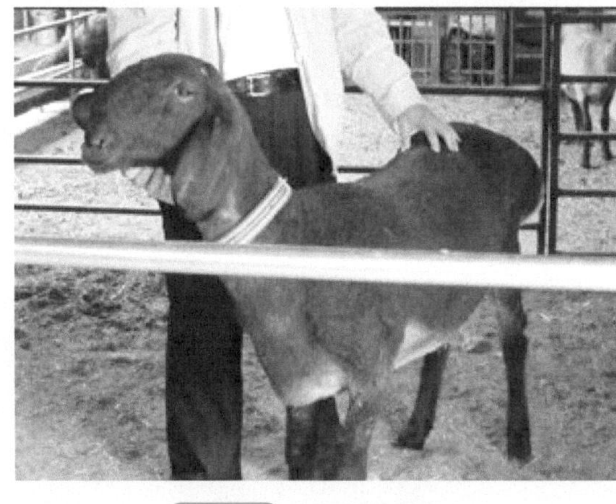

图3-4-1 病羊眼球凹陷

图3-4-2 瘤胃内容物腐败发酵

图3-4-3 病羊左腹增大

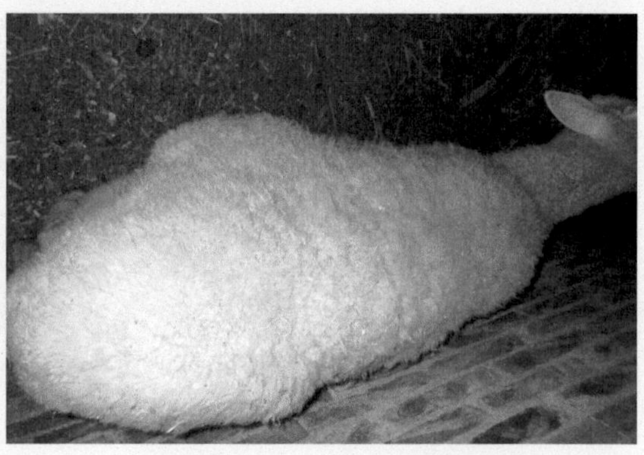

图3-4-4 倦怠无力，喜卧地

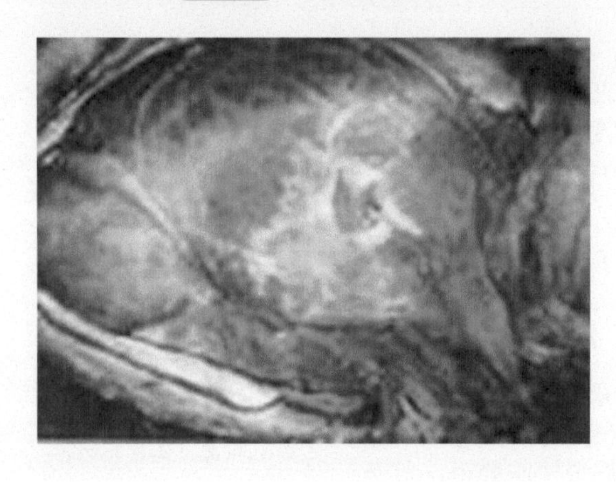

图3-4-5 病羊瘤胃胀满

【类症鉴别】

1.与瘤胃酸中毒鉴别

（1）相似点　均有食欲、反刍减少或废绝，瘤胃内容物少、蠕动弱，病重磨牙。

（2）不同点　瘤胃酸中毒是因过食富含碳水化合物的精料而发病，瘤胃液体多（图3-4-6），尿液的pH值低于8，粪便稀软或呈水样，有酸臭味。呼吸急促，皮肤干燥，弹性降低，尿量减少或无尿；血液暗红，黏稠，卧地回视腹部，有的视觉障碍。

2.与瘤胃积食鉴别

（1）相似点　均有瘤胃蠕动减少，食欲、反刍减少或废绝，体温不高，粪干量少。

（2）不同点　瘤胃积食多因过食引起，瘤胃内容物充满、坚硬，腹部膨大（图3-4-7），瘤胃扩张，触诊瘤胃疼痛不安，回头观腹，尿量减少或无尿，后肢踢腹，流涎，空嚼，拱背，摇尾，呼吸困难。

3.与妊娠毒血症鉴别

（1）相似点　均有体温不高，食欲、反刍减少或废绝，瘤胃蠕动弱，磨牙，粪干而小。

（2）不同点　妊娠毒血症多发生于妊娠中后期营养不足时，有意识障碍，步态不稳，转圈，瞳孔散大，耳震颤，全身发抖；运动失调，角膜反射消失，最后昏迷而死（图3-4-8）。剖检可见肝、肾脏肿大，质脆，呈红黄色（图3-4-9）；心内外膜出血；腹水增多。血检可见蛋白质和血糖减少，血酮增多，尿丙酮阳性。

图3-4-6　瘤胃内容物稀薄

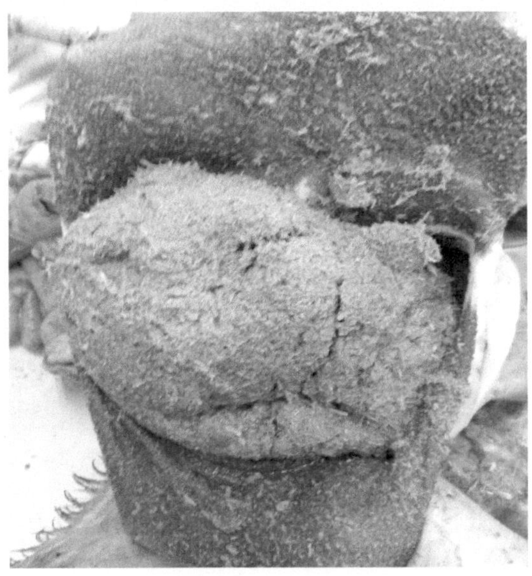

图3-4-7　瘤胃胀满

图3-4-8　病羊昏迷

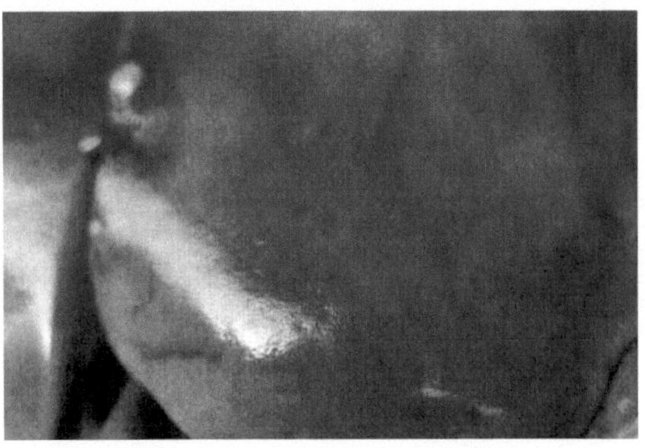

图3-4-9　肝脏肿大，呈红黄色

4.与瓣胃阻塞鉴别

（1）相似点　均有食欲、反刍减少或废绝，瘤胃蠕动弱，内容物中液体多，粪球干而小。

（2）不同点　瓣胃阻塞右肋弓向里向前可触及球形瓣胃。剖检瓣胃内容物充满、坚硬，其容积增大1～3倍，瓣胃内积有大量的未消化食物，瓣叶间内容物干涸，形同纸板（图3-4-10）。

图3-4-10　瓣胃阻塞

5.与皱胃溃疡鉴别

（1）相似点　均有食欲、反刍减少，瘤胃蠕动弱。

（2）不同点　皱胃溃疡右肋弓后或软肋下有压痛，粪黑色。

6.与酮血症鉴别

（1）相似点　食欲、反刍减少或废绝，瘤胃蠕动弱，粪干小或稀软。

（2）不同点　醋酮血症多在产后发病，是因饲料中蛋白质脂肪多、碳水化合物少而发病，尿少、淡黄、有泡沫，尿、乳、呼出气带酮味（大蒜味），血检和尿检酮量超过正常，剖检可见脂肪肝，并增大2～3倍。

7.与创伤性网胃炎鉴别

（1）相似点　食欲、反刍减少或废绝，瘤胃蠕动弱，磨牙。

（2）不同点　创伤性网胃炎因采食尖锐异物引起。行动和姿势异常，泌乳停止，体温中等升高，触诊网胃区腹壁有疼痛反应，站立时肘头外展，多取前高后低姿势，不愿卧地，呻吟，卧下时后躯先着地，起立时则前肢先起来，白细胞数升高，药物治疗无效。剖检网胃与膈肌、腹膜粘连，网胃穿孔（图3-4-11），网胃内发现金属异物（图3-4-12）。

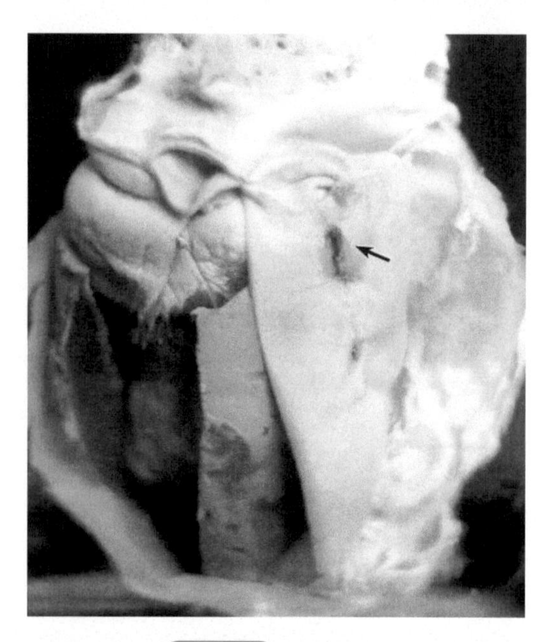

图3-4-11　网胃穿孔

8.与真胃变位鉴别

（1）相似点　食欲、反刍减少或废绝，瘤胃蠕动弱，磨牙。

（2）不同点　真胃左方变位常在产后立即发病，左方变位早期诊断比较困难，通常应考虑与分娩的关系，伴发酮尿，于左腹侧下部可听到真胃蠕动音，叩诊可听到钢管音，病程持久。真胃扭转病初与前胃弛缓不易区别，但很快表现腹痛，心率增数，每分钟达100次以上，病畜有冷感，黏膜苍白，皮肤干燥而发凉，右腹明显膨大（图3-4-13），粪软色暗，后变血样乃至呈黑色。最后多取死亡转归。

9.与皱胃阻塞鉴别

（1）相似点　均有食欲、反刍减少或废

图3-4-12　网胃内金属异物

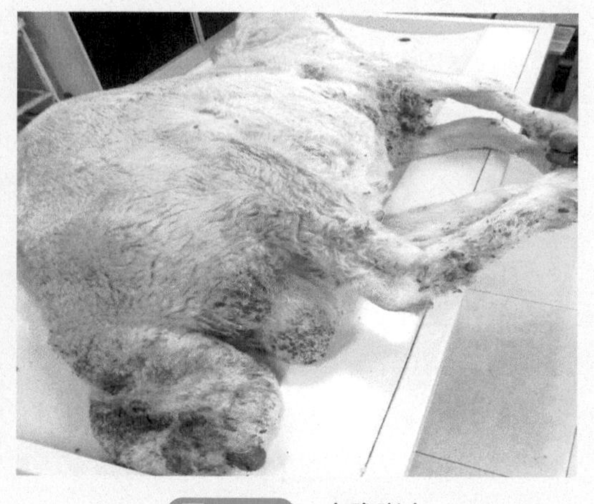

图3-4-13　右腹膨大

绝，瘤胃蠕动弱。

（2）不同点　触诊皱胃区可感到皱胃扩张、坚硬、有痛感，粪便少而黏，色暗，或呈黑色。瘤胃弛缓按压瘤胃呈捏粉状，粪便不发黑，粪少而干。

【防治】

1.预防

改善饲养管理，合理调配饲料，防止长期饲喂过硬、难消化或单一的饲料，不可突然变换饲料或任意加料，不喂霉败、冰冻等质量不良的饲料，应给予充足的饮水并创造条件供给温水，防止过劳或运动不足，保持畜舍干燥清洁，通风保暖防止各种应激因素的影响，提高舍饲羊的健康水平，及时治疗继发本病的其他疾病。

2.治疗

排除病因，加强护理，改善瘤胃内环境，恢复正常微生物区系，兴奋瘤胃，制止异常发酵，强心补液，防止脱水和自体中毒并积极治疗原发病。

病初消除病因，采用饥饿疗法，先禁食1～2天，每天人工按摩瘤胃数次，每次10～20分钟，并给以少量易消化的多汁饲料。当瘤胃内容物过多时，可投服缓泻剂，内服硫酸镁20～30克或石蜡油100～200毫升。用10%氯化钠溶液20～50毫升、生理盐水或5%葡萄糖200～500毫升、10%氯化钙10毫升或10%糖酸钙100毫升、维生素B_1（或复合维生素B）注射液10毫升，地塞米松20毫克、10%安钠咖5毫升，混合后一次静脉注射。肌内注射维生素B_1注射液　5毫升，皮下注射氨甲酰胆碱0.25～0.50毫克，或新斯的明2～4毫克，或毛果芸香碱5～10毫克。为防止酸中毒，可加服碳酸氢钠10～15克，或静脉注射5%碳酸氢钠注射液100毫升。后期可灌服健胃剂，人工盐20～30克、酵母粉10克、胃蛋白酶8克、红糖10克、碳酸氢钠10～15克，以便尽快促进食欲的恢复。中医疗法主要治疗原则是健脾消食、导滞和胃。

五、瘤胃臌气

是因采食大量易于发酵产气的饲料，在瘤胃内被微生物发酵很快产生大量气体，使瘤胃体积迅速增大而发生臌胀。临床上以腹围明显增大、左肷部异常突起、呼吸困难、嗳气障碍为特征（视频3-5-1）。放牧牛羊更易发生。根据臌气内容物的情况可分为泡沫性臌气和非泡沫性臌气两种；按病因可分为原发性和继发性。

视频3-5-1

扫码观看：瘤胃臌气（腹围明显增大，左肷部异常突起，呼吸困难，不安，腹痛）

【病因】

常发生于春、夏季，绵羊和山羊均可患病。原发性瘤胃臌气主要是所食牧草中含有生泡沫性物质，如皂苷、果胶、半纤维素，特别是可溶性叶蛋白，使瘤胃发酵气体生成大量稳定的泡沫并与瘤胃内容物混合在一起，不能通过嗳气被排除，导致瘤胃臌胀。此外，采食较多粉碎过细的谷物饲料，可引起瘤胃pH值下降，适合于带荚膜的细菌生长时，细菌可产生稳定泡沫的细胞外多糖黏液，以及唾液分泌机能不全，也在原发性瘤胃臌气中起重要作用。在这些因素的配合下，臌气可一触即发。

继发性瘤胃臌气主要是由于前胃机能减弱，嗳气机能障碍。多见于前胃弛缓、食道阻塞、腹膜炎、羊肠梗阻、羊创伤性网胃炎等。

【症状及病理变化】

本病发生快，最快于采食后15分钟发病，病羊呆立不动（图3-5-1），弓背，随后不安，腹痛，回头顾腹。不久腹部迅速胀大，左肷部异常突起（图3-5-2），触诊瘤胃壁紧张、弹性大，叩诊鼓音区扩大，听诊瘤胃蠕动音弱或有金属音，反刍、嗳气很快停止。病羊张口伸舌，呼吸困难，结膜发绀，心跳快而弱，食欲废绝，间有嗳气或食物反流现象。若治疗不及时，最后呼吸、心跳麻痹而死亡。病程常在1小时左右。慢性瘤胃臌气大多继发，呈间歇性臌气。病死羊剖检，尸体腹部膨大，瘤胃臌胀（图3-5-3），有时瘤胃或横膈膜破裂。胃内有大量气体或泡沫状物质。肺或静脉瘀血，心包及浆膜（胸膜）上有小点状及线状充血，很像窒息病变。

【诊断】

根据采食大量易发酵饲料的病史，结合腹部膨胀、左肷部上方凸出；触诊紧张而有弹性，不留指压痕，叩诊呈鼓音；瘤胃蠕动先强后弱，最后消失；呼吸困难，血循环障碍等特殊症状，可做出诊断。

【类症鉴别】

1.与前胃弛缓鉴别

（1）相似点　均有食欲、反刍减少或废绝，瘤胃臌胀。

（2）不同点　瘤胃弛缓的病程中虽有时出现臌胀，但不在采食之后发生，也不出现呼吸困难。瘤胃内容物腐败发酵（图3-5-4），产生大量气体，左腹增大（图3-5-5），倦怠无力，喜卧地（图3-5-6），体温、呼吸、脉搏无变化。剖检发现，病羊瘤胃胀满（图3-5-7），瘤胃黏膜发红，存在血斑。

图3-5-1　病羊呆立不动

图3-5-2　病羊左肷部异常突起

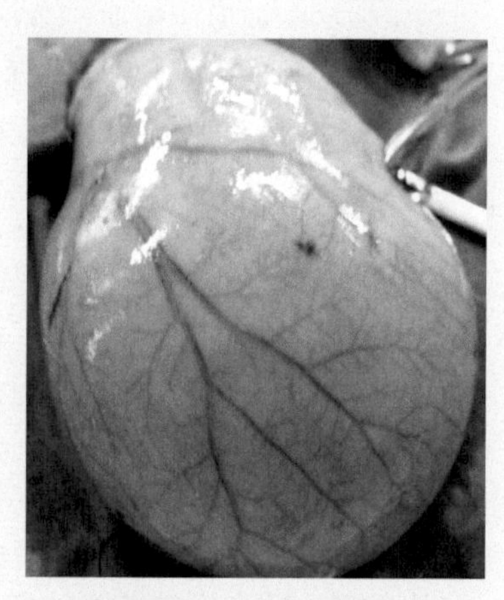

图3-5-3　病羊瘤胃臌胀

图3-5-4　瘤胃内容物腐败发酵

图3-5-5　病羊左腹增大

图3-5-6　倦怠无力，喜卧地

图3-5-7　瘤胃胀满

2.与瘤胃积食鉴别

（1）相似点　均有瘤胃胀满，食欲、反刍减少或废绝，出现呼吸困难。

（2）不同点　瘤胃积食叩诊左肷不出现鼓音，按压内容物呈坚硬感（图3-5-8）。

3.与食道阻塞鉴别

参见“二、食道阻塞”类症鉴别。

【防治】

1.预防

春初放牧时，每日应限定时间，有危险的植物不能让羊任意饱食；一般在生长良好的苜蓿地放牧时，不可超过20分钟。第一次放牧时，时间更要尽量缩短（不可超过10分钟），以后逐渐增加，即不会

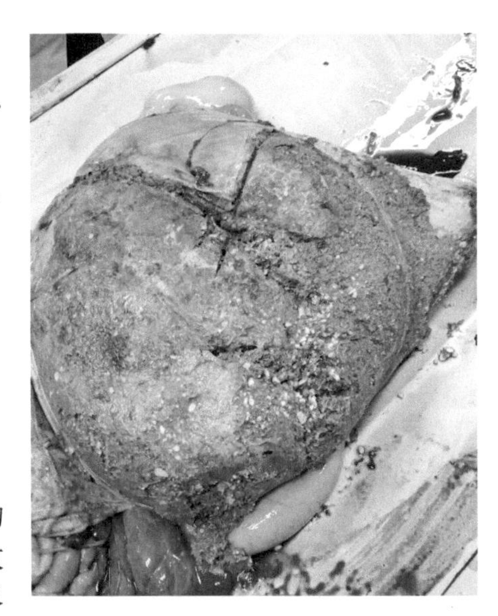

图3-5-8　瘤胃坚实

发生大问题。放牧青嫩的豆科草以前，应先喂些富含纤维质的干草。在饲喂新饲料或变换放牧场时，应该严加看管，借以及早发现症状。不要喂霉烂的饲料，也不要喂大量容易发酵的饲料。雨后及早晨露水未干前不要放牧。

2.治疗

排气减压，制止发酵，除去胃内有害内容物为该病的治疗原则。

（1）排气减压　当急性瘤胃臌气时，应先行瘤胃穿刺放气，其方法是用消毒好的套管针（图3-5-9），于左肷窝中央（图3-5-10），消毒后，对准对侧肘头方向刺入瘤胃，拔出针芯，进行间断性地放气。若没有套管针，也可用16号或18号的针头代替。放完气后可通过套管针向瘤胃内直接注入止酵剂（图3-5-11～图3-5-14）。如果是较轻的臌气，可将患牛置立于前高后低的斜坡上，用草把按摩瘤胃或将涂以松馏油的木棒横置于病牛口中，让其不断咀嚼而促进嗳气的排出。

（2）缓泻止酵　可用乳酸20毫升，加水1000毫升，或福尔马林20毫升加水1000毫升，或10%的鱼石脂酒精150毫升，加水1000毫升，内服。

（3）排除胃内有害物质　可内服硫酸钠800g，加适量的水，也可口服石蜡油80～100毫升、氧化镁（小羊4～6克，大羊8～12克）、二甲硅油0.5～1毫升、小苏打5～10克、盐10～20克、醋50～100克。

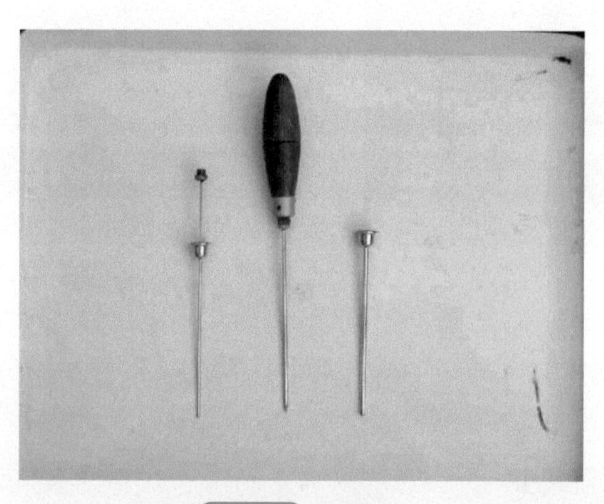

图3-5-9　套管针

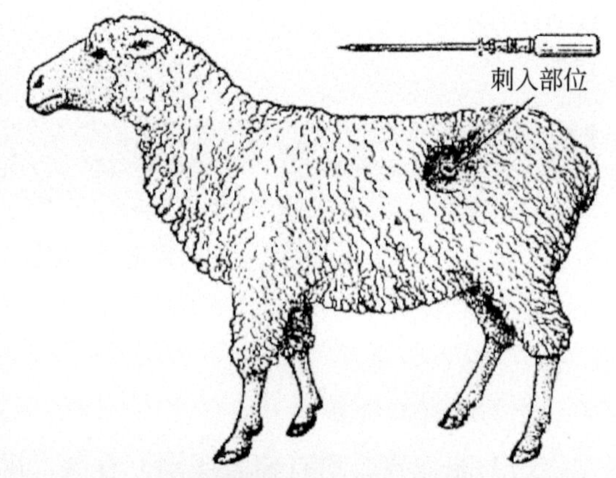

图3-5-10　瘤胃穿刺部位

图3-5-11　穿刺部位剪毛

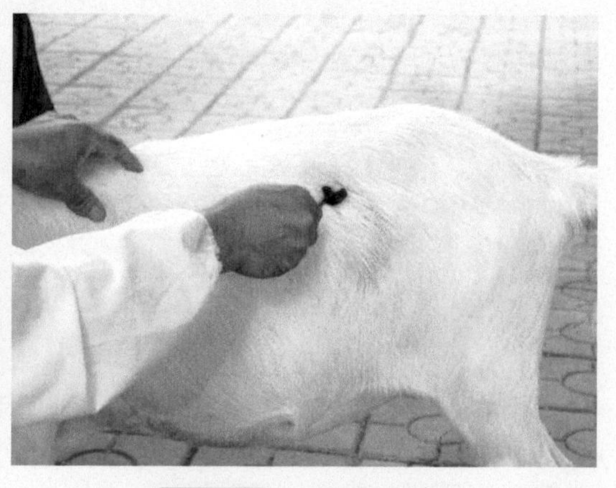

图3-5-12　穿刺部位消毒

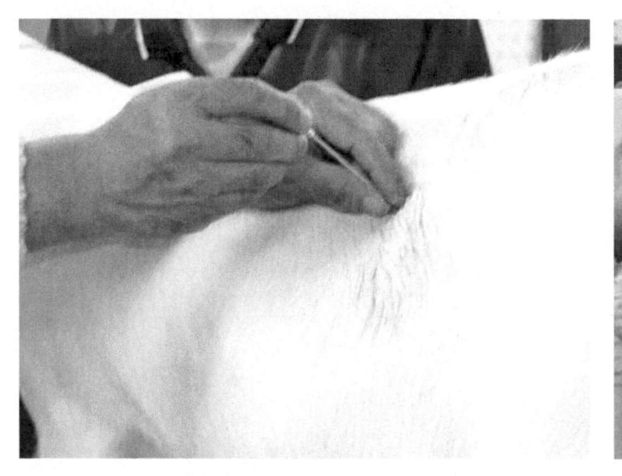
图3-5-13 穿刺方法

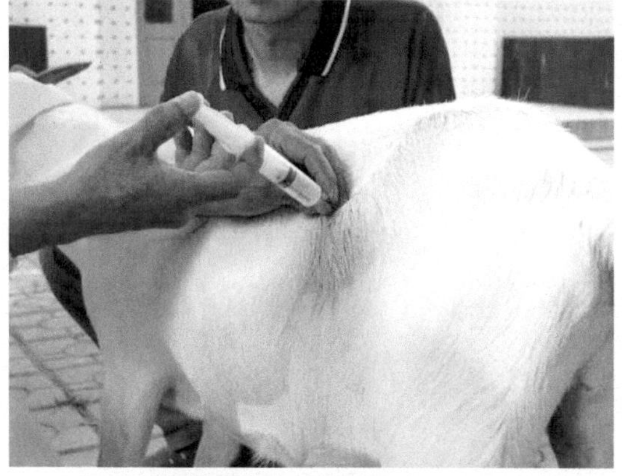
图3-5-14 瘤胃注射制酵剂

对继发性瘤胃臌气进行治疗时，必须治疗原发性疾病。

六、瓣胃阻塞

瓣胃阻塞又称瓣胃秘结，在中兽医称为“百叶干”，是由于羊瓣胃内积聚大量干涸的内容物，引起瓣胃收缩力量减弱，食物排出不充分，通过瓣胃的食糜积聚，充满于瓣叶之间，水分被吸收，内容物变干而致病。其临床特征为鼻镜干燥，瓣胃容积增大、坚硬，腹部胀满，不排粪便。

【病因】

主要是由于饲喂过多秕糠、粗纤维坚硬的饲料而饮水不足所引起；或饲料和饮水中混有过多泥沙，使泥沙混入食糜，沉积于瓣胃瓣叶之间而发病。饲料突然更换、质量低劣，缺乏蛋白质、维生素以及微量元素，饲养不正规，缺乏运动等都可引起发病。瓣胃阻塞还可继发于前胃弛缓、瘤胃积食、皱胃阻塞、皱胃变位、生产瘫痪、部分中毒病、急性热性病、皱胃与腹膜粘连等疾病。

【症状及病理变化】

初期与前胃弛缓症状相似，病羊表现鼻镜干燥，食欲、反刍缓慢，后期反刍停止。听诊瘤胃蠕动音减弱，瓣胃蠕动音消失。触诊瓣胃区（右侧第7～9肋的肩关节水平线上）表现疼痛不安，有坚硬感，有时可以在右肋骨弓下摸到阻塞的圆形瓣胃。叩诊瓣胃，浊音区扩大。常可继发瘤胃臌气和瘤胃积食。排粪干少，色泽暗黑，后期排粪停止。用穿刺针进行瓣胃穿刺有阻力，感觉不到瓣胃的收缩运动。直肠检查，直肠空虚，有黏液，并有少量暗褐色粪块附着于直肠壁。随着病情发展，瓣胃小叶发炎或坏死，常可继发败血症，病羊体温升高，呼吸和脉搏加快，全身衰弱，卧地不起，自体中毒而死亡。剖检瓣胃内容物充满、坚硬，其容积增大1～3倍，瓣胃内积有大量的未消化食物，瓣叶间内容物干涸，形同纸板（图3-6-1），可捻成粉末状。瓣叶上皮脱落，有溃疡、坏死灶或穿孔。此外，肝脏、脾脏、心脏、肾脏以及腹膜等，具有不同程度的炎性病理变化。

图3-6-1 瓣胃阻塞

【诊断】

根据病史和临床表现，如病羊不排粪，瓣胃蠕动音低沉或消失，触诊瓣胃区敏感、坚硬，叩诊瓣胃区扩大，结合瓣胃穿刺等，即可确诊。

【类症鉴别】

1.与瘤胃弛缓鉴别

（1）相似点 均有食欲、反刍减少或废绝，瘤胃蠕动弱、液体多，粪干而小。

（2）不同点 瘤胃弛缓无腹痛，摸不到球状瓣胃，粪不发黑，有时稀软。瘤胃内容物腐败发酵（图3-6-2），产生大量气体，左腹增大（图3-6-3）。

2.与皱胃阻塞鉴别

（1）相似点 均有食欲、反刍减少或废绝，粪少而干黑色，附有黏液，瘤胃蠕动弱、液体多。

（2）不同点 皱胃阻塞有长期饲喂粗硬或细碎饲料，以及采食异物的病史，从右肋下方可摸到硬块（皱胃）并有疼痛，粪球内外均为黑色，或排黑色稀粪，剖腹探查发现皱胃充满

图3-6-2 瘤胃内容物腐败发酵

图3-6-3 病羊左腹增大

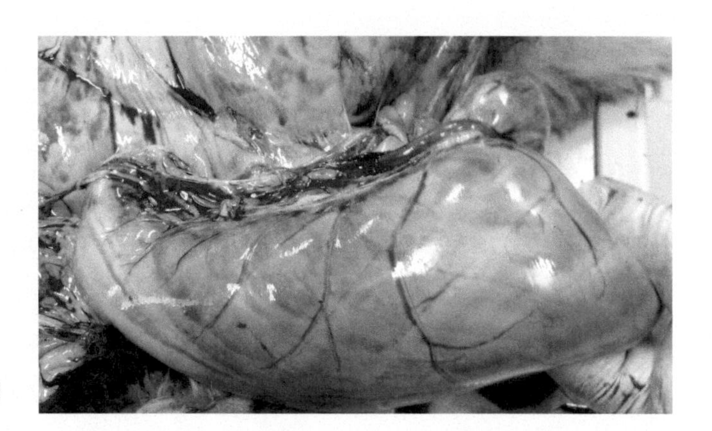
图3-6-4 皱胃充满食物

食物（图3-6-4），黏膜有坏死和溃疡。瓣胃阻塞听诊蠕动音弱或无，右肋弓向前向里可摸到球状瓣胃，粪球外表黑褐、内部黄色。

3.与瘤胃积食鉴别

参见“三、瘤胃积食”部分瘤胃积食类症鉴别。

4.与创伤性网胃炎鉴别

（1）相似点　均有食欲、反刍减少或废绝，粪少而干黑色，瘤胃蠕动弱，并有疼痛表现。

（2）不同点　创伤性网胃炎是因采食尖锐异物引起，早期体温升高，网胃区压迫检查疼痛，姿势异常，神情忧郁，头颈伸张，站多卧少，不愿运动，间歇性瘤胃臌气，应用副交感神经兴奋药物，病情显著恶化。剖检网胃与膈肌、腹膜粘连，网胃穿孔（图3-6-5），网胃内发现金属异物（图3-6-6）。

5.与肠便秘鉴别

（1）相似点　均有食欲、反刍减少或废绝，粪少而干黑色，瘤胃蠕动弱，并有疼痛表现。

（2）不同点　肠便秘是由于饲料粗糙干硬，不易消化，或饲料过细，精料过多，饲喂制度和方式突然改变，食盐不足，饮水缺乏，运动不足，天气骤变等多种因素使肠道弛缓而引起的急性腹痛病，腹部增大，腹部触诊可触摸到肠内充满多量坚硬粪便（图3-6-7）。

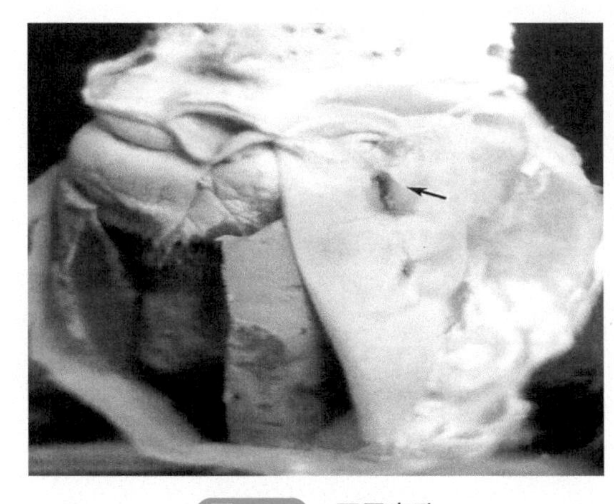
图3-6-5 网胃穿孔

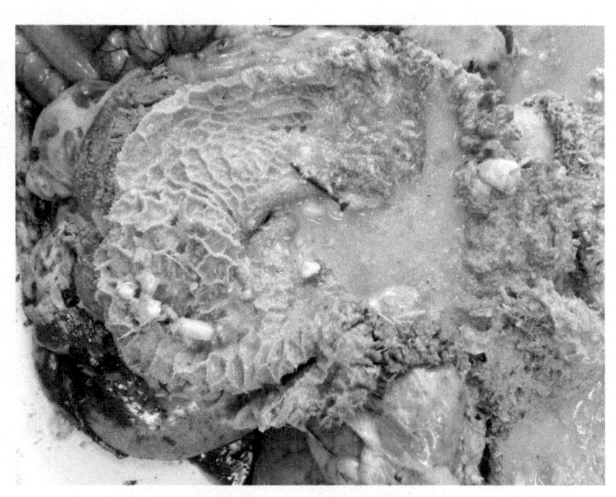
图3-6-6 网胃内金属异物

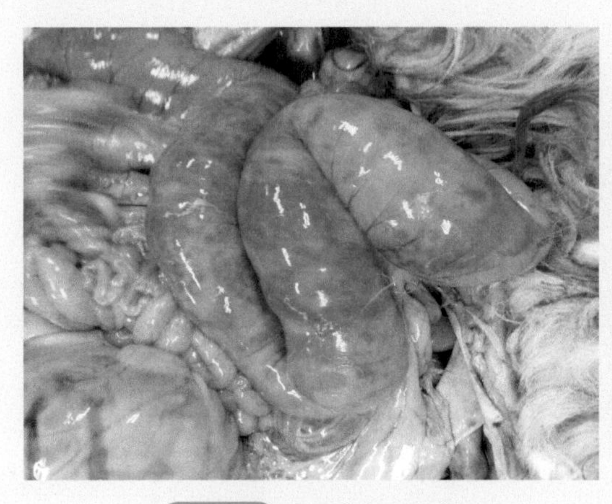

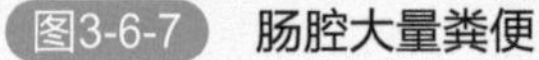

图3-6-7 肠腔大量粪便

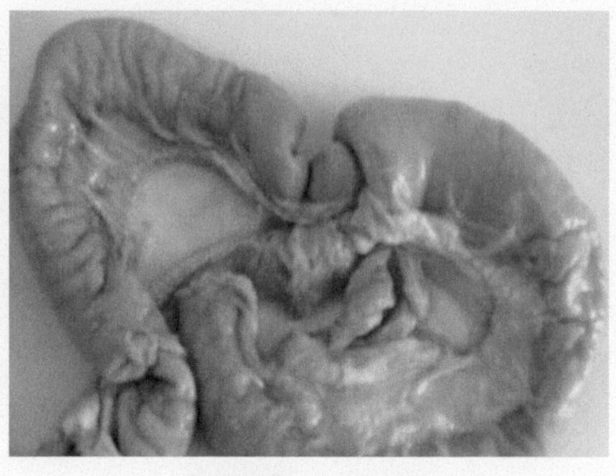

图3-6-8 小肠套叠

6.与肠变位鉴别

（1）相似点　均有食欲、反刍减少或废绝，粪少而干黑色，瘤胃蠕动弱，并有疼痛表现。

（2）不同点　肠变位是多种原因使肠管的位置发生改变，同时伴发机械性肠腔闭塞，肠壁的血液循环受到严重破坏，引起剧烈的腹痛，右腹部可摸到套叠或缠结的肠管（图3-6-8），捏之有痛感，粪便少而黏，呈黑色。

【防治】

1.预防

加强饲养管理，注意饲料、饲草质量，搞好营养平衡，避免给羊过多饲喂秕糠和坚韧的粗纤维饲料及混有泥沙的饲料，糟粕饲料也不宜长期饲喂过多，应给予营养丰富的饲料，注意补充矿物质饲料，防止导致前胃弛缓的各种不良因素。注意运动和饮水，增进消化机能，防止本病的发生。

2.治疗

应以软化瓣胃内容物为主，辅以兴奋前胃运动机能，促进胃肠内容物排出。

（1）病的初期可用硫酸钠或硫酸镁80～100克，加水1000～1500毫升，一次内服；或石蜡油100～500毫升，一次内服。同时静脉注射促反刍注射液200～300毫升，或10%氯化钠50～100毫升、10%氯化钙20毫升、20%安钠咖液10毫升，增强前胃神经兴奋性，促进前胃内容物的运转与排除。

（2）对顽固性瓣胃阻塞，可用瓣胃注射疗法。具体方法是：站立保定，于右侧第九肋间隙和肩关节水平线交界处，选用12号7厘米长的穿刺针头，向对侧肩关节方向刺入约4～5厘米深，刺入后可先注入20毫升生理盐水，感到有较大压力，并有草渣流出，表明已刺入瓣胃，然后注入25%硫酸镁溶液30～40毫升，石蜡油100毫升（交替注入瓣胃），于第二日再重复注射1次。瓣胃注射后，可用10%氯化钙10毫升、10%氯化钠50～100毫升、5%葡萄糖生理盐水150～300毫升，混合1次静脉注射。待瓣胃松软后，皮下注射0.1%氨甲酰胆碱0.2～0.3毫升，兴奋胃肠运动机能，促进积聚物排出。

（3）中药治疗　大黄9克、枳壳6克、二丑9克、玉片3克、当归12克、白芍2.5克、番泻叶6克、千金子3克、山枝2克，煎水一次内服。

七、创伤性网胃炎

本病是由于异物刺伤网胃壁而发生的一种疾病。特征为急性前胃弛缓，胸壁疼痛，间歇性臌气，白细胞总数增加及白细胞核左移等。

【病因】

由于饲养管理不当，饲料加工过于粗放，调理饲料不经心的情况下，常发本病；随意舍饲和放牧，羊采食了金属尖锐异物（铁钉、铁丝、针等）落入网胃造成本病。

【症状及病理变化】

本病从吞入异物到发病，快的1～4天，慢则几周。一般发病缓慢，初期无明显变化，日久则表现精神不振，食欲反刍减少，瘤胃蠕动减弱或停止，并常出现反刍性臌气。病情较重时患羊行动小心，常有拱背、呻吟等疼痛表现。触诊网胃部，发生疼痛并抵抗，腹肌紧缩。患羊站立时，肘关节张开，起立时先起前肢。体温一般正常，但有时升高。实验室检查，白细胞总数和嗜中性白细胞数增多，核左移。

当发生创伤性心包炎时，病羊全身症状加重，体温升高，心跳明显加快，颈静脉怒张，颌下、胸前水肿。叩诊心区扩大，有疼痛感。听诊心音减弱，混浊不清，常出现摩擦音及拍水音。剖检网胃与膈肌、腹膜粘连，网胃穿孔（图3-7-1），网胃内发现金属异物（图3-7-2）。化脓性心包炎，心外膜大量纤维素附着（图3-7-3）、心肌变性（图3-7-4）、脓毒败血症。

【诊断】

根据病史和临床表现，即可确诊。

【类症鉴别】

1.与瘤胃弛缓鉴别

（1）相似点　均有食欲、反刍减少或废绝，瘤胃蠕动弱、液体多，粪干而小。

（2）不同点　瘤胃弛缓无腹痛，摸不到球状瓣胃，粪不发黑，有时稀软。瘤胃内容物腐败发酵（图3-7-5），产生大量气体，左腹增大（图3-7-6）。

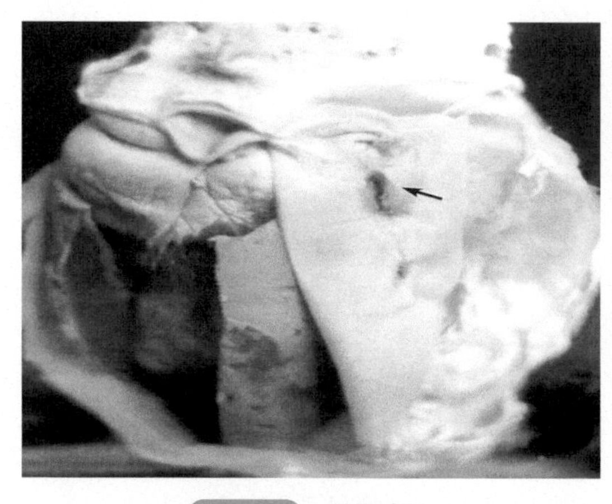

图3-7-1　网胃穿孔

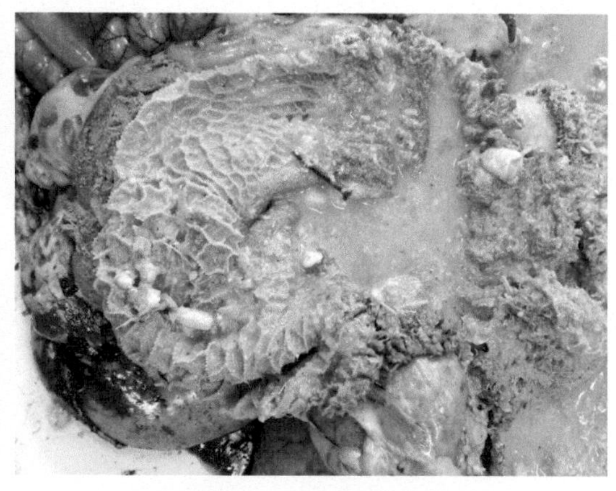

图3-7-2　网胃内金属异物

图3-7-3　心外膜表面纤维素覆盖

图3-7-4　心肌变性

图3-7-5　瘤胃内容物腐败发酵

图3-7-6　病羊左腹增大

2.与皱胃阻塞鉴别

（1）相似点　均有食欲、反刍减少或废绝，粪少而干黑色，瘤胃蠕动弱、液体多。

（2）不同点　皱胃阻塞从右肋下方可摸到硬块（皱胃）并有疼痛，粪球内外均为黑色，或排黑色稀粪。剖检可见皱胃充满食物（图3-7-7），黏膜有坏死和溃疡。

3.与瘤胃积食鉴别

参见“三、瘤胃积食”部分类症鉴别。

4.与瓣胃阻塞鉴别

参见“六、瓣胃阻塞”部分类症鉴别。

5.与肠便秘鉴别

（1）相似点　均有食欲、反刍减少或废绝，粪少而干黑色，瘤胃蠕动弱，腹痛。

（2）不同点　肠便秘又称肠阻塞，肠梗阻，是由于饲料粗糙干硬，不易消化，或饲料过细，精料过多，饲喂制度和方式突然改变，食盐不足，饮水缺乏，运动不足，天气骤变等多种因素使肠道弛缓而引起的急性腹痛病，临床特征为突然发病，弓背、腹痛（图3-7-8），肠音消失排不出粪便，腹部增大，腹部触诊可触摸到肠内充满多量坚硬粪便（图3-7-9）。

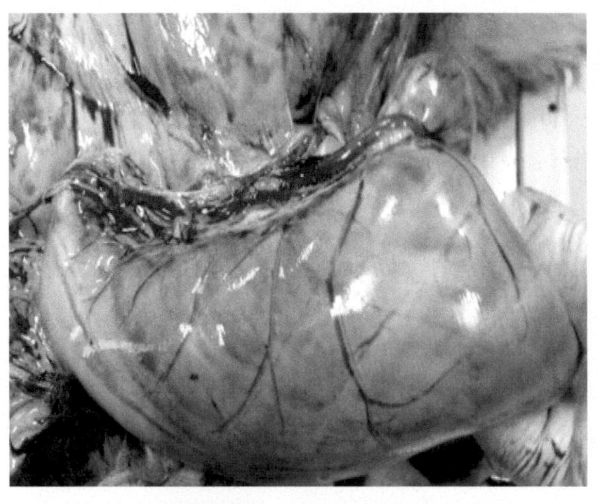

图3-7-7 皱胃充满食物

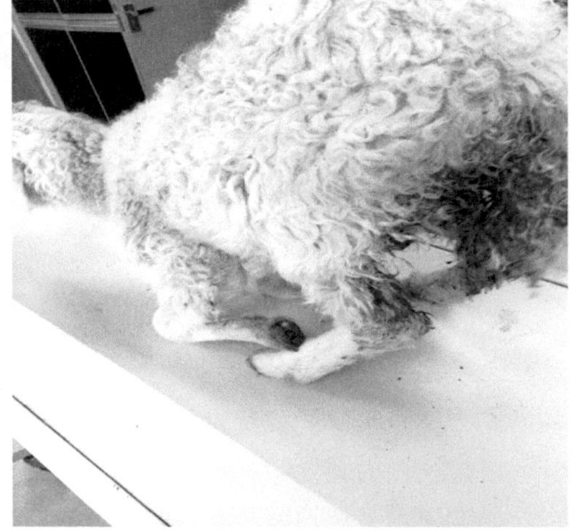

图3-7-8 弯腰弓背

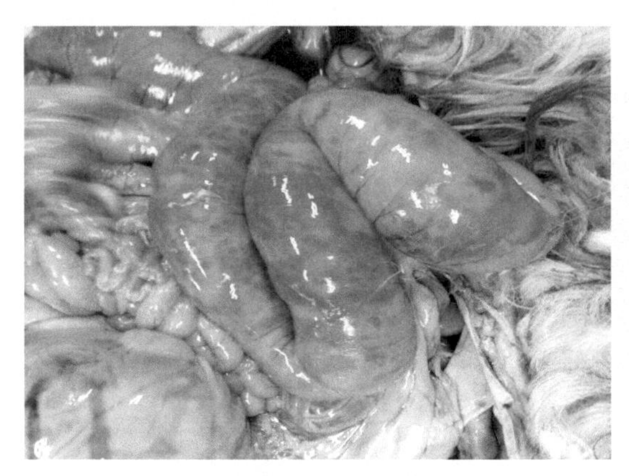

图3-7-9 肠腔大量粪便

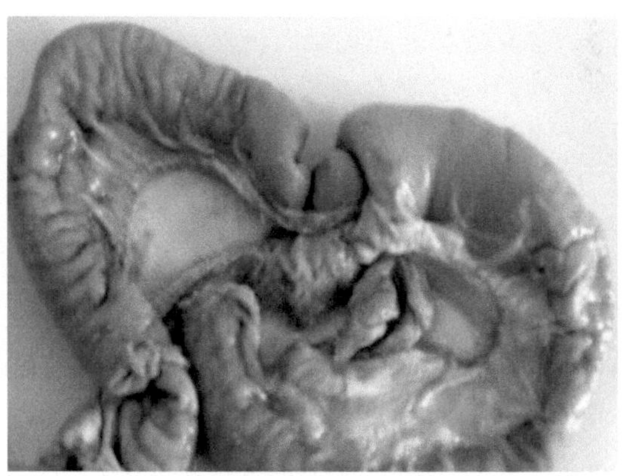

图3-7-10 小肠套叠

6.与肠变位鉴别

（1）相似点 均有食欲、反刍减少或废绝，粪少而干黑色，瘤胃蠕动弱，腹痛。

（2）不同点 肠变位是多种原因使肠管的位置发生改变，同时伴发机械性肠腔闭塞，肠壁的血液循环受到严重破坏，引起剧烈的腹痛，右腹部可摸到套叠或缠结的肠管（图3-7-10），捏之有痛感。

【防治】

1.预防

本病的常见病因是食入金属异物，因此减少异物进入网胃是有效的预防方法。除了注意草料的储藏和加强管理外，还可以在铡草机的饲草过板上放置一磁力足够强的磁铁，以减少金属异物进入饲料和胃。

2.治疗

早期确诊后，用硫酸镁（钠）40～100克、石蜡油100～200毫升或植物油100～200毫升，内服。重症病羊，可在用药后8～10小时，再用2%盐酸毛果芸香碱、新斯的明等，以提高疗效。也可采用瘤胃切开术，从网胃中取出异物，同时采用抗生素和磺胺类药物等对症治疗；如病已到晚期，并累及心包和其他器官，应将病羊淘汰。

八、肠变位

肠变位是肠管的位置发生改变，同时伴发机械性肠腔闭塞，肠壁的血液循环受到严重破坏，引起剧烈的腹痛。本病发病率很低，但死亡率高。

肠变位通常包括肠套叠、肠扭转、肠缠结及肠嵌闭四种。

【病因】

（1）羊只的强烈运动、猛烈跳跃或过分努责，使肠内压增高、肠管剧烈移动。

（2）当长时间饥饿而突然大量进食（特别是刺激性食物时），由于肠管长时间的空虚迟缓，前段肠管受食物刺激，急剧向后蠕动，而与其相连的后一段肠管则仍处于空虚迟缓状态，因此容易发生前段肠管被套入后段肠腔中而发生肠套叠。

（3）饲喂冰冻霜打，腐败发霉以及刺激性过强的饲料，使肠道受到严重的刺激，导致肠管蠕动异常，引起发病。

（4）还可继发于肠痉挛、肠炎、肠麻痹、肠便秘等内科病及某些寄生虫病。

【症状及病理变化】

突然发病，持续性严重腹痛，出现许多不自然姿势，如摇尾、踢腹、起卧、犬坐、后肢弯曲或前肢下跪，有时两前肢屈曲而横卧。病羊精神极度痛苦，目光凝视，全身不时发抖，磨牙，呻吟。食欲废绝，结膜充血，呼吸迫促，脉搏弱而快（视频3-8-1）。体温一般正常，如并发肠炎及肠坏死时，体温可升高。病初频频排粪，后期停止。腹围常常增大。肠蠕动音微弱，以后完全消失。病的后期由于肠管麻痹，虽腹痛缓解，而全身症状恶化，预后多不

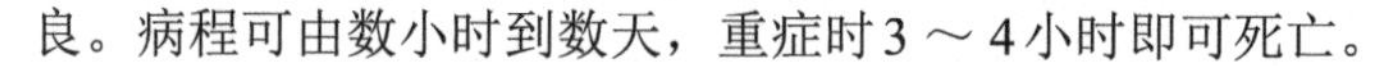

良。病程可由数小时到数天，重症时3～4小时即可死亡。

视频3-8-1

扫码观看：肠变位（病羊精神极度痛苦，目光凝视，全身不时发抖，食欲废绝，结膜充血，脉搏弱而快）

【诊断】

根据病史和临床表现，即可确诊。

【类症鉴别】

1.与瘤胃弛缓鉴别

（1）相似点　均有食欲、反刍减少或废绝，瘤胃蠕动弱、液体多，粪干而小。

（2）不同点　瘤胃弛缓无腹痛，摸不到球状瓣胃，粪不发黑，有时稀软。瘤胃内容物腐败发酵（图3-8-1），产生大量气体，左腹增大（图3-8-2）。

2.与皱胃阻塞鉴别

（1）相似点 均有食欲、反刍减少或废绝，粪少而干黑色，瘤胃蠕动弱、液体多。

（2）不同点 皱胃阻塞从右肋下方可摸到硬块（皱胃）并有疼痛，粪球内外均为黑色，或排黑色稀粪。剖检可见皱胃充满食物（图3-8-3），黏膜有坏死和溃疡。

3.与瘤胃积食鉴别

参见“三、瘤胃积食”部分类症鉴别。

4.与创伤性网胃炎鉴别

参见“七、创伤性网胃炎”部分类症鉴别。

5.与肠便秘鉴别

（1）相似点 均有不排粪而排白色黏液，废食，有疝痛，右腹部冲击触诊有击水音（肠嵌闭不明显）。

（2）不同点 肠便秘是由于饲料粗糙干硬，不易消化，或饲料过细，精料过多，饲喂制度和方式突然改变，食盐不足，饮水缺乏，运动不足，天气骤变等多种因素使肠道弛缓而引起的急性腹痛病，有异嗜，腹部增大（图3-8-4），腹部触诊可触摸到肠内充满多量坚硬粪便。肠变位是多种原因使肠管的位置发生改变，同时伴发机械性肠腔闭塞，肠壁的血液循环受到严重破坏，引起剧烈的腹痛，右腹部可摸到套叠或缠结的肠管，捏之有痛感。

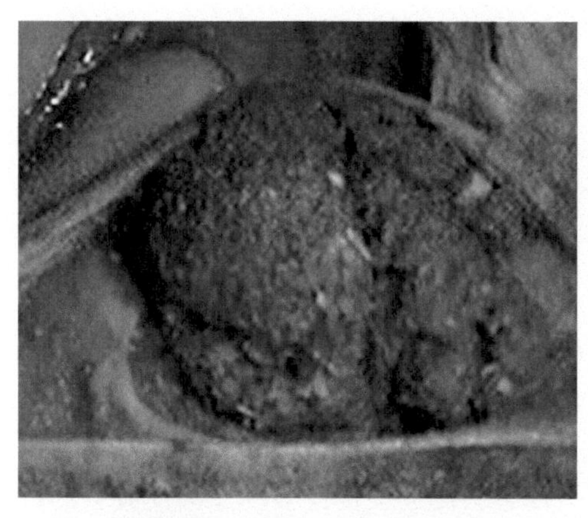

图3-8-1 瘤胃内容物腐败发酵

图3-8-2 病羊左腹增大

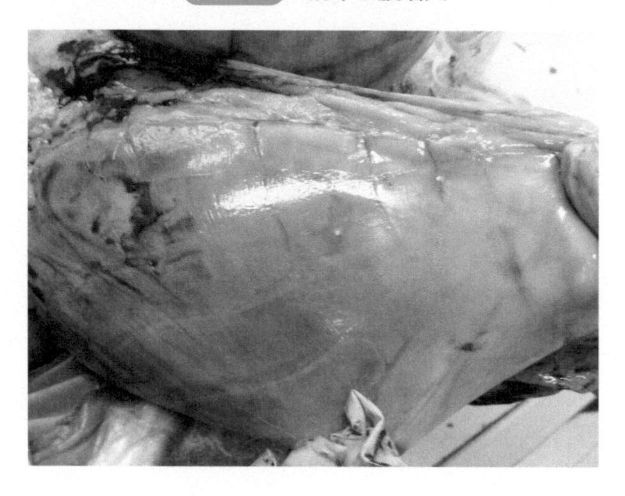

图3-8-3 皱胃充盈

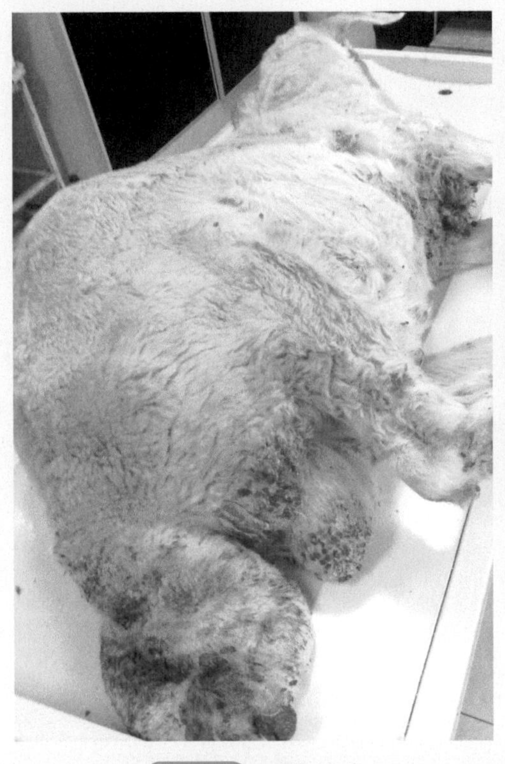

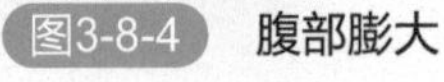

图3-8-4 腹部膨大

图3-8-5 瘤胃内容物稀薄

6.与皱胃阻塞鉴别

（1）相似点　均有食欲减退，反刍减少或停止，瘤胃蠕动减弱，排粪量少，有多量黏液或血丝。

（2）不同点　皱胃阻塞是由于长期饲喂粗硬或细软草料，或采食大量干草、过食谷物类精料后，饮水不足，以及长期舍饲，运动不足等引起迷走神经机能紊乱或受损，导致皱胃弛缓，内容物停滞而引起阻塞，发展缓慢，瘤胃内容物大量液体（图3-8-5），冲击触诊瘤胃有明显击水音，触诊皱胃区可感到皱胃扩张、坚硬、有痛感。而肠变位是多种原因使肠管的位置发生改变，同时伴发机械性肠腔闭塞，肠壁的血液循环受到严重破坏，引起剧烈的腹痛，右腹部可摸到套叠或缠结的肠管，捏之有痛感。

7.与瓣胃阻塞鉴别

参见“七、瓣胃阻塞”部分类症鉴别

【防治】

1.预防

针对病因，加强饲养管理。

2.治疗

原则是镇痛和恢复肠道的正常位置。应尽快确诊，进行手术整复。如进行小肠套叠整复术（图3-8-6，图3-8-7）。

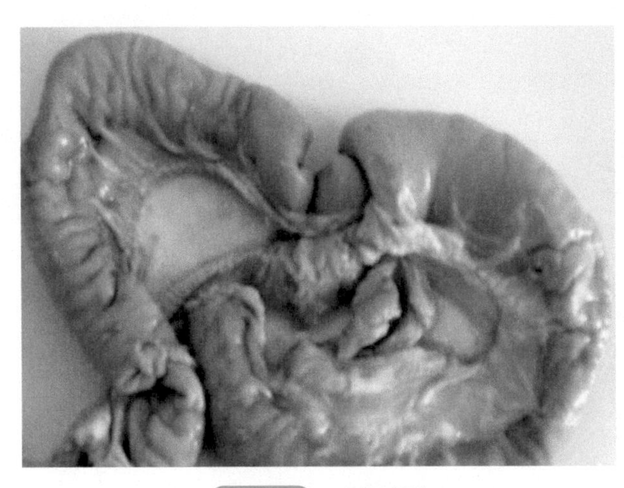

图3-8-6 小肠套叠

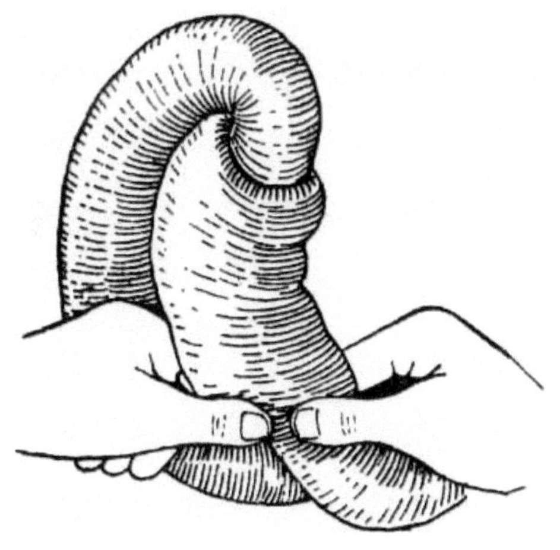

图3-8-7 小肠套叠复位术

九、支气管炎

支气管炎是支气管黏膜表层或深层的炎症，常以重剧咳嗽及呼吸困难为特征，多发生于冬春两季。根据病程可分为急性和慢性两种。

【病因】

急性支气管炎主要是受寒感冒，如天气剧变，风雪侵袭，缺乏防寒设施等。羊在剪毛后被雨淋，致使羊呼吸道防御机能降低，使常在菌如肺炎球菌、巴氏杆菌、链球菌等大量繁殖而发病。羊舍通风不良，存在大量的刺激性气体，如氨、二氧化硫、霉菌孢子、尘埃、烟等，被羊吸入而发病。饲料和药物的误投、误咽，都是原发性支气管炎的原因。本病也可继发于喉、气管、肺的疾病或某些传染病（口蹄疫、羊痘、山羊传染性支气管炎等）与寄生虫病（肺丝虫病）。

慢性支气管炎常由急性支气管炎延续而来，或继发于全身及其他器官疾病。

【症状及病理变化】

急性支气管炎症的主要症状是咳嗽（图3-9-1），病初呈干、短并带疼痛的咳嗽，以后变为湿性长咳，痛感减轻，有时咳出痰液，同时鼻腔或口腔排出黏性或脓性分泌物。胸部听诊可听到粗粝的干、湿啰音。体温一般正常，全身症状较轻。若炎症侵扩大到细支气管，全身症状重剧，病羊精神沉郁，食欲减弱，被毛粗乱，体温升高1～2℃，可视黏膜发绀，呼吸急速，呈腹式呼吸，并见有吸气性呼吸困难。咳嗽频繁，声音低哑，疼痛。听诊肺区可见到小水泡样湿啰音，肺泡呼吸音增强、尖锐。胸部叩诊呈代偿性肺区扩大，肺界后移倒数1～2肋间。剖检可见支气管黏膜充血、出血，含有大量带血液的分泌物（图3-9-2）。

慢性气管炎也是以咳嗽、流鼻、气管敏感和肺部啰音为特征。体温正常，无全身变化。由于病期拖长和反复发作，病羊日渐消瘦和贫血，直至极度衰竭而死亡。

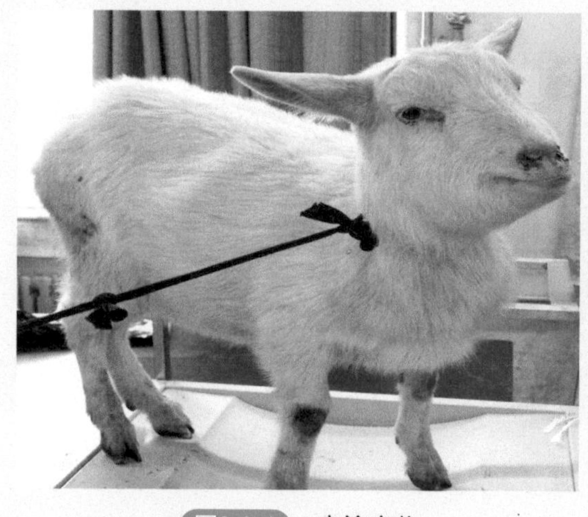

图3-9-1 病羊咳嗽

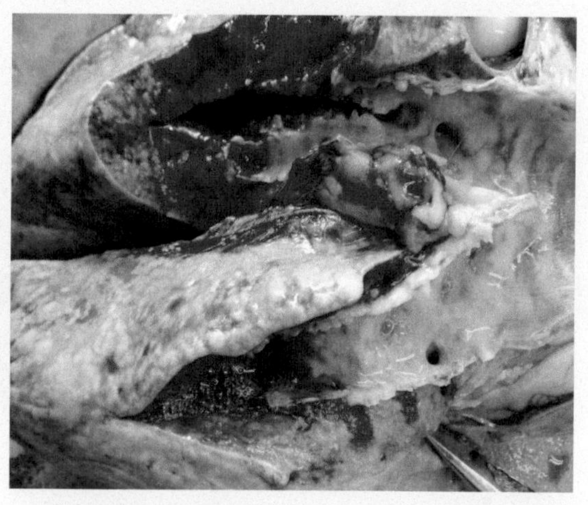

图3-9-2 支气管出血，含有带血液的分泌物

【诊断】

根据病史和临床表现，即可确诊。

【类症鉴别】

1.与感冒的鉴别

（1）相似点 体温一般不高，咳嗽，流鼻涕。

（2）不同点 单纯羊感冒咳嗽一般痰较少，从咳的声音分辨，声音干而短，而气管炎咳嗽则痰多，从声音也可以分辨出声音湿而长，羊每次咳出的痰都又吃下去。

2.与鼻炎的鉴别

（1）相似点 体温一般不高，流鼻涕。

（2）不同点 鼻炎病初常打喷嚏，大量流稀薄清涕（图3-9-3），但一般不咳嗽。经常用鼻端在物体上摩擦，频繁摇头，或用前肢蹄尖蹬鼻端。病到后期常有鼻痂堵塞鼻孔（图3-9-4），呼吸受阻。

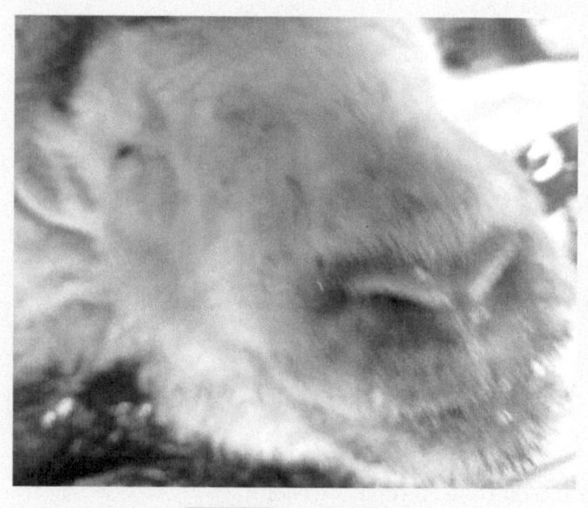

图3-9-3 鼻流清涕

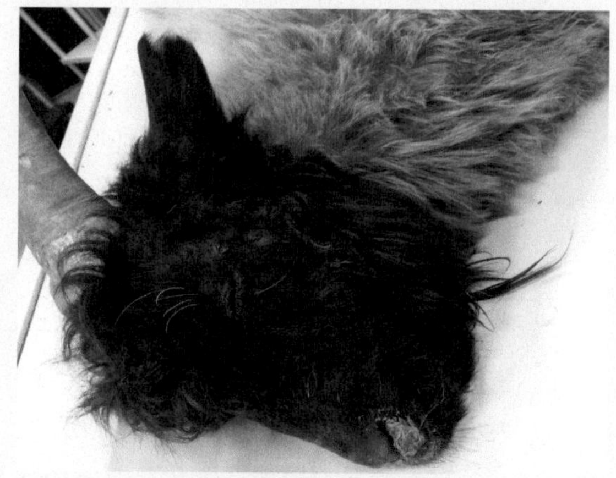

图3-9-4 鼻痂堵塞鼻孔

3. 与喉炎的鉴别

（1）相似点　体温一般不高，咳嗽，流鼻涕。

（2）不同点　喉头炎病羊鸣叫出现异常，鸣声低沉而且嘶哑，阵发性咳嗽，采食和吸入冷空气时咳嗽加剧。病羊为了缓解对喉头的压迫，常表现头颈伸直，喉头外部敏感性增高，触之即咳。

4. 与羊痘的鉴别

（1）相似点　均有呼吸加快，流鼻涕。

（2）不同点　羊痘是由痘病毒引起的一种急性、热性、接触性传染病，表现体温升高，结膜眼睑红肿，在皮肤无毛或少毛处出现痘疹、水泡、脓疱、结痂（图3-9-5、图3-9-6）。

5. 与羊链球菌病的鉴别

（1）相似点　均有体温升高，呼吸困难，咳嗽，流鼻涕，颌下淋巴结肿大。

（2）不同点　羊链球菌病是由链球菌引起的传染病，表现结膜充血，流泪（图3-9-7），咽喉肿胀（图3-9-8），流涎，粪便带黏液或血液，有的出现关节炎，孕羊多发生流产。

6. 与口蹄疫的鉴别

（1）相似点　均有体温升高，呼吸加快。

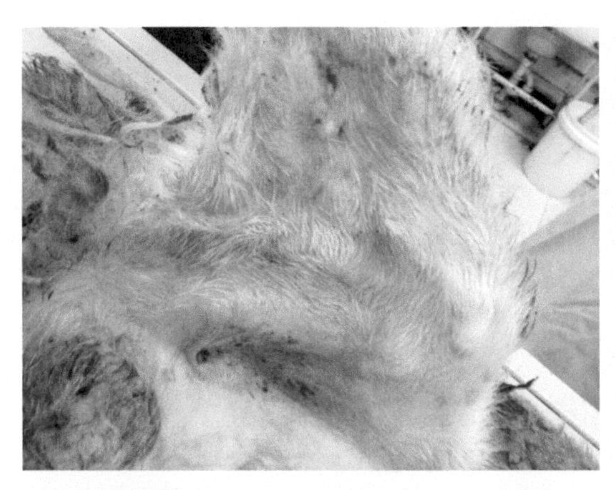

图3-9-5　肛门周围和尾根皮肤上的痘疹

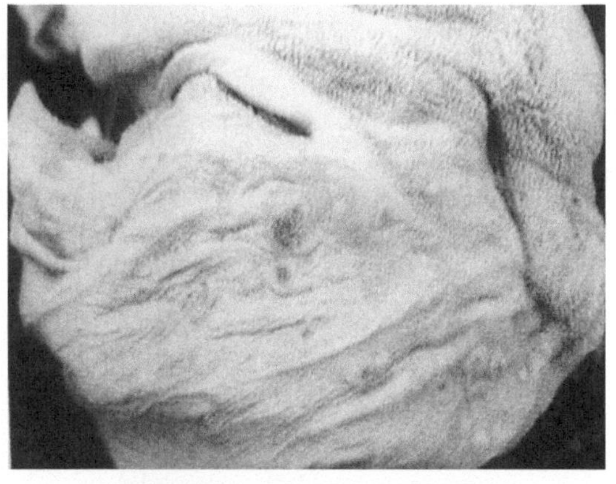

图3-9-6　瘤胃黏膜上的痘疹

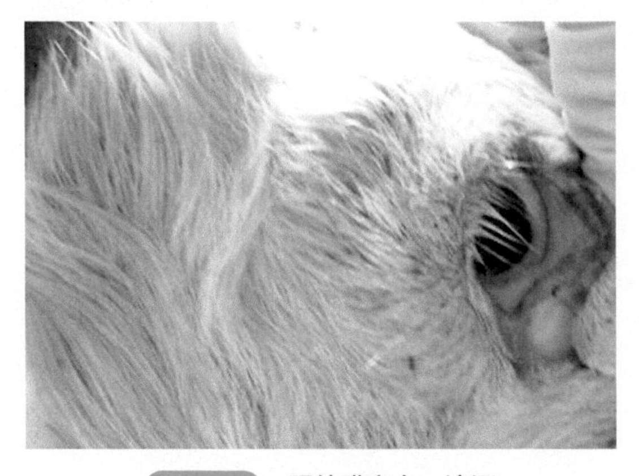

图3-9-7　眼结膜充血、流泪

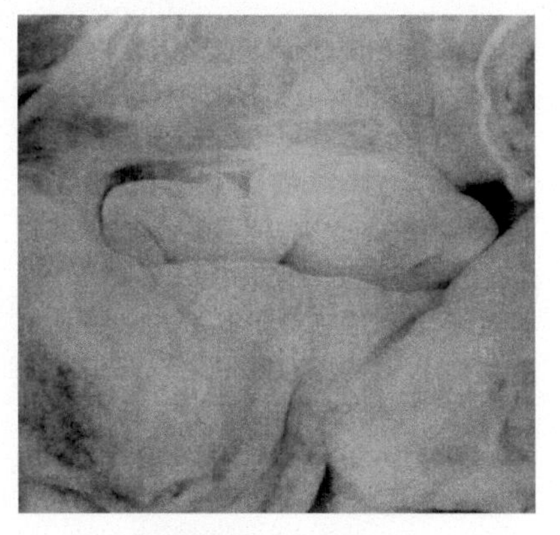

图3-9-8　咽喉肿胀

（2）不同点　羊口蹄疫是由口蹄疫病毒引起的急性、热性、高度接触性传染病，传染性很强，表现流涎，跛行，口腔、蹄趾间、乳房等部位出现水疱、溃疡和糜烂（图3-9-9、图3-9-10），消化道黏膜出血性炎症（图3-9-11），心肌色淡、松软，心内、外膜弥散性及斑点状出血，虎斑心。

图3-9-9　口腔黏膜水泡、溃疡

图3-9-10　蹄冠皮肤溃烂、坏死

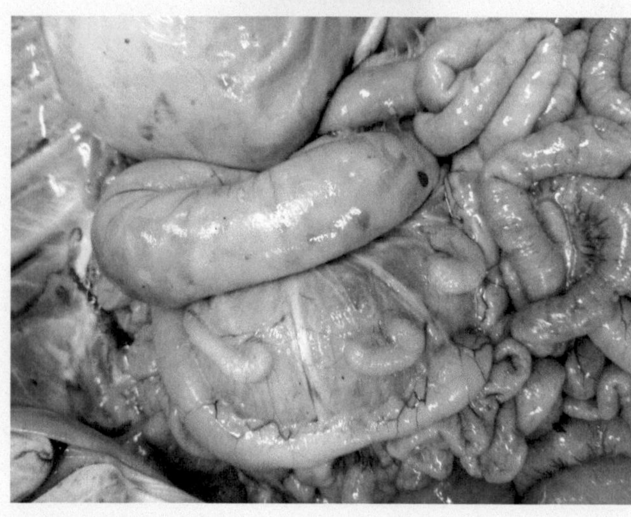

图3-9-11　消化道出血性炎症

7.与羊支原体肺炎的鉴别

（1）相似点 均有体温升高（41 ～ 42℃），咳嗽，流鼻液，慢性咳嗽持久。

（2）不同点 羊支原体肺炎病原为丝状支原体，有传染性，体温较高，胸部叩诊敏感，听诊有捻发音，眼肿有眼屎，孕羊流产。慢性体温较高，腹泻。剖检可见胸腔大量纤维素蛋白和液体，胸膜粘连（图3-9-12），纤维素性肺炎，呈红色至灰黄色，切面大理石样（图3-9-13），水肿液涂片镜检可见丝状支原体。

8.与羊巴氏杆菌病的鉴别

（1）相似点 均有体温升高（41 ～ 42℃），咳嗽，呼吸迫促，流鼻液。

（2）不同点 羊巴氏杆菌病的病原为巴氏杆菌，有传染性，眼结膜潮红（图3-9-14），初便秘后下痢，颈部水肿。剖检可见胸腔有黄色渗出物，肺脏瘀血、出血，肝变（图3-9-15），肝脏表面有坏死灶（图3-9-16），真胃黏膜出血（图3-9-17），渗出液涂片镜检可见两极着色的卵圆形杆菌。

9.与羊网尾线虫病的鉴别

（1）相似点 均有咳嗽，呼吸迫促并显痛苦，剖检可见支气管肿胀、充血。

（2）不同点 羊网尾线虫病病原为网尾线虫，阵发性痉咳，呼吸如拉风箱，消瘦，贫血，胸下水肿，咳出的痰团内有成虫、幼虫、虫卵，剖检可见肺膨胀不全和肺气肿，肺表面隆起，呈灰白色（图3-9-18），支气管内有虫体（图3-9-19）。

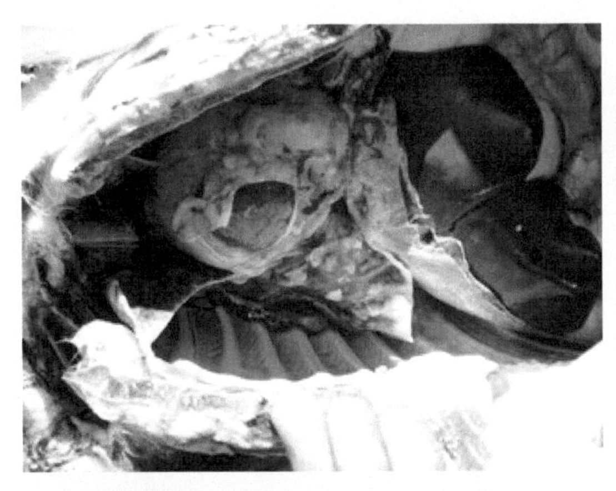

图3-9-12 胸腔大量纤维素，胸膜粘连

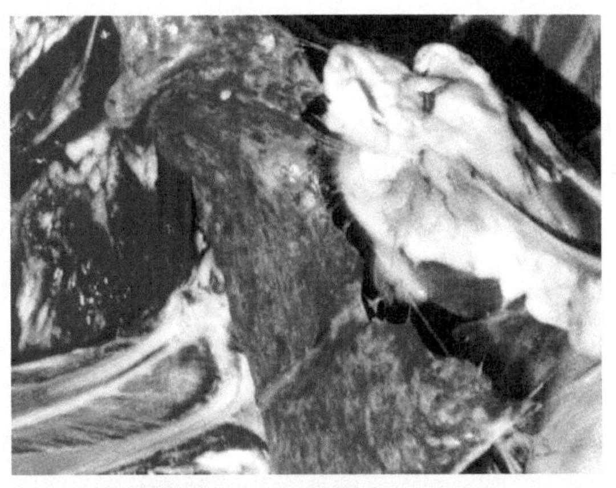

图3-9-13 肺实质切面大理石样

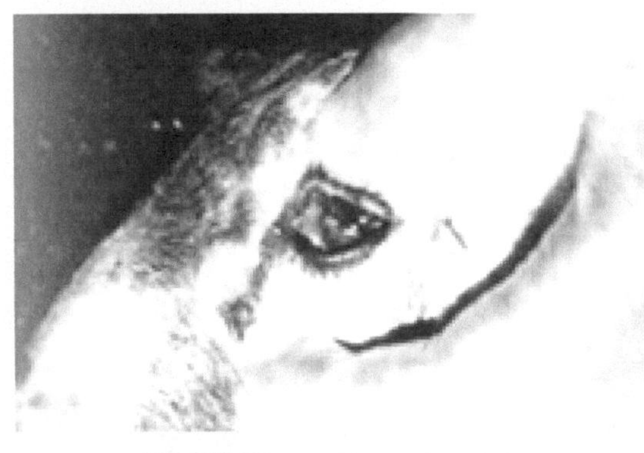

图3-9-14 眼结膜充血、潮红

图3-9-15 肺脏瘀血、出血

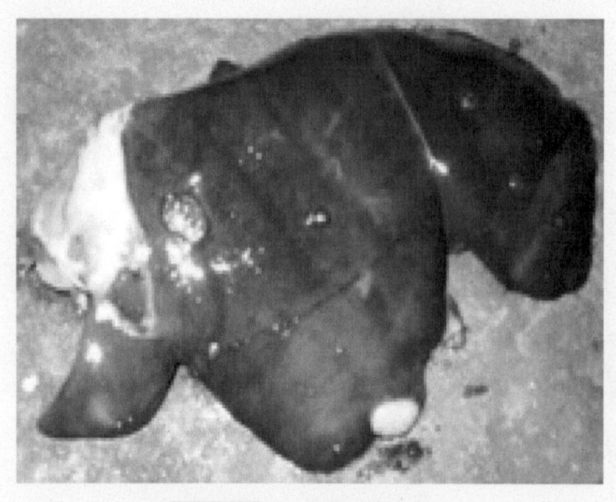

图3-9-16 肝脏表面坏死灶

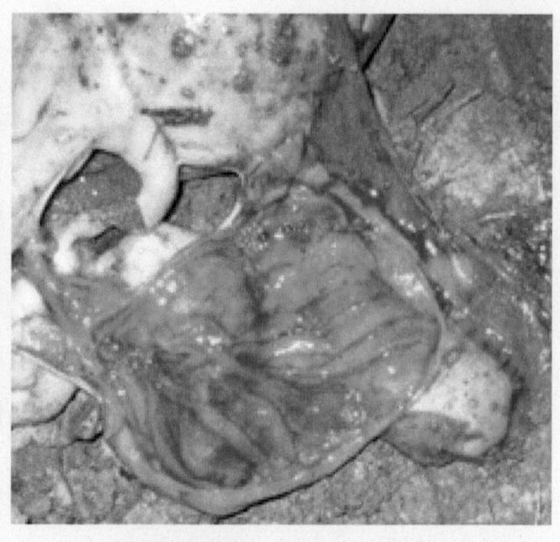

图3-9-17 真胃黏膜出血

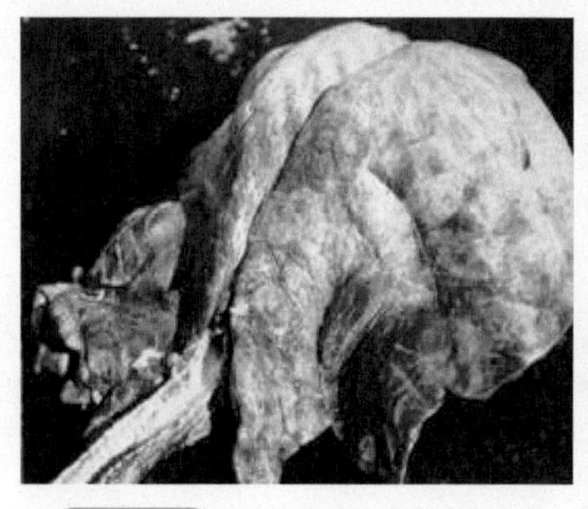

图3-9-18 肺气肿，表面呈灰白色

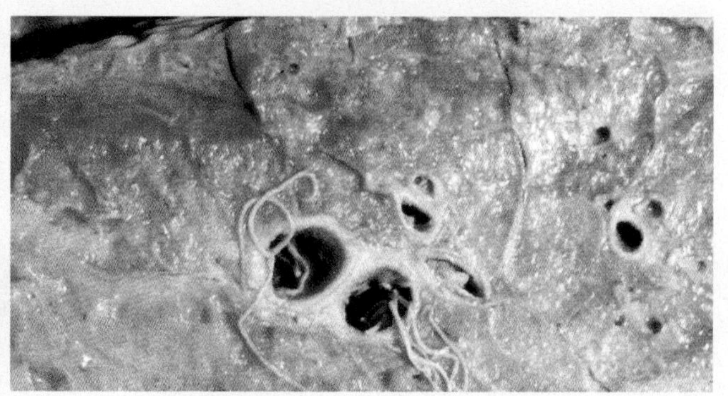

图3-9-19 支气管中寄生的虫体

10.与原圆线虫病的鉴别

（1）相似点　均有咳嗽。

（2）不同点　原圆线虫病的病原为原圆线虫病，感染虫少时不显症状，严重时虚弱无力，粪检有幼虫，剖检可见胸膜上有虫体和虫卵引起的很多结节。

11.与支气管肺炎的鉴别

（1）相似点　均有咳嗽，初干短后湿长，体温升高（40～41℃），听诊肺有干、湿啰音，流鼻液，X线纹理较粗。

（2）不同点　支气管肺炎一般是细菌和病毒引起，体温较高，心跳、呼吸加快，严重时呼吸困难，叩诊局部浊音，听诊肺泡呼吸音消失，而健康部则肺泡呼吸音亢进。剖检可见肺下部孤立的不同病灶，病灶是一个或几个肺小叶红色或暗红（病久变灰黄或灰白）（图3-9-20），周围有气肿。

12.与羔羊肺炎的鉴别

（1）相似点　均有体温升高（40～41℃），咳嗽，流鼻液，听诊肺有啰音。

（2）不同点　羔羊肺炎多为羔羊，心跳、呼吸每分钟100次以上，剖检可见心扩张，心尖有凹陷，胸腔、心包积液（图3-9-21），皱胃、小肠黏膜水肿（图3-9-22、图3-9-23）。

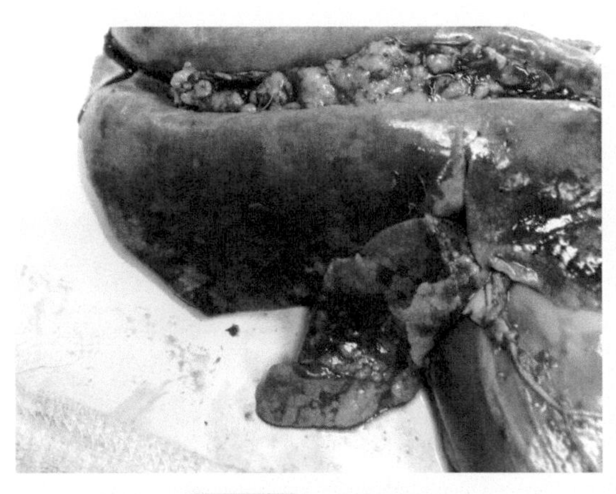

图3-9-20　肺部病灶

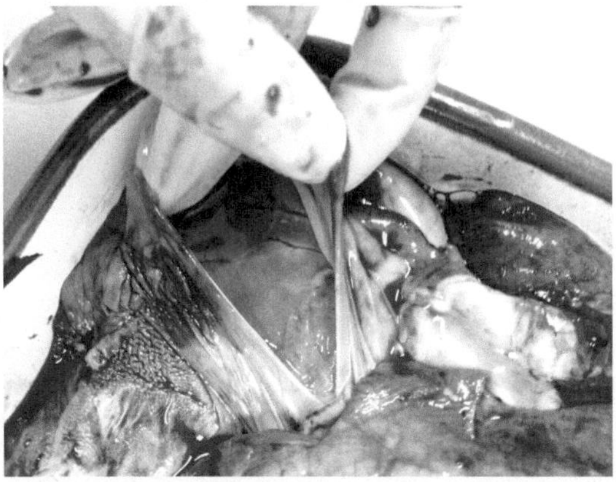

图3-9-21　心包积液

图3-9-22　皱胃黏膜水肿

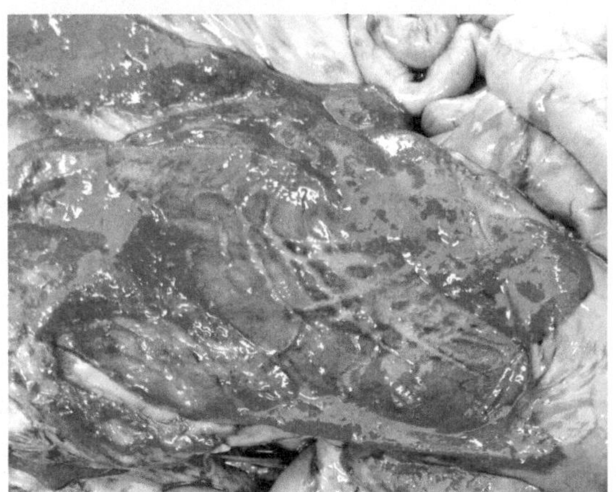

图3-9-23　小肠黏膜水肿

13.与羊鼻蝇蛆病的鉴别

（1）相似点　均有体温升高（40～41℃），咳嗽，流鼻液，听诊肺有啰音。

（2）不同点　羊鼻蝇蛆病是由于羊鼻蝇的幼虫（图3-9-24）寄生在羊的鼻腔、额窦及颌窦（图3-9-25）所引起的寄生虫病，主要危害绵羊，临床表现为流浆液性、黏液性和脓性鼻液（图3-9-26），有时混有血液；呼吸困难。不安，喷嚏，摇头，摩鼻，眼睑浮肿，流泪，食欲减退，日渐消瘦。损伤脑膜可引起神经症状，表现运动失调，旋转运动，头弯向一侧或发生麻痹。

【防治】

1.预防

加强饲养管理，建立良好的饲养管理制度，排除致病因素。饲喂营养丰富的饲料，给病羊以多汁和营养丰富的饲料和清洁的饮水。圈舍要宽敞、清洁、通风透光、无贼风侵袭，防止受寒感冒。

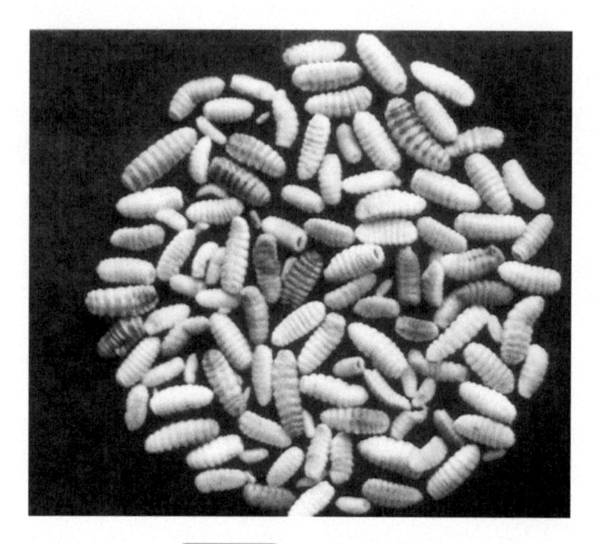

图3-9-24　羊鼻蝇幼虫

图3-9-25　流脓性鼻液

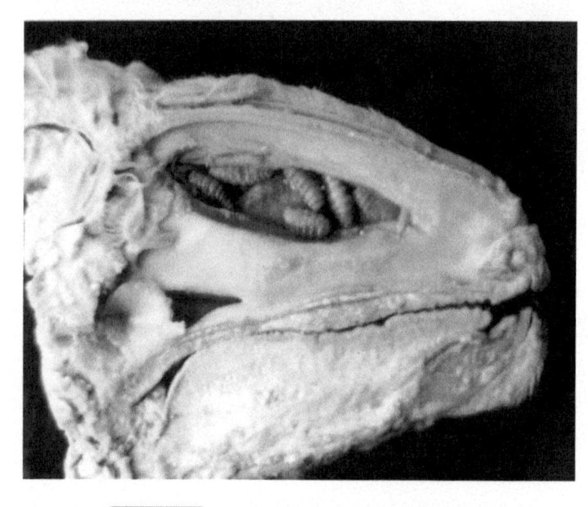

图3-9-26　鼻窦纵剖面大量蝇蛆寄生

2.治疗

（1）止咳祛痰　祛痰可口服氯化铵1～2克，人工盐20克、甘草末10克，碳酸铵2～3克。止咳可用止咳糖浆50毫升，加水适量，灌服，每日1次，连用3天。止喘可肌内注射3%盐酸麻黄素1～2毫升。慢性气管炎常用下列处方：盐酸氯丙嗪0.1克，盐酸异丙嗪0.1克，人工盐20克，复方甘草合剂10毫升，一次灌服，1日1次，连用1～2次。

（2）解热镇痛　可用解热镇痛剂，如柴胡注射液或复方氨基比林10毫升，肌内注射，每日2次，连用3天。

（3）控制感染　以抗生素及磺胺类药物为主。可用10%磺胺嘧啶钠10～20毫升肌内注射；也可内服磺胺嘧啶0.1克/千克体重（首次加倍），每天2～3次。肌内注射青霉素20万～40万单位或链霉素0.5克，每日2～3次。

（4）中药治疗　可根据病情，选用下列处方：杷叶散，主用于镇咳。杷叶6克、知母6克、贝母6克、冬花8克、桑皮8克、阿胶6克、杏仁7克、桔梗10克、葶苈子5克、百合8克、百部6克、生草4克，煎汤，候温灌服。紫苏散：止咳祛痰，紫苏、荆芥、前胡、防风、茯苓、桔梗、生姜各10～20克，麻黄5～7克、甘草6克，煎汤，候温灌服。

十、肺炎

肺炎是肺小叶和肺间质的炎症，临床上以弛张热型、叩诊呈点状浊音区、听诊啰音和捻发音为特征。绵羊与山羊均可患肺炎，以在绵羊引起的损失较大，尤其是羔羊。

【病因】

（1）因感冒而引起，如圈舍湿潮、空气污浊而兼有贼风等，容易引起鼻卡他及支气管卡他，如果护理不周，即可发展成为肺炎。

（2）气候剧变，如放牧时忽遇风雨，或剪毛后遇到冷湿天气，严寒和多雨天气更易发生。

（3）在绵羊并未见到病原菌存在，但当抵抗力减弱时，许多细菌即可乘机而起，发生肺炎。

（4）吸入异物或灌药入肺，都可引起异物性肺炎。

（5）肺寄生虫引起，如肺丝虫的机械作用或造成营养不良而发生肺炎。

（6）继发于其他疾病，如出血性败血病、假结核等，往往因病中长期偏卧一侧，引起一侧肺的充血，而发生肺炎。一旦继发肺炎，致死率常比原发疾病高。

【症状及病理变化】

病初，精神迟钝，食欲减退，体温高达40～42℃，呈弛张热型，寒战，呼吸加快，心悸亢进，脉搏细弱而快，眼、鼻黏膜变红，初期疼痛干咳，后变为湿咳，鼻液初为浆液性，后为脓性鼻液（图3-10-1）。肺部听诊干啰音、湿啰音、捻发音，肺部叩诊呈点片状浊音区。以后呼吸愈见困难（图3-10-2），表现喘息（视频3-10-1），终至死亡。死亡常在1周左右，死亡率的高低不定。实验室检查，白细胞总数和嗜中性白细胞数增多，核左移。X线检查，肺纹理增多、变粗，肺野的中下部有云絮状阴影。剖检时，可见喉部充血，气管与支气管发炎，内含白色或淡红色泡沫或脓液。肺出血、瘀血，肺叶表面有脓性分泌物（图3-10-3）。病灶有时限于一侧，有时可波及两侧。胸膜可能附着肺上，胸腔内含有大量淡红色液体（图3-10-4）。慢性进行性肺炎，肺上常见有坚硬的灰色病灶。

视频3-10-1

扫码观看：肺炎（病羊呼吸困难，喘息）

【诊断】

根据体温升高，弛张热型，咳嗽，流鼻涕，呼吸困难，肺部听诊干啰音、湿啰音、捻发音，肺部叩诊呈点片状浊音区等症状可做出诊断，确诊必须依据实验室检查和X线检查结果。

【类症鉴别】

1.与支气管炎的鉴别

（1）相似点　均有咳嗽，初干短后湿长，体温升高（39.5～40℃），听诊肺有干、湿啰

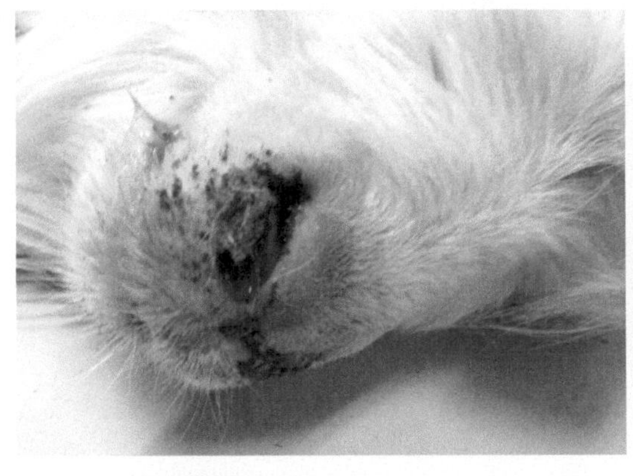

图3-10-1　鼻孔流出脓性分泌物

图3-10-2　病羊呼吸困难

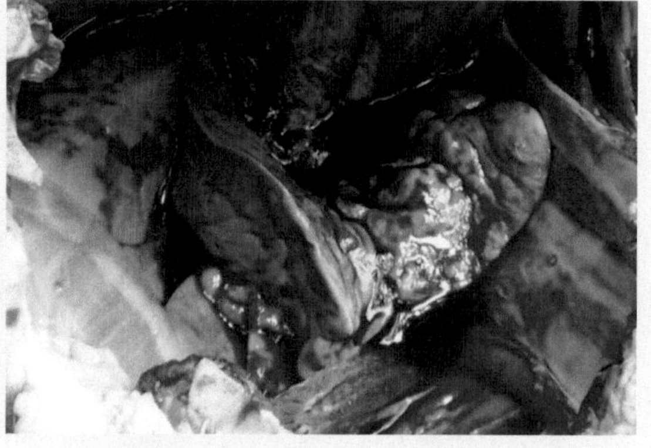

图3-10-3　肺出血、瘀血，表面有脓性分泌物

图3-10-4　胸腔内含有大量的淡红色液体

音，流鼻液，X线纹理较粗。

（2）不同点　支气管炎体温较低，肺泡音增高。慢性时，饮食、进出羊舍、运动时剧烈咳嗽，肺气肿（图3-10-5）时肺音界后移。肺炎体温高，弛张热型、叩诊呈点状浊音区、听诊啰音和捻发音。

2.与羊支原体性肺炎鉴别

（1）相似点　均有体温升高（41～42℃），稽留热型，咳嗽，有干咳、湿咳叩诊肺部有浊音。

（2）不同点　羊支原体肺炎仅发生于山羊，病原为丝状支原体，有传染性，先湿咳后干咳，胸部叩诊敏感，鼻液黏性、脓性、呈铁锈色，干涸后形成干痂，贴于鼻唇部，孕羊流产，剖检可见胸腔液经空气呈纤维蛋白凝块，胸膜粗糙，附有纤维蛋白，与肋膜、心包粘连，肺呈红灰色，切面呈大理石样，肺小叶间质增宽，界线明显，表面附有大量纤维素（图3-10-6），取心血涂片镜检可见丝状支原体。肺炎无传染性，弛张热型、叩诊呈点状浊音区、听诊啰音和捻发音。

3.与羊进行性肺炎（梅迪-维斯纳病）鉴别

（1）相似点　均有呼吸困难。

（2）不同点　羊进行性肺炎的病原为梅迪-维斯纳病毒，有传染性，体温正常，无咳嗽，潜伏期和病程很长，消瘦，衰弱，剖检可见肺膨大2～4倍，失去弹性，呈浅灰棕色，与胸膜粘连而不与肋膜粘连，切面发白，有圆形小结节（图3-10-7）。肺炎无传染性，发病急，体

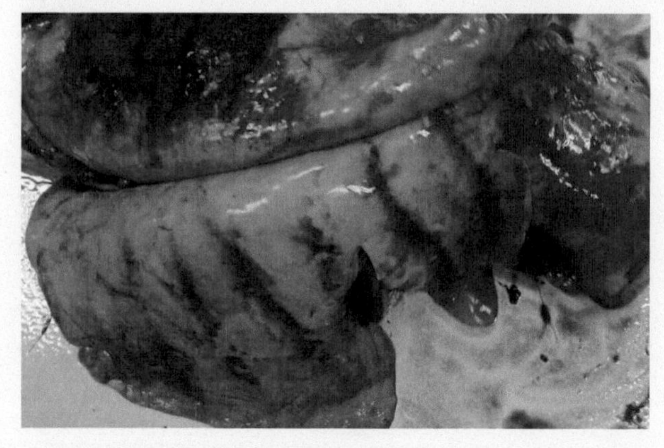

图3-10-5　肺气肿

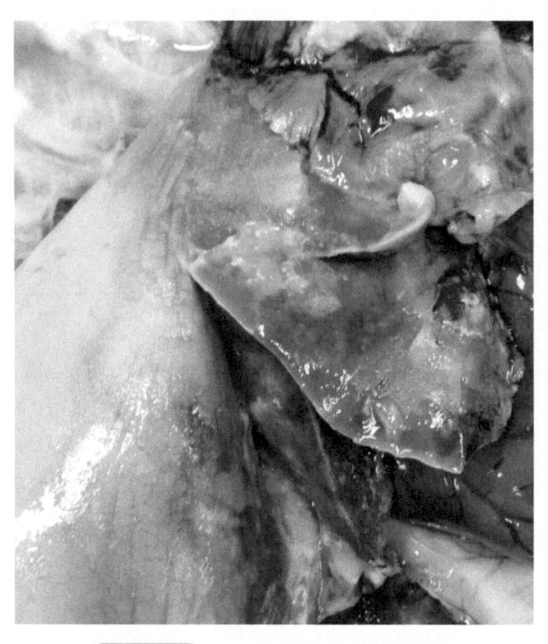

图3-10-6 肺表面附有大量纤维素

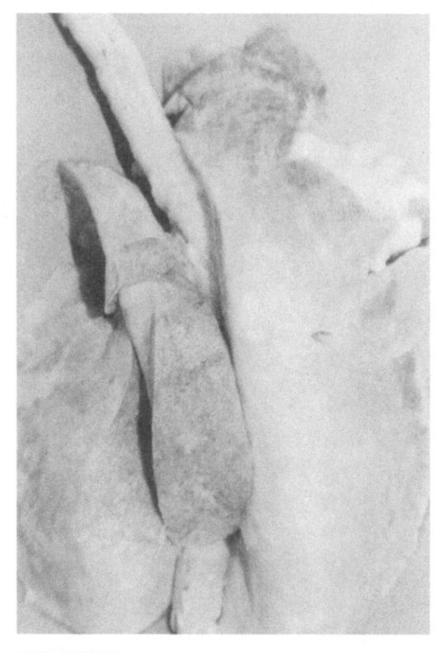

图3-10-7 肺切面发白，有圆形小结节

温高，咳嗽，弛张热型、叩诊呈点状浊音区、听诊啰音和捻发音。

4.与羊巴氏杆菌病的鉴别

（1）相似点 均有体温升高（41～42℃），咳嗽，呼吸迫促，流鼻液。

（2）不同点 羊巴氏杆菌病的病原为巴氏杆菌，有传染性，各种年龄羊均可得病，是急性败血性传染性疾病，发病快，死亡快，鼻常流血，眼结膜潮红（图3-10-8），有脓眵，下颌淋巴结肿胀，头颈部皮下水肿，初便秘后下痢，颈胸下水肿。剖检可见皮下液体浸润和小出血点，胸腔有黄色液体（图3-10-9），肝有出血点（图3-10-10）、坏死灶，病料涂片镜检可见两极着色的卵圆形杆菌。由溶血性巴氏杆菌引起的非典型性肺炎有发热、呼吸困难，甚至造成羊羔死亡。剖检变化可见病羊肺前叶肝变、变红、肺有淋巴样结节和细支气管增生及间质

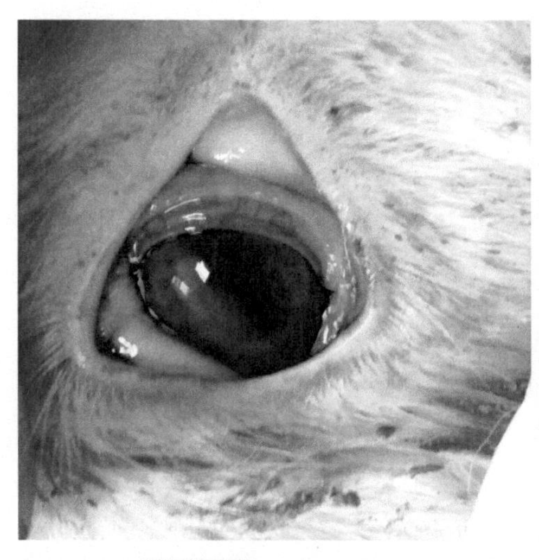

图3-10-8 眼结膜潮红

图3-10-9 胸腔黄色液体

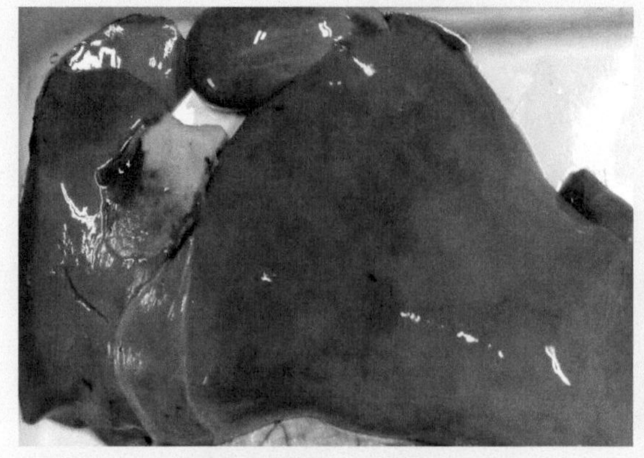

图3-10-10　肝出血点

图3-10-11　间质性肺炎

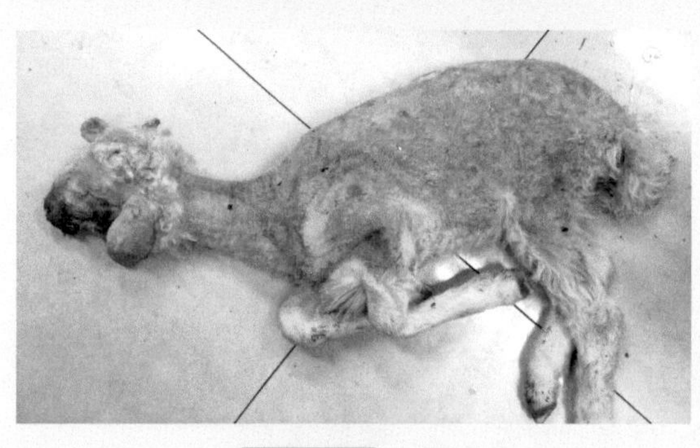

图3-10-12　消瘦

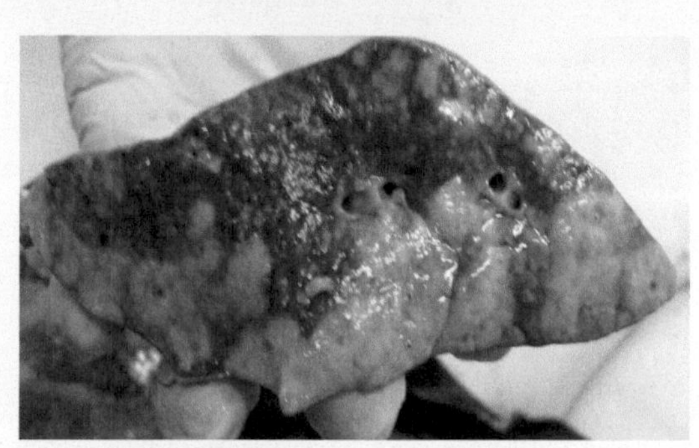

图3-10-13　肺切面泡沫样液体

性肺炎（图3-10-11）的特点。

5.与羊网尾线虫病的鉴别

（1）相似点　均有咳嗽，呼吸迫促，有时痛苦。

（2）不同点　羊网尾线虫病病原为网尾线虫，常阵发性痉咳，咳出的痰团内有成虫、幼虫、虫卵，消瘦（图3-10-12），贫血，胸部、四肢水肿。剖检可见气管、支气管内有幼虫、成虫。

6.与羔羊肺炎的鉴别

（1）相似点　均无传染性，体温升高（40～41℃），咳嗽，心跳、呼吸加快，听诊肺有啰音。

（2）不同点　羔羊肺炎多为羔羊，（山羊1～3月龄，绵羊3～4月龄）。剖检可见肺肝变区可挤出泡沫（图3-10-13），心扩张，心壁薄，心尖有凹陷，胸腔、心包积液（图3-10-14、图3-10-15）。

7.与副流感病毒Ⅲ型感染鉴别

（1）相似点　咳嗽，流鼻涕，呼吸困难。

（2）不同点　副流感病毒Ⅲ型感染有传染性，都是热性传染病，一般表现为流涕（图3-10-16）、流泪、眼屎、喷嚏、咳嗽及体温轻度升高等症状，症状一般较轻，以反复感染发病为特点，常不药而愈。

图3-10-14 胸腔积液

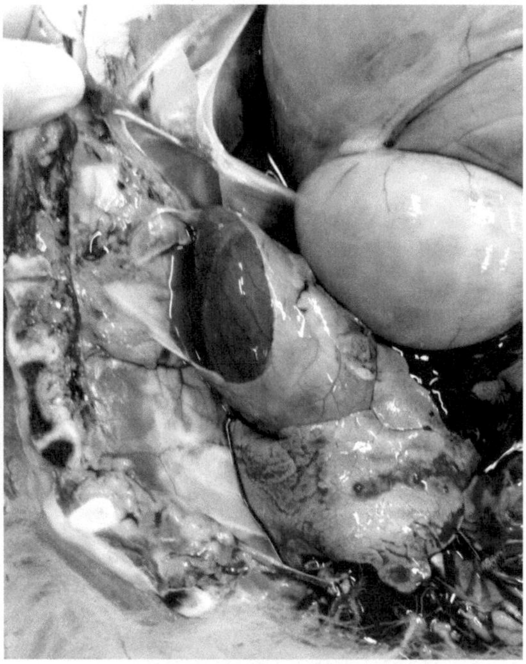

图3-10-15 心包积液

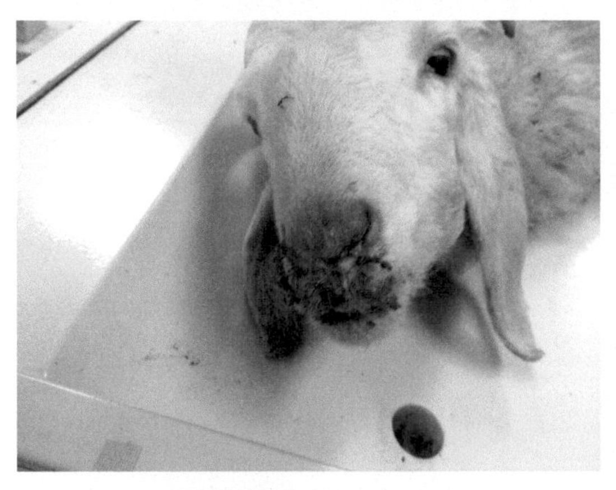

图3-10-16 流涕、眼屎

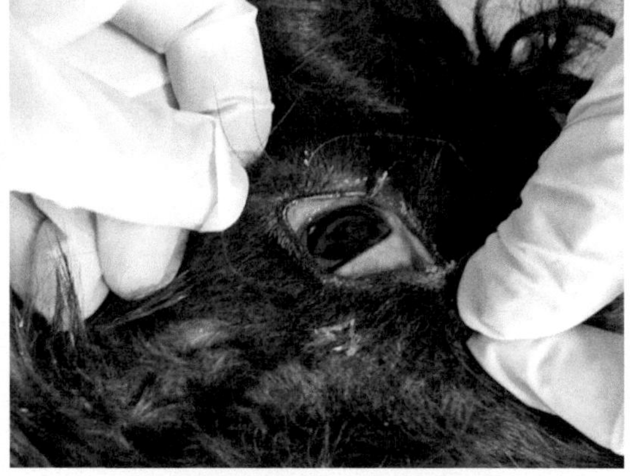

图3-10-17 眼结膜充血

8.与链球菌病鉴别

（1）相似点 均有体温升高，精神沉郁，食欲减退或废绝，反刍停止，流泪，咳嗽，呼吸困难，流浆液性或脓性鼻涕。

（2）不同点 链球菌病是由链球菌引起的急性败血性传染性疾病，发病快，死亡快。下颌肿胀、颈部水肿，冬春季流行。眼结膜充血（图3-10-17），流出脓性分泌物；口流涎水，并混有泡沫；鼻孔流出浆液性、脓性分泌物（图3-10-18）。肺实质出血，呈浆液纤维素性肺炎（图3-10-19）。心内、外膜有点状出血。肝脏肿大，表面有少量出血点。胆囊肿大，充满黑绿色胆汁（图3-10-20）。肾脏变脆、变软，肿胀，被膜不易剥离。肠黏膜脱落，肠内容物混有血液（图3-10-21）。

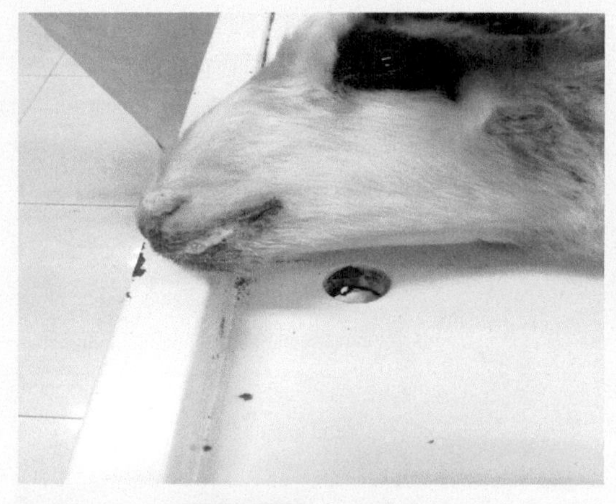

图3-10-18 口流涎水

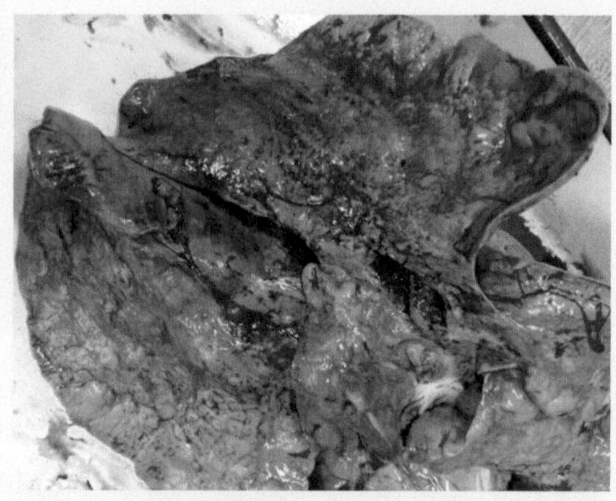

图3-10-19 纤维素性肺炎

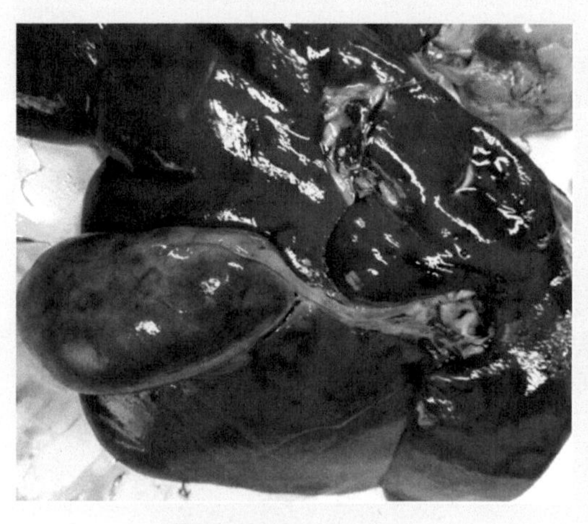

图3-10-20 胆囊肿大

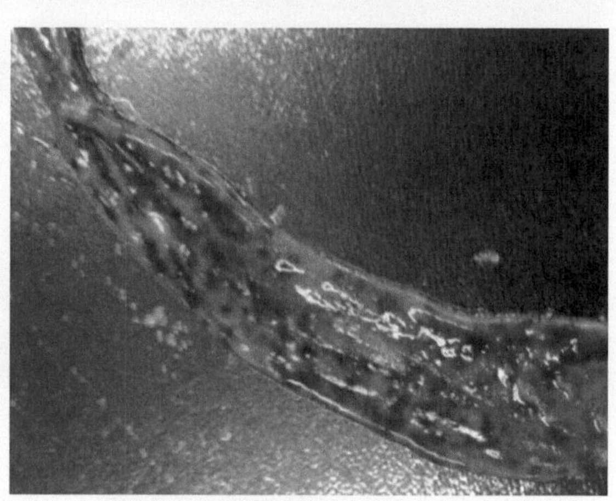

图3-10-21 肠黏膜出血

9.与蓝舌病鉴别

（1）相似点　均有体温升高，精神沉郁，食欲减退或废绝，反刍停止，呼吸困难，流浆液性或脓性鼻涕。

（2）不同点　蓝舌病是由库蠓传播蓝舌病病毒引起的非接触性传染病，主要发生于绵羊，呈地方性流行，多发生于夏秋季节，大多有口腔糜烂现象（图3-10-22），口唇充血、肿胀，吞咽困难，同时因蹄叉腐烂而跛行（图3-10-23）。

10.与小反刍兽疫鉴别

（1）相似点　均有浆液性、脓性鼻液。

（2）不同点　小反刍兽疫是由小反刍兽疫病毒引起的一种传染病，有传染性，发热，体温高达40℃以上，主要表现流涎，口腔溃疡和坏死（图3-10-24），鼻腔分泌物增多（图3-10-25），结膜炎（图3-10-26），支气管肺炎（图3-10-27），腹泻、便血，消化道呈斑马条纹状出血（图3-10-28）。

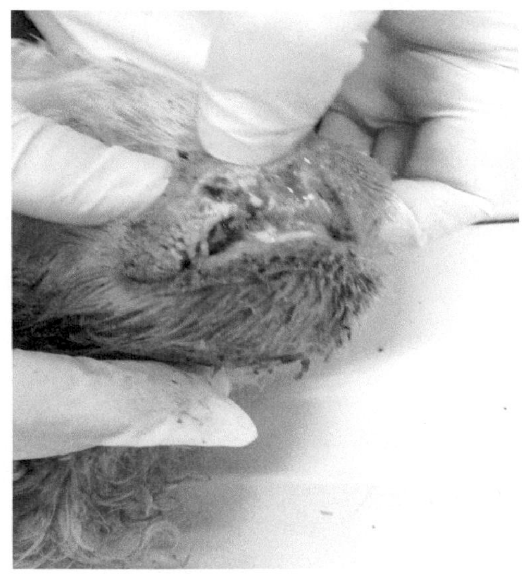

图3-10-22 口腔糜烂

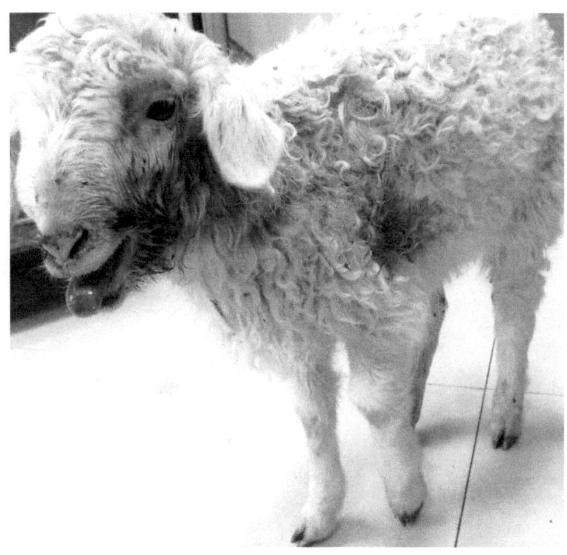

图3-10-23 跛行

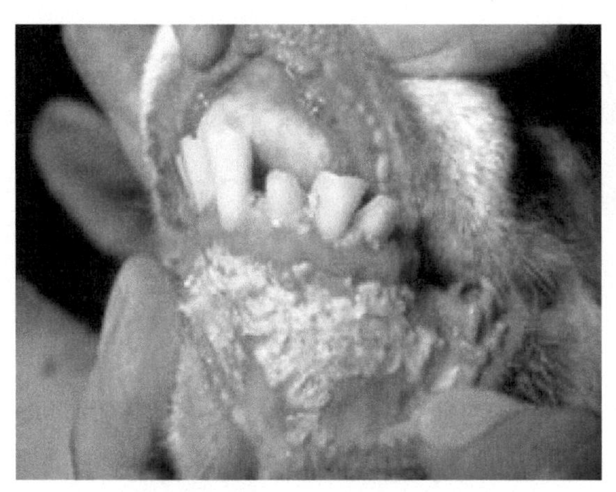

图3-10-24 口腔溃疡和坏死

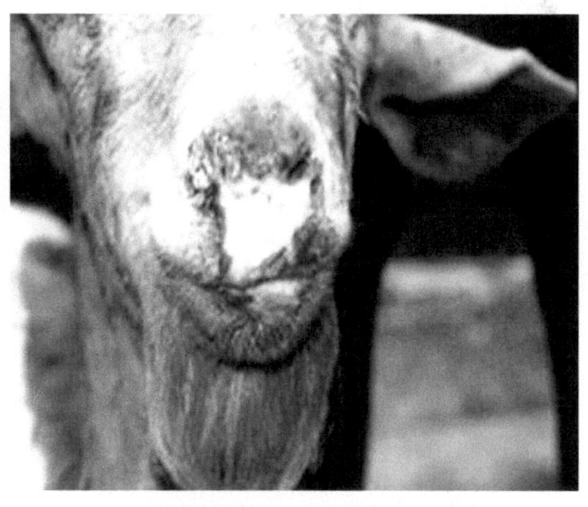

图3-10-25 鼻腔分泌物增多

图3-10-26 病羊结膜炎

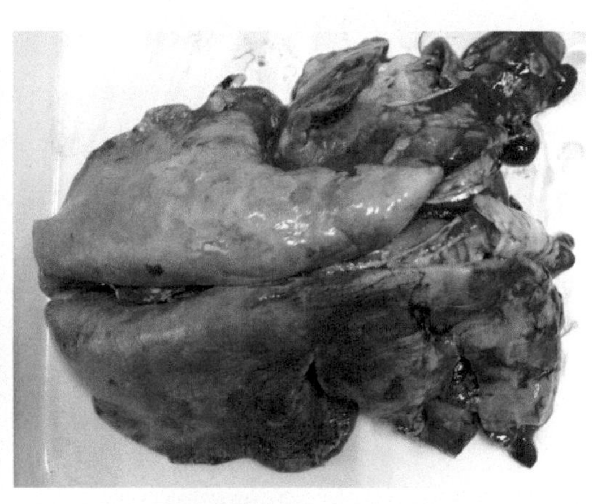

图3-10-27 支气管肺炎

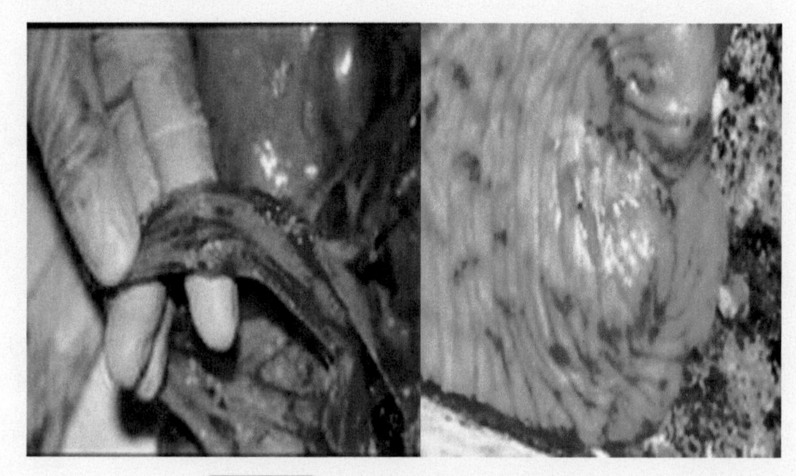

图3-10-28 消化道呈斑马条纹状出血

【防治】

1.预防

（1）加强饲养管理，供给富含蛋白质、矿物质、维生素的饲料；注意圈舍卫生，不要过热、过冷、过于潮湿，通气要好。剪毛后若遇天气变冷，应迅速把羊赶到室内，必要时还应给室内生温。

（2）远道运回的羊只，不要急于喂给精料，应多喂青饲料或青贮料。

（3）对呼吸系统的其他疾病要及时发现，抓紧治疗。

（4）为了预防异物性肺炎，灌药时务必小心，不可使羊嘴的高度超过额部，同时灌入要缓慢。一遇到咳嗽，应立刻停止。最好是使用胃管灌药，但要注意不可将胃管插入气管内。

（5）由传染病或寄生虫病引起的肺炎，应集中力量治疗原发病。

2.治疗

（1）首先要加强护理，发现之后，及早把羊放在清洁、温暖、通风良好但无贼风的羊舍内，保持安静，喂给容易消化的饲料，经常供应清水。

（2）采用抗生素或磺胺类药物治疗，病情严重时可以两种同时应用。即在肌内注射青霉素或链霉素的同时，内服或静脉注射磺胺类药物。采用四环素或卡那霉素，则疗效更为满意。

① 四环素50万单位，糖盐水 100毫升溶解，一次静脉注射，每日2次，连用3～4天。

② 卡那霉素100万单位，一次肌内注射，每日2次，连用3～4天。阿奇霉素、氟苯尼考，用量根据说明和病羊的体重计算出计量。

（3）对症治疗 当体温升高时，可肌注安乃近2毫升或内服阿司匹林1克，每日2～3次。当发现干咳、有稠鼻时，可给予氯化铵2克，分2～3次，1日服完。还可以按下列处方给药：磺胺嘧啶6克、小苏打6克、氯化铵3克、远志末6克、甘草末6克，混合均匀，分为3次灌服，1日用完。当呼吸十分困难时，可用氧气腹腔注射。此法简便而安全，能够提高治愈率。剂量按100毫升/千克体重计算，注射后可使病羊体温下降，食欲及一般情况有所改善。虽然在注射后第一天呼吸频率加快，呼吸深度有所增加，但经过2～3天后可以恢复正常。为了强心，可反复注射樟脑油或樟脑水。如有便秘，可灌服油类或盐类泻剂。

十一、中暑

羊中暑症是日射病、热射病的统称。日射病是因羊的头部被日光直射，引起脑及脑膜充血的急性病变；热射病是因天气潮湿闷热，机体产热大于散热，使体内积热而引起中枢神经系统紊乱的疾病。

【病因】

一是夏季天气炎热，日照强烈，阳光直晒头部引起的日射病；二是由于外界温度过高，羊舍内潮湿、闷热、拥挤、狭小，或车船运动时通风不良，热在体内蓄积所致的热射病。

【症状及病理变化】

初期表现精神极度沉郁，食欲减退或废绝，步态不稳（图3-11-1），摇晃不定，心跳亢进，脉搏快速而弱，呼吸困难，体温升高，可视黏膜潮红（图3-11-2），肌肉震颤，全身出汗，有的在发病后出现兴奋状态。后期常因虚脱而卧地不起，呈昏迷状态（图3-11-3）。最后因心脏麻痹发生死亡。

图3-11-1　步态不稳，张口呼吸

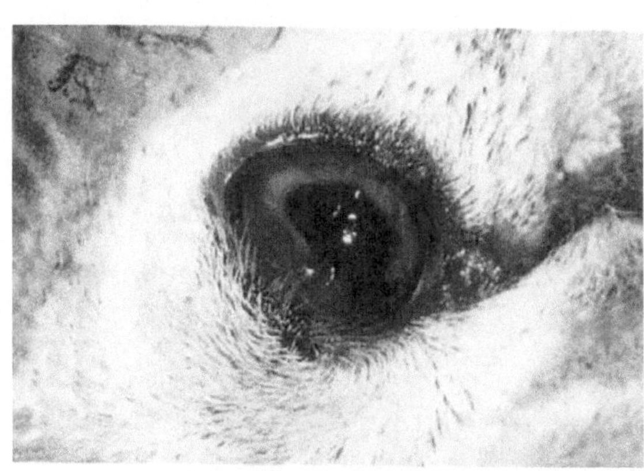

图3-11-2　眼结膜潮红

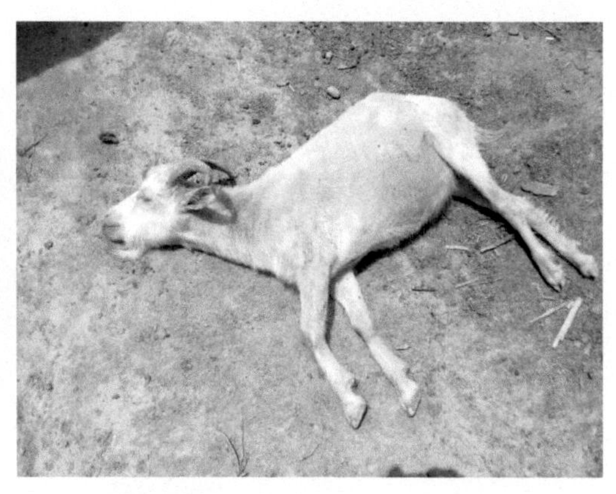

图3-11-3　卧地不起，呈昏迷状态

【诊断】

根据病史和临床表现，即可确诊。

【类症鉴别】

1. 与羊癫痫鉴别

（1）相似点　均有突然倒地，口吐白沫。

（2）不同点　羊癫痫发病几分钟后即可恢复正常。

2. 与有机磷中毒的鉴别

参见“第六章八、有机磷中毒”部分的鉴别。

【防治】

1. 预防

夏季天气炎热，要做好羊舍的防暑降温工作，严禁中午放牧，午间休息时到阴凉处或树荫下，还要保证充足的饮水。

2. 治疗

发现病羊立即将羊移到通风良好的阴凉处，用凉水浇头及全身，或用凉水灌肠。当病羊昏迷不醒时，可于颈静脉放血，放血量视病羊大小及身体状况而定，一般放血80～100毫升，放血后进行补液，静脉注射氯化钠注射液500～1000毫升；病羊心脏衰弱或严重水肿时，应静脉注射10%安钠咖4毫升。

十二、尿结石

尿结石又称尿石病，是指尿路（肾盂、膀胱、输尿管及尿道等）中盐类结晶凝结成大小不一、数量不等的沙石状凝结物，刺激尿路黏膜而引起的出血性炎症和尿路阻塞性疾病。临床上以腹痛，排尿障碍和血尿为特征。结石发生于膀胱及尿道的，称为膀胱结石及尿道结石。公羊因其尿道细长，又有“S”形弯曲及尿道突，故易发生阻塞。

【病因】

尿石的成因不十分清楚，但普遍认为是伴有泌尿器官病理状态下的全身性矿物质代谢紊乱的结果，并与下列因素有关。

（1）日粮营养不合理，钙磷比例失调　当羊长期饲喂由高能量、高蛋白、高磷的饲料（如玉米、谷物、高粱、麦麸等），容易导致机体代谢发生紊乱，且摄取钙磷比例不合理，从而引发尿结石病。长期饲喂高钙、低磷和富硅、富磷的饲料，可促进尿石形成。长期饲喂豆饼、棉籽饼、亚麻仁子饼，极易形成磷酸盐尿结石。尤其是羊日粮中钙、磷比例失调，如钙、磷比例为1∶1时，是主要造成该病发生的原因。

（2）饮水缺乏或饮水中含有大量盐类　尿石的形成与机体脱水有关。因此，饮水不足是尿石形成的重要因素，如天气炎热，饮水不足，机体出现不同程度的脱水，使尿中盐类浓度增高，促使尿石的形成。

（3）维生素缺乏　当羊摄取维生素A不足时，会造成尿路黏膜上皮细胞发生角化并脱落，从而使用于形成结石的前体或者母体明显增多。另外，缺乏维生素D时，无法很好地吸收利用摄入的钙、磷，这些都会容易形成结石而引发该病。

（4）感染因素　肾和尿路感染发炎时，炎性产物，脱落的上皮细胞及细菌积聚，可成为尿石形成的核心物质。

（5）其他因素　甲状旁腺机能亢进，长期周期性尿液潴留，大量应用磺胺类药物等均可促进尿石的形成。

【症状】

尿结石主要表现为刺激症状和阻塞症状。刺激症状：病羊表现排尿困难，频频作排尿姿势，叉腿，拱背，缩腹，举尾，阴户抽动，努责，嘶鸣，线状或点滴状排出混有脓汁和血凝块的红色尿液。当结石阻塞尿路时，病羊排出的尿流变细或无尿排出而发生尿潴留。因阻塞部位和阻塞程度不同，其临床症状也有一定差异。发病早期，病羊通常在肾脏中产生尿盐结晶体，接着进入到膀胱做短暂停留，当大量开始积聚时就会形成尿结石，同时刺激肾盂和膀胱，引起炎症，甚至发生出血，之后如果输尿管和尿道发生阻塞后，就会产生明显疼痛感。结石位于肾盂时，生前不显临床症状，严重者呈肾盂肾炎症状，有血尿。阻塞严重时，有肾盂积水，病羊肾区疼痛，运步强拘，步态紧张。当结石移行至输尿管并发生阻塞时，病羊腹痛剧烈。膀胱结石时，可出现疼痛性尿频，排尿时病羊呻吟，腹壁抽缩。尿道结石病羊尿道被尿结石部分或者完全阻塞，当尿道不完全阻塞时，病羊精神委顿、头抵墙壁（图3-12-1），排尿拱背努责，排尿时间延长，尿频，尿量减少，尿液呈滴状或线状流出，痛苦咩叫，尿中混有血液。当尿道完全被阻塞时，仅见排尿动作而不见尿液的排出，出现尿闭或肾性腹痛现象，病羊厌食，后肢屈曲叉开，拱背卷腹，频频举尾，屡作排尿动作但无尿排出。尿路探诊可触及尿石所在部位，尿道外部触诊，病羊有疼痛感。如果结石在龟头部阻塞，可在局部摸到硬结物。膀胱高度膨大、紧张，尿液充盈。若不及时治疗，闭尿时间过长，则可引起腹下和会阴部水肿（图3-12-2、图3-12-3），甚至引起膀胱破裂、尿道破裂，发生尿毒症，最终死亡。

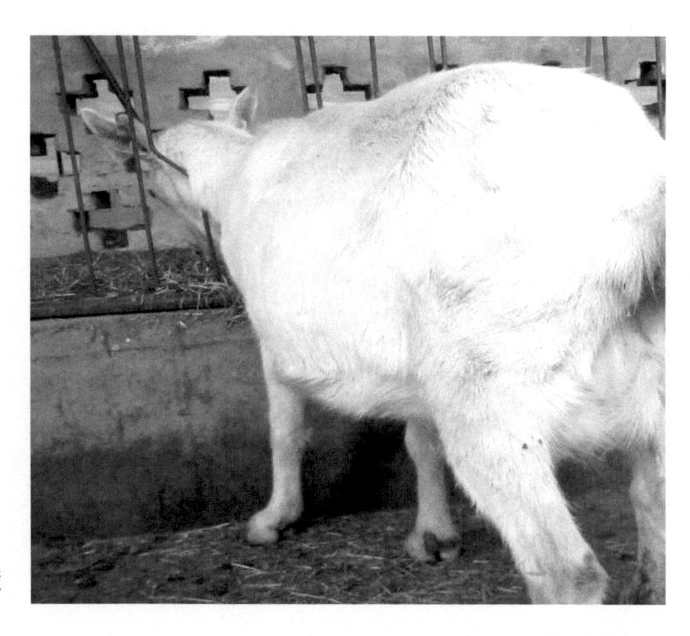

图3-12-1　精神委顿、头抵墙壁

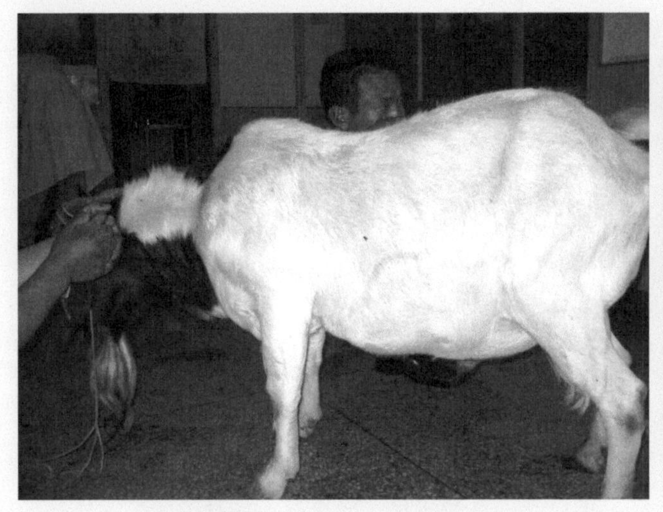

图3-12-2 尿道结石引起腹下水肿

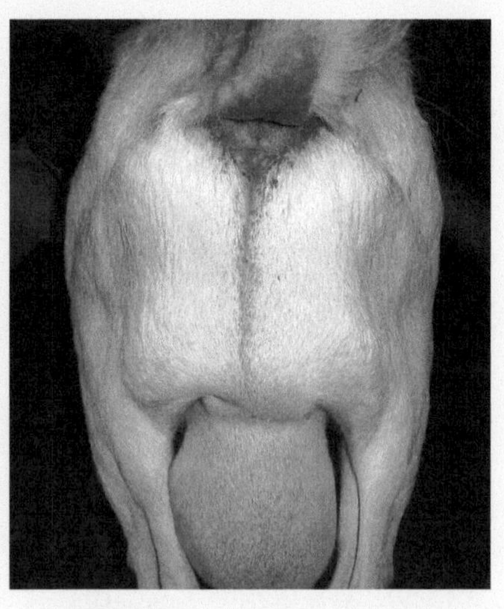

图3-12-3 尿道结石引起会阴部水肿

【病理变化】

对病死羊进行解剖，肾盂结石时肾脏发生肿大，且切面多汁，肾盂充血、出血，可在肾盂内发现结石（图3-12-4）。输尿管结石时，可在输尿管内发现有乳白色且较坚硬的凝集物沉积，引起输尿管阻塞，致使肾盂扩张，可能只有一侧发生，也可能两侧同时发生。膀胱结石时，膀胱壁明显增厚，膀胱浆膜和黏膜充血、出血，呈紫红色（图3-12-5），往往会发生溃疡或者糜烂，膀胱内发现结石凝聚形成珊瑚状或者块状（图3-12-6），特别是膀胱颈口处更加明显，其大小不一，数量不等，有时附着黏膜上，用手指碾捏能够使其变成粉末。尿道结石时，膀胱高度充盈（图3-12-7），尿道起端及膀胱颈被结石堵塞，积聚许多黄豆粒到砂粒大的结石（图3-12-8），特别是在输尿管的“S”弯曲部位非常明显。尿道黏膜有损伤、炎症、出血乃至溃疡。当尿道破裂时，其周围组织出血和坏死，并且皮下组织被尿液浸润。在膀胱破裂的病例中，腹腔充满尿液，肺脏表面暗红色，肝脏肿大、呈土黄色，心外膜弥散性出血（图3-12-9）。

图3-12-4 肾盂中的结石

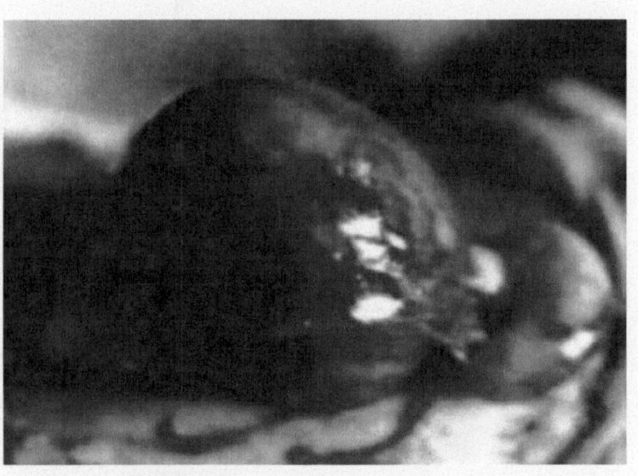

图3-12-5 膀胱胀大，呈紫红色

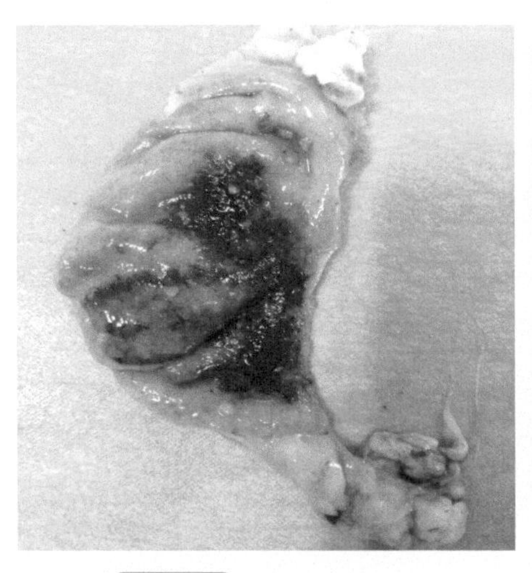

图3-12-6　膀胱中的结石

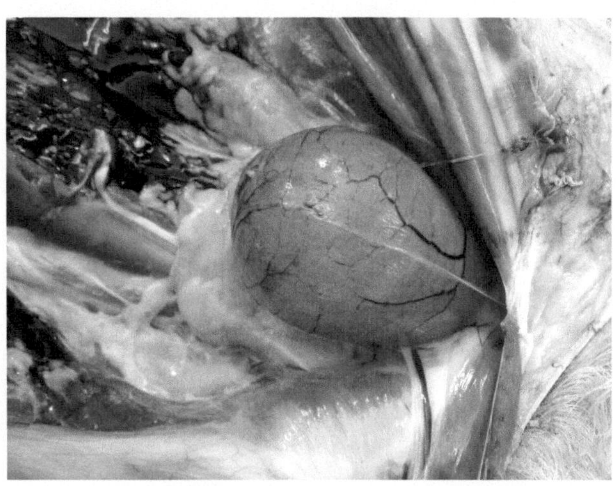

图3-12-7　尿道结石膀胱高度充盈

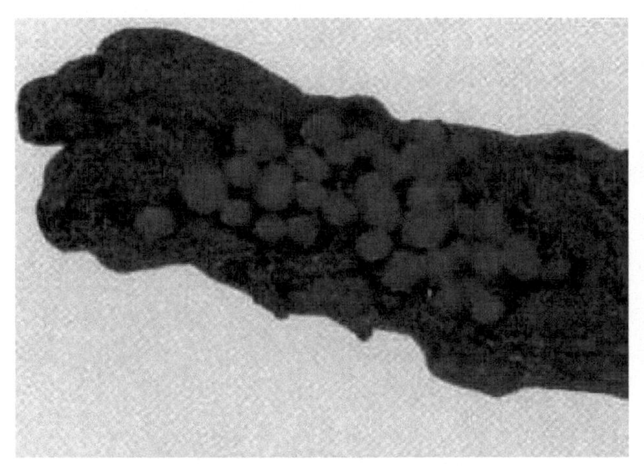

图3-12-8　尿道内积聚许多结石

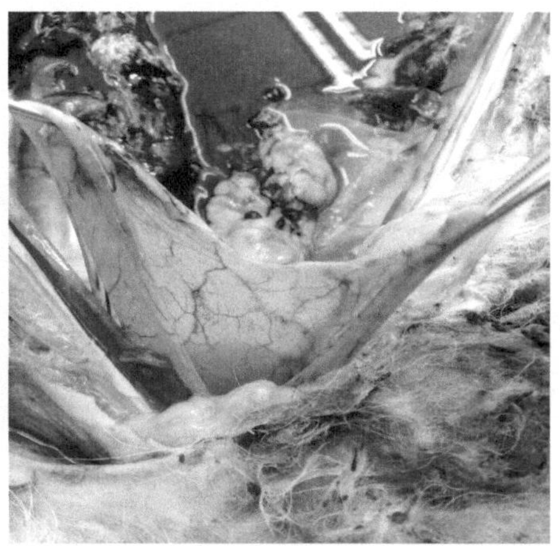

图3-12-9　膀胱破裂引起败血症病变

【诊断】

该病主要根据病史和临床症状进行诊断，还应注重饲料构成成分的调查，综合判断做出确诊。

尿道探诊不仅可以确定尿道是否有结石，还可判明尿石部位。尿液显微镜检查，可见有变性细胞、红细胞、尿上皮细胞、脓细胞等，同时还可查明结石的种类。

【类症鉴别】

1.与肾炎鉴别

（1）相似点　均有尿频而量少，有时含血。

（2）不同点　肾炎的体温稍升高，按压肾区敏感疼痛，如尿血，尿的全程有血，沉渣中有肾上皮细胞（图3-12-10）。

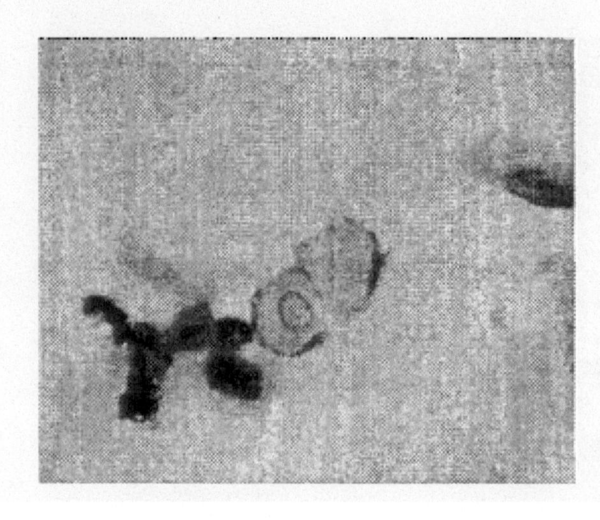

图3-12-10 肾上皮细胞

2.与膀胱炎鉴别

（1）相似点　均有尿频而量少，有时尿中有血。

（2）不同点　膀胱炎用双手按压，后腹膀胱敏感、疼痛，尿沉渣中有膀胱上皮细胞。

3.与尿道炎的鉴别

（1）相似点　均有尿少而频，常做排尿姿势。

（2）不同点　尿道炎的阴茎常勃起，排尿时跺脚，摸阴茎、尿道炎症部位敏感。

【防治】

1.预防

对于舍饲的种公羊，可从饲养管理上进行预防，不能长期饲喂高蛋白、高热能、高磷的精饲料及块根类、颗粒饲料，多喂富含维生素A的饲料；及时对泌尿器官疾病进行治疗，防止尿液滞留，平时增强运动，多喂多汁饲料和增加清洁饮水。如果怀疑钙量过大，例如饮水中矿物质含量高，或饲料中含钙量大，可以供给谷类籽实进行校正，因为谷类籽实中含的钙少磷多。在肥育羔羊的日粮中加入4%的氯化钠对尿石的发病有一定的预防作用，同样，在饲料中补充氯化铵，对预防磷酸盐结石有令人满意的效果。当改变饲料之后还不能制止发病时，可以禁食几天，或给以谷类干草、谷类籽实及肉粉组成的日粮，也可以每日内服氯化铵10～15克，连服1周左右，使尿变为酸性。对地区性尿结石，应查清动物的饲料、饮水和尿石成分，找出尿石形成的原因，合理调配饲料，使饲料中的钙磷比例保持在1.2∶1或者1.5∶1的水平，并注意饲喂维生素A丰富的饲料。也可以饮磁化水，水经磁化后溶解力增强，能预防结石的形成，使结石疏松而排出。水磁化后放入水槽中，经过1小时，让病畜自由饮水。

2.治疗

治疗原则是消除结石，控制感染，对症治疗。

（1）中药疗法　对羊的小颗粒结石采用中药治疗，便可溶解排出。一般多用排石汤（石苇汤）加减，处方：桃仁12克、红花6克、归尾12克、赤芍9克、香附子12克、海金沙15克、金钱草30克、鸡内金6克、广香9克、滑石12克、木通18克、萹蓄12克，将以上各药碾细，共分3次，开水冲灌。每次用药时加水500毫升左右，以增加排尿。

（2）水冲洗　导尿管消毒，涂擦润滑剂，缓慢插入尿道或膀胱，注入消毒液体，反复冲洗。适用于粉末状或沙粒状尿石。

（3）尿道肌肉松弛剂　当尿结石严重时可肌内注射2.5%氯丙嗪溶液2～4毫升，或阿托品注射3～6毫克。

（4）药物治疗　当病羊症状较轻时，可静脉注射利尿类药物和消炎药，如乌洛托品、青霉素、链霉素等，也可喂服0.2克双氢克尿噻。

（5）手术治疗　当病羊尿道被完全阻塞或者使用药物治疗效果不理想时，可采取手术治疗。手术可选择两种方法，一种是在尿道内将结石压碎，另一种是将尿道切开取出结石。压碎法是指先用手指在尿道外固定结石，然后使用专门的钳子进行挤压。如果形成结石不是很坚硬，且表面比较粗糙，比较容易成功。反之，如果形成的结石比较坚硬且表明平滑，存在损伤阴茎，并导致尿道发生穿孔的可能，压碎后如果能够流出尿液，结石也会随之排出。尿道切开是指在结石的远侧端或者越过结石进行切口，取出结石。也可用割去阴茎末端尿道突的方法，将结石取出（图3-12-11）。

图3-12-11　尿道取出的结石

第四章　羊外科病的类症鉴别及诊治

一、创伤

（一）撕裂创

【病因】

撕裂创或称裂创，是由钩、钉等物的钝性牵引所造成。

【症状】

创口边缘不整齐，组织发生撕裂或剥离，创缘呈现不正的锯齿状，创腔深浅不一，创壁和创底凹凸不平，存在有创囊和组织碎片，创口很大，出血，羊只剧烈疼痛（图4-1-1）。

【类症鉴别】

1.与刺伤鉴别

（1）相似点　都有创口，创口内出血。

（2）不同点　刺伤由细长、尖锐的致伤物所造成。伤口虽不大，但深部的组织、器官可遭受破坏而不易被察觉，而被忽视。刺伤易引起深部感染。

2.与切割伤鉴别

（1）相似点　都有创口，创口内出血。

（2）不同点　切割伤由锋利的致伤物造成。伤口边缘较整齐。撕裂创创口边缘不整齐。

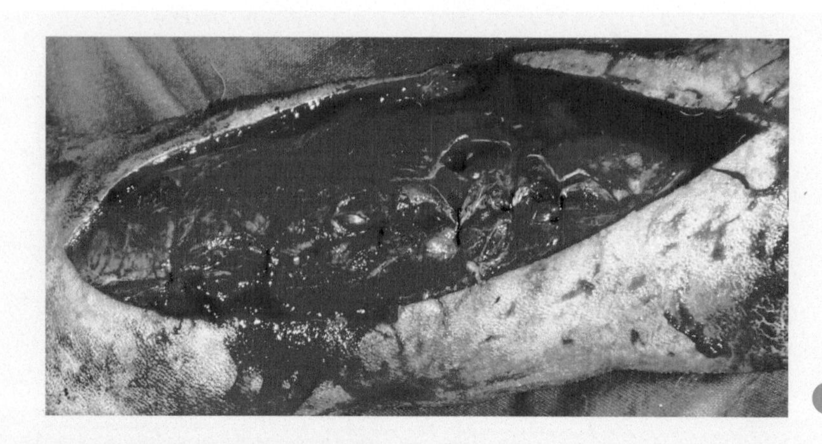

图4-1-1　撕裂创

3.与擦伤鉴别

（1）相似点　皮肤有创伤、出血。

（2）不同点　擦伤是皮肤的浅表创伤。受伤部位仅有少量出血及渗出，因而伤情都较轻。

【治疗】

（1）首先用灭菌纱布遮盖创面，剪除创围被毛。用冷生理盐水或消毒液洗涤创围和创面，用镊子除去创面上的毛发和凝血块，并用70%酒精棉球擦拭干净。

（2）创面撒以青霉素粉或1 ∶ 9碘仿磺胺粉；创围涂以凡士林，盖上脱脂棉或纱布。

（3）对严重的撕裂创，在清洗、消毒之后，应修正创缘、创壁，撒以抗菌药粉，进行缝合。

（4）在炎热季节，应给创伤外部施用驱蝇防腐剂，以防止发生蝇蛆病。

（二）刺伤

【病因】

刺伤一般是由于尖钉、尖桩或其他尖锐的东西刺入皮肤和肌肉而形成的。

【症状】

创口小，创道狭而长，常伴发深部组织内出血，或形成血肿。当致伤异物在创内折断而存留时，易形成化脓性窦道，或引起厌氧菌感染（图4-1-2）。

【类症鉴别】

1.与撕裂创鉴别

（1）相似点　都有创口，创口内出血。

（2）不同点　撕裂创的创缘呈现不正的锯齿状，创腔深浅不一，创壁和创底凹凸不平，存在有创囊和组织碎片，创口很大，出血，羊只剧烈疼痛。

2.与切割伤鉴别

（1）相似点　都有创口，创口内出血。

（2）不同点　切割伤由锋利的致伤物造成，伤口边缘较整齐。

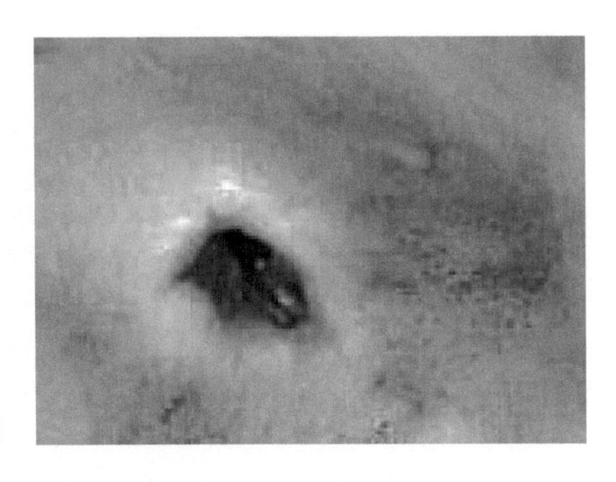

图4-1-2　刺创

3.与擦伤鉴别

（1）相似点　皮肤有创伤、出血。

（2）不同点　擦伤是皮肤的浅表创伤。受伤部位仅有少量出血及渗出，因而伤情都较轻。

【治疗】

深部刺伤非常危险，不能随便对表面清洗擦干而了结，因为这种伤口给细菌的侵入开了方便之门，最危险的是容易继发破伤风。应该在拔除异物之后，给伤口内注入0.1%高锰酸钾或3%过氧化氢进行彻底消毒，然后给创道内灌注5%碘酊或抗生素液。

（三）急性出血

【病因】

多发生于意外的刺伤、摔伤、砸伤、车祸等，山羊常由于跳越带刺篱笆和冲击而引起。

【症状】

可发现羊的体表有血液污染现象。严重者脉搏细弱，呼吸浅表，可视黏膜苍白，血压和体温下降。

【急救】

迅速查明出血部位，采取局部和全身止血措施，以防止发生出血性休克。

止血之后，根据具体情况采取相应处理。处理的难易与出血部位有关。

（1）如果发生在四肢，比较容易处理，应用止血带即可。如果出血严重，为了防止失血过多，应采用填塞止血法。止血带应用时间不能太长，应每隔15分钟左右放松一次再缠扎。如已止血，应进行消毒，撒上磺胺粉，并施用绷带。

（2）其他部位出血时，止血比较困难，原则是用清洁棉枕直接压迫止血。如果严重，可采取缝合措施，对小伤可用药棉填塞。

【类症鉴别】

1.与羊炭疽鉴别

（1）相似点　都有出血现象。

（2）不同点　患炭疽的病羊天然孔出血，分泌物、排泄物带血，流出暗红色不易凝固的血液，尸体很快发生膨胀腐败，尸僵不全。

2.与链球菌病鉴别

（1）相似点　都有出血现象。

（2）不同点　患链球菌病的病羊，肺实质出血，呈浆液纤维素性肺炎（图4-1-3）。心内、外膜有点状出血。肝脏肿大，表面有少量出血点。胆囊肿大，充满黑绿色胆汁（图4-1-4）。皱胃出血。肠黏膜脱落，肠内容物混有血液（图4-1-5）。肠系膜淋巴结出血，肿大。

3.与巴氏杆菌病鉴别

（1）相似点　都有出血现象。

（2）不同点　患巴氏杆菌病的病羊咳嗽，鼻孔出血，有时混有黏液。初期便秘，后期腹泻，有时粪便全部变为血水。

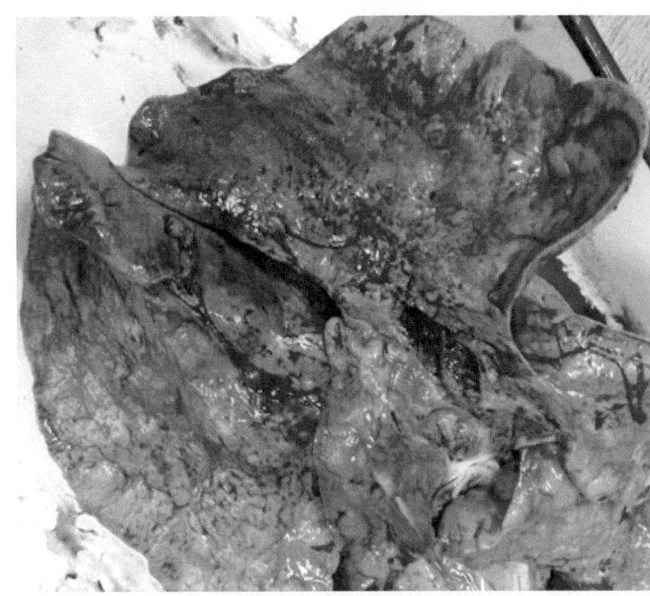

图4-1-3 纤维素性肺炎

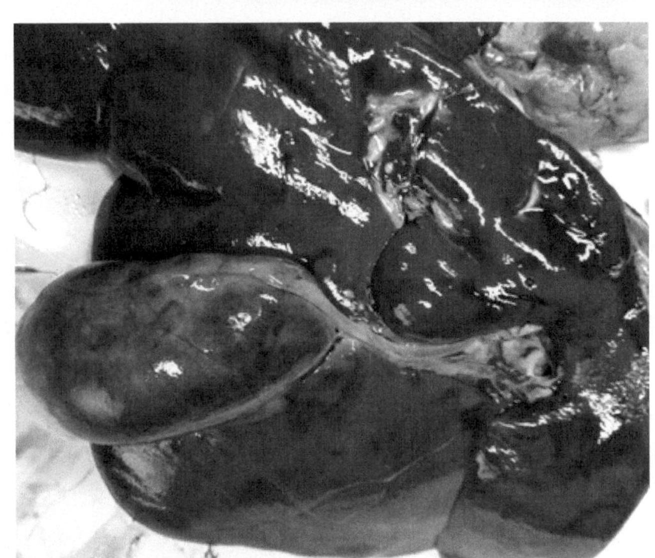

图4-1-4 胆囊肿大

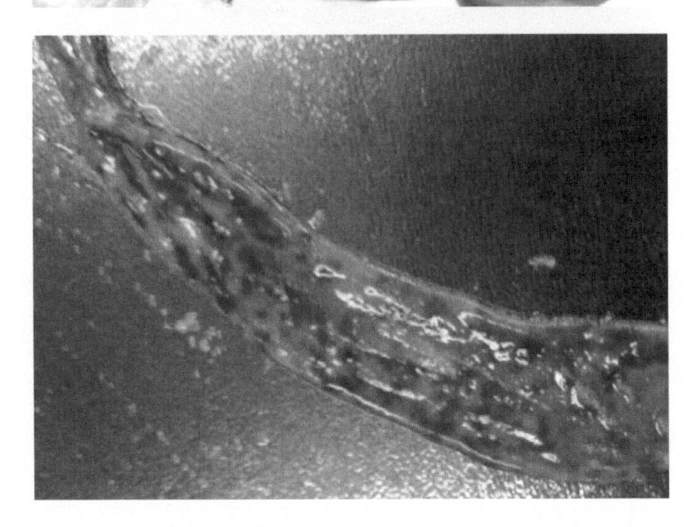

图4-1-5 肠黏膜出血

（四）电击

【病因】

电击又称电休克，是由于羊接触高压电流所引起，绵羊和山羊都有可能发生。

【症状】

一般都发生严重烧伤甚至休克，多数迅速死亡。个别情况下羊失去知觉，体表有烧焦的痕迹，经一定时间后恢复知觉，但留有神经后遗症。

【类症鉴别】

1.与休克鉴别

（1）相似点　都可引起动物迅速死亡，或暂时失去知觉。

（2）不同点　电击又称电休克，是休克的一种。休克由失血与失液、烧伤、创伤、感染、过敏、急性心力衰竭、强烈的神经刺激所引起。

2.与中暑鉴别

（1）相似点　都表现精神极度沉郁，食欲减退或废绝，步态不稳。心跳亢进，脉搏快速而弱，呼吸困难。后期常因虚脱而卧地不起，呈昏迷状态（图3-11-3）。

（2）不同点　中暑发生在天气炎热的季节，外界温度过高，羊舍内潮湿、闷热、拥挤，或车船运动时通风不良，引起中枢神经系统紊乱所致。

【预防】

一切用电设施应该放在羊的放牧区以外，且位置要高。不要在阴雨雷电季节放牧。

【急救】

（1）在接触电击羊只之前，必须先切断电源。

（2）对幸存的羊应进行心脏按压刺激，并采用供氧疗法。给予利尿剂和支气管扩张剂，但禁用强心剂。

（3）对羊体保温。为此应多铺垫草，并盖以麻袋或毛毯。

二、脓肿

脓肿是外有脓肿膜包裹，内有脓液积聚所形成的局限性脓腔。

【病因】

金黄色葡萄球菌、大肠杆菌、链球菌等侵入组织内所致。

【症状】

浅部，脓肿表现为局部红、肿、热、痛及压痛，继而出现波动感（图4-2-1）。

深部，脓肿为局部弥漫性肿胀，疼痛，波动不明显，穿刺可抽出脓液。

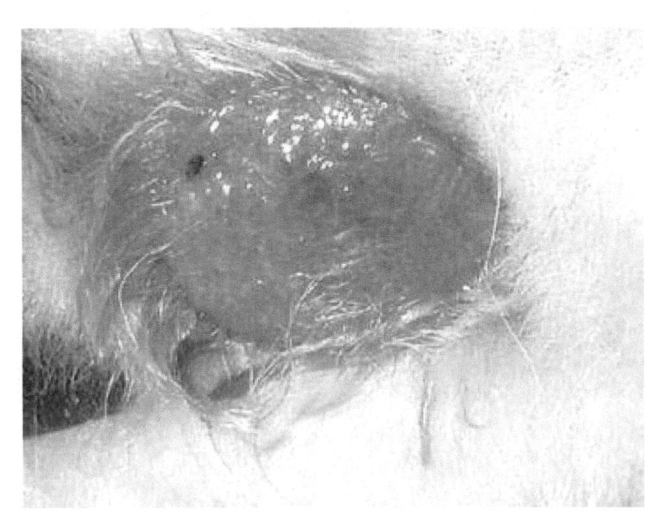

图4-2-1　皮肤脓肿

【诊断】

有急性化脓性感染病史。局部红肿疼痛且有波动感，穿刺有脓液。全身症状有发热、乏力等。白细胞计数增高。深部脓肿经B超检查可呈液性暗区。

【类症鉴别】

1.与羊痘鉴别

（1）相似点　都有局限性肿胀和突起。

（2）不同点　脓肿穿刺可抽出脓液。羊痘在皮肤上出现痘疹、结痂（图4-2-2、图4-2-3）。

2.与乳头状瘤鉴别

（1）相似点　都有局限性肿胀和突起。

（2）不同点　乳头状瘤多见于头部、颈部、四肢、胸部和乳房，呈结节状或乳头状，突出于皮肤表面。脓肿表面光滑。

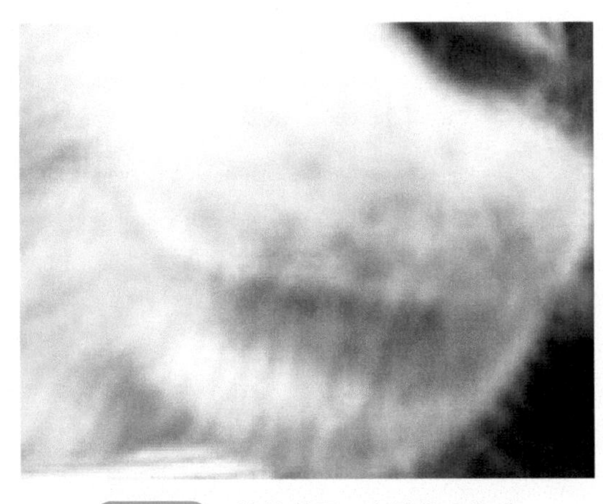

图4-2-2　羊的嘴唇、鼻端发生红疹

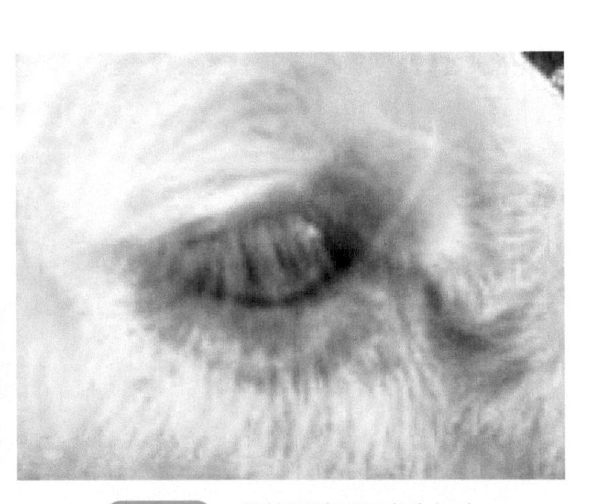

图4-2-3　羊的眼睛周围发生红疹

3.与淋巴肉瘤鉴别

（1）相似点　都有局限性肿胀和突起。

（2）不同点　淋巴肉瘤表现为淋巴结特别是肩前和股前淋巴结明显肿大。由于是恶性肿瘤，它可以转移、扩散到其他组织器官。

4.与疝气鉴别

（1）相似点　都有局限性肿胀和突起。

（2）不同点　疝气在发病部位有一明显的触之柔软、没有痛感且易压回的肿胀物，其中多为小肠及其肠系膜。将内容物整复后，可触到疝孔（图4-10-1）。

【治疗】

（1）及时切开引流，切口应选在波动明显处，切口应够长，并选择低位，以利引流。深部脓肿，应先行穿刺定位，然后逐层切开。

（2）术后及时更换敷料。

（3）全身应选用抗菌消炎药物治疗。伤口长期不愈者，应查明原因。

三、休克

休克不是一种独立的疾病，而是神经、内分泌、循环、代谢等发生严重障碍时在临床上表现出的症候群。以循环血液量锐减，组织灌注不良，导致组织缺氧和器官损害的综合征。

【病因】

失血与失液、烧伤、创伤、感染、过敏、急性心力衰竭、强烈的神经刺激。临床上将休克分为低血容量性休克、创伤性休克、中毒性休克、心源性休克、过敏性休克。

【症状】

休克的初期，动物表现兴奋不安，血压无变化或稍高，脉搏快而充实，呼吸增加，皮温降低，黏膜发绀，无意识地排尿、排粪。这个过程短则几秒钟即能消失，长者不超过1小时。继兴奋之后，动物出现沉郁、食欲废绝，对痛觉、视觉、听觉的刺激全无反应，脉搏细而间歇，呼吸浅表不规则，肌肉张力极度下降，反射微弱或消失，此时黏膜苍白，四肢厥冷，瞳孔散大，血压下降，体温降低，全身或局部颤抖，出汗，呆立不动，行走如醉，此时如不抢救，能招致死亡（图4-3-1）。

【诊断】

根据临床表现，诊断并不困难。但必须了解，休克的治疗效果取决于早期诊断，待患畜已发展到明显阶段，再去抢救，为时已晚。若能在休克前期或更早地实行预防或治疗，不但能提高治愈率，同时还可以减少经济上的损失。

【类症鉴别】

1.与中暑鉴别

（1）相似点　都表现精神极度沉郁，食欲减退或废绝，步态不稳。心跳亢进，脉搏快速

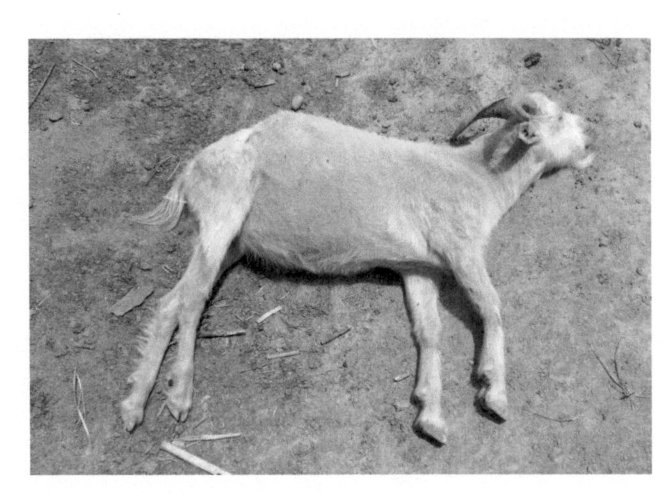

图4-3-1　病羊休克

而弱，呼吸困难。后期常因虚脱而卧地不起，呈昏迷状态（图3-11-3）。

（2）不同点　发生在天气炎热的季节，外界温度过高，羊舍内潮湿、闷热、拥挤，或车船运动时通风不良，引起中枢神经系统紊乱所致。

2.与电击鉴别

（1）相似点　都可引起动物迅速死亡，或暂时失去知觉。

（2）不同点　电击是由于羊接触高压电流所引起，体表有烧焦的痕迹。

【治疗】

（1）消除病因　要根据休克发生不同的原因，给以相应的处置。如为出血性休克，关键是止血，同时迅速地补充血容量。如为中毒性休克，要尽快消除感染原，对化脓灶、脓肿、蜂窝织炎要切开引流。

（2）补充血容量　在贫血和失血的病例，输给全血是需要的。还要根据需要补给血浆、生理盐水或右旋糖酐等。

（3）改善心脏功能　当中心静脉压高、血压低，为心功能不全的表示，采用提高心肌收缩力的药物，如异丙肾上腺素和多巴胺是应选药物。大剂量的皮质类固醇能促进心肌收缩，降低周围血管阻力，有改善微循环的作用，并有中和内毒素作用，较多用于中毒性休克。

中心静脉压高，血压正常，心率正常，是容量血管过度收缩的结果，用氯丙嗪可解除小动脉和小静脉的收缩，纠正微循环障碍，改善组织缺氧，从而使休克好转，适用于中毒性休克、出血性休克。

（4）调节代谢障碍　轻度的酸中毒给予生理盐水；中度酸中毒则须用碱性药物，如碳酸氢钠、乳酸钠等；严重的酸中毒或肝受损伤时，不得使用乳酸钠。

外伤性休克常合并有感染，一般常给广谱抗生素。如果同时应用皮质激素时，抗生素要加大用量。休克羊要加强管理，指定专人护理，使其保持安静，要注意保温，但也不能过热，保持通风良好，给予充分饮水。输液时使液体保持同体温相同的温度。

四、风湿

本病是关节或肌肉的一种反复发作的疼痛性炎症。

图4-4-1 病羊风湿

【病因】

羊舍较长时期的潮湿、阴冷、空气污浊，或者羊只受到贼风侵袭、阴雨淋浇，都容易诱发本病。与溶血性链球菌感染有关，也有人认为是由于饲料不适宜，使体内产酸过多，或者身体某一部分不能将废物排出，而引起发病。

【症状】

一般表现四肢僵硬，行动不便，或者呈十字形跛行（图4-4-1）。有时关节肿大，体温升高。急性病例常突然跌倒，不能起立。发生于颈部时，头偏向一侧，颈部不能自由运动。如为肌肉风湿，可摸到患部肌肉发硬。

【诊断】

在诊断时，应注意以下两个特点。

（1）患病部位并不局限于一处，常有游走性，而且多侵害后肢，故常有腰部发硬表现。

（2）跛行特点是步子短，步态僵硬。在开始行走时跛行显著，行走一段之后跛行减轻，甚至很不明显。

【类症鉴别】

1.与脑脊髓丝状虫病鉴别

（1）相似点　都表现四肢僵硬，行动不便。

（2）不同点　患脑脊髓丝状虫病的病羊发病过程很突然，患肢不紧张、不发硬、不转移，按压肌肉时无疼痛反应。体温不升高。食欲不受影响。如果时间长了，由于不活动，才逐渐减少。

2.与钙缺乏鉴别

（1）相似点　都表现四肢僵硬，行动不便。

（2）不同点　钙缺乏发病过程由不明显的跛行到明显跛行，卧地时已很消瘦。患肢不硬不紧张，有时可看到头腿变形，关节变大。体温不升高。食欲逐渐减少。

3.与破伤风鉴别

（1）相似点　都表现四肢僵硬，行动不便。

（2）不同点　破伤风病羊发病过程快。四肢直伸，关节不能屈曲。体温不升高。食欲迅速减少到完全废绝，牙关紧闭。

4.与羊佝偻病鉴别

（1）相似点　都表现四肢僵硬，行动不便。

（2）不同点　羊佝偻病是以食欲减退、异食癖和跛行为特征。病羊喜卧，卧地起立缓慢，行走步态摇摆（图6-3-1、图6-3-2），或出现跛行。病程稍长则关节肿大，以腕关节较明显（图6-3-3）。长骨弯曲（图6-3-4），形如青蛙。

5.与羊骨折鉴别

（1）相似点　都表现行动异常。

（2）不同点　骨折主要发生于四肢，病羊突然倒卧不起，或者悬起断肢，其余三肢负担体重，而呆立不动。

【治疗】

（1）激素治疗，25%醋酸可的松混悬注射，每日1次，连用3～5天。

（2）穴位注射维生素疗法，可选两侧关元、腰中、肾棚等穴位，每个穴位注射维生素B_{12} 5毫克，每日一次，三次为一个疗程，一般一个疗程即可痊愈。

（3）石蜡油热疗法，将石蜡油250～1000毫升装入热水袋内，放入90℃热水盆中加热15分钟，把石蜡油袋绑在百会穴上，每次2小时，每日1次，直至痊愈。

（4）酒糟、醋麸灸法，将酒糟炒热，装入布袋或麻袋内，敷于患部，每日1～2次，或用醋炒麸皮（麸皮3千克、醋1千克充分拌匀），炒至烫手，装入麻袋内，热敷患部。

（5）中兽医治疗风湿的方剂很多，如独活散、通经活络散、巴戟散、祛风除湿散、五虫四藤汤、乌地灵散等均有较好的效果。另外还有温针疗法、艾条燃灸法、针灸疗法、自家血疗法、静脉注射疗法、穴位药物注射方法等。

五、骨折

骨折常见于山羊，因为山羊比绵羊活泼，喜欢乱跳及狂奔。公羊较母羊多发。

【病因】

山羊狂奔时，将后肢夹入树枝之间而折断，多见于放牧时期，尤其是公羊在放牧中遇到其他羊群在旁边走过时最易发生。无论绵羊或山羊，在抵架时都容易引起骨折。

【症状】

山羊骨折常发生于后肢，而且多为单纯的完全骨折。主要是因为这些部分缺乏肌肉层的保护。山羊后肢骨折的特征是，病羊突然倒卧不起，或者悬起断肢，其余三肢负担体重，而呆立不动。病羊精神稍差，在刚发生之后由牧地赶回时，由于断肢不能负重而行走困难，故见口吐白沫、呼吸急促。但在休息10余分钟之后，即可好转。骨折部分发生带痛的肿胀，且常伴发皮肤损伤。若用手按摸骨折部分，可以听到断端摩擦音（图4-5-1）。

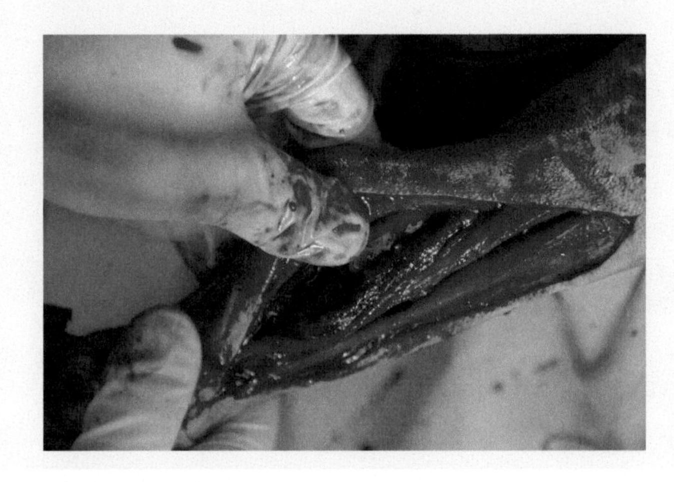

图4-5-1 病羊骨折

【类症鉴别】

1.与羊风湿病鉴别

（1）相似点　都表现行动异常。

（2）不同点　风湿病一般表现四肢僵硬，行动不便，或者呈十字形跛行（图4-4-1）。有时关节肿大，体温升高。急性病例常突然跌倒，不能起立。

2.与钙缺乏鉴别

（1）相似点　都表现行动异常。

（2）不同点　钙缺乏发病过程由不明显的跛行到明显跛行，卧地时已很消瘦。有时可看到头腿变形，关节变大。

3.与破伤风鉴别

（1）相似点　都表现行动异常。

（2）不同点　破伤风病羊发病过程快。四肢直伸，关节不能屈曲。体温不升高。食欲迅速减少到完全废绝，牙关紧闭。

4.与羊佝偻病鉴别

（1）相似点　都表现行动异常。

（2）不同点　羊佝偻病是以食欲减退、异食癖和跛行为特征。病羊喜卧，卧地起立缓慢，行走步态摇摆（图6-3-1、图6-3-2），或出现跛行。病程稍长则关节肿大，以腕关节较明显（图6-3-3）。长骨弯曲（图6-3-4），形如青蛙。

【治疗】

（1）清洗消毒，用消毒液洗净受伤部及创伤周围的皮肤，涂以碘酒，以防细菌感染。

（2）正确复位，整复骨折部分，使断端接合良好。

（3）合理固定，用硬纸剪成长条，宽度根据骨折部的粗细，在腿的四面（前、后、内、外）各放一条，然后用绷带紧紧缠住，以保护伤口及固定折断部分。在使用绷带以前，应该在压力特别大的地方垫以棉花或麻屑。为了固定良好，可以给绷带外面涂以松木油，使其变硬。

（4）加强护理，在治疗初期，应将羊关在舍内，不让过多活动，或者只允许在运动场里走动，绝对不可放牧。待病肢可以着地时，让其在羊舍周围逍遥活动，促使及早恢复正常行动。

除了整复、固定和加强护理以外，还必须正确处理局部与整体的关系，做到外治与内治相结合，以加速骨折愈合。例如可以内服中药接骨散或静脉注射氯化钙溶液。

接骨散的处方是：血竭60克、乳香30克、没药30克、川断30克、煅自然铜30克、当归15克、土鳖60克、南星15克、红花15克、川羊膝30克，共为细末，分为3次，开水冲灌，每日1次。每次加白酒30毫升。

六、眼病

羊眼病一年四季均可发生，以夏秋季最易感染和流行，且传染很快，多呈地方性流行。各种羊均可发病，发病率高达90% ～ 100%。

【症状】

羊眼病发生后，病羊表现为眼睑肿胀、有脓性分泌物、流眼泪、怕见光。初发病时，可见角膜混浊，呈灰白色半透明状或乳白色不透明状（图4-6-1、图4-6-2）。这种症状一般先从角膜的边缘开始，逐渐向眼睛的中央发展；最后可使羊的视力完全丧失。

【类症鉴别】

1.与羊传染性角膜结膜炎鉴别

（1）相似点　都以眼结膜与角膜先发生明显的炎症变化为特征。

（2）不同点　羊传染性角膜结膜炎以急性传染为特点，主要由衣原体引起，幼龄动物最易得病。发病初期上、下眼睑肿胀、疼痛，结膜潮红，并有树枝状充血（图1-8-1）。其后发生角膜炎、角膜浑浊和角膜溃疡（图1-8-2），眼前房积脓或角膜破裂，晶状体脱落，造成永久性失明（图1-8-3）。

2.与羊衣原体病鉴别

（1）相似点　都以眼结膜与角膜先发生明显的炎症变化为特征。

（2）不同点　羊衣原体病由鹦鹉热衣原体引起，以眼结膜充血、水肿、流泪（图4-6-3）为特征。病后2～3天，角膜发生不同程度的混浊。发病率高，一般不引起死亡，病程6～10天。

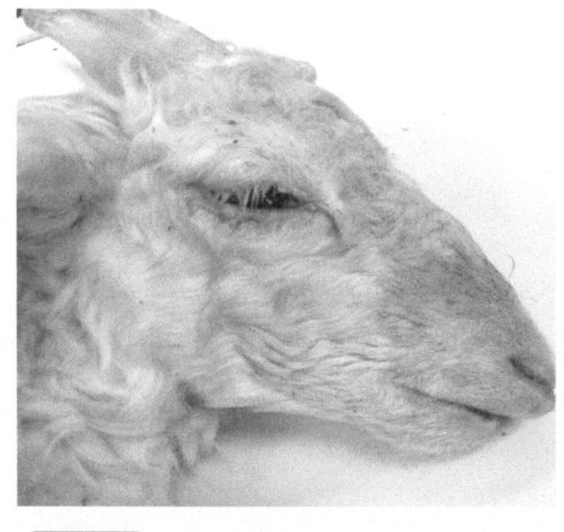

图4-6-1　眼结膜潮红，有黏性分泌物

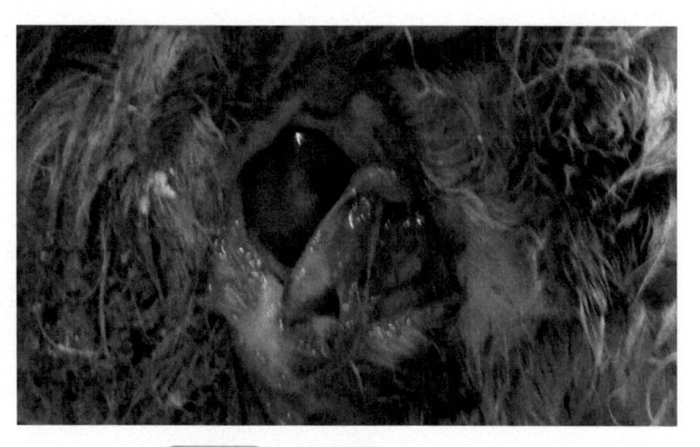

图4-6-2　角膜浑浊

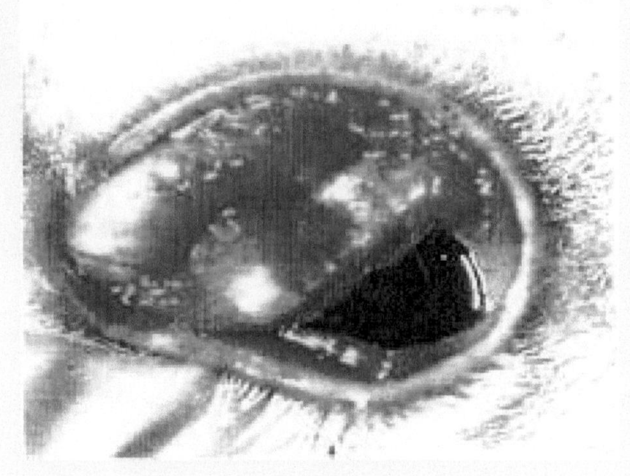

图4-6-3 鹦鹉热衣原体引起的眼结膜充血、水肿

3.与羊维生素A缺乏症鉴别

（1）相似点　均引起视力障碍。

（2）不同点　羊维生素A缺乏症是由于长期饲喂维生素A和胡萝卜素含量较低的草料，或破坏过多而引起，主要表现夜盲症，干眼症，角膜增厚和形成云雾状，骨骼异常，尿石症，繁殖机能障碍，兴奋和阵发性抽搐等。

4.与有毒萱草根中毒鉴别

（1）相似点　均引起视力障碍。

（2）不同点　有毒萱草根中毒是由于羊采食了萱草属植物的根而引起的中毒病。临床上以双目失明、瞳孔散大，进而全身瘫痪和膀胱麻痹、积尿为特征，有瞎眼病之称。

【治疗】

（1）先用1%～2%的硼酸冲洗眼部，待洗净后涂搽四环素眼膏。每日2次，连用数日。

（2）用青霉素、链霉素各100万单位，加注射用水20毫升调制成清洗剂，冲洗眼部，每日2～3次。同时，肌内注射青霉素和链霉素各80万单位，每日2次，连用3～4天。

（3）内服中药“决明汤”。取石决明、草次明、没药、郁金、黄药子、白药子、黄连、大黄、黄芩、枝子、黄芪各10克，加适量清水共煎取汁后，再加适量清水煎1次，然后将2次药汁合在一起，每日分2次趁温热灌服。此汤每日用1剂，连用3剂即可治愈羊眼病。

七、蹄病

（一）羊蹄脓肿

本病是蹄壳真皮的一种非化脓性传染病。主要特征是蹄部肿烂，发生进行性坏死，蹄匣脱落。绵羊和山羊都可发生。

【病原】

通常为坏死梭形杆菌和化脓棒状杆菌。这些细菌通过蹄壳的小裂缝或创伤而进入蹄内。

【流行特点】

在干燥环境下不发生传染，潮湿环境容易促进传染的扩散。长期把羊圈养在冷湿环境或潮湿发酵的蓐草上，运动不足，蹄子不清洁以及蹄有损伤等，都是蹄脓肿发生的有利因素。

【症状】

主要表现为跛行，病羊蹄部有疼痛反应。

蹄冠发热、肿胀而变软，发红或腐烂，有时伴有湿疹，疼痛。一旦脓肿破裂，则疼痛减轻，如果不继续用抗生素治疗，脓肿容易复发。更严重时，蹄间腐烂，流出灰白色脓汁，恶臭，甚至蹄匣脱落。

病初趾部充血，角质发生湿性表面坏死。几天以后，坏死扩延到蹄踵部及蹄壳真皮。到了后期，蹄壁下部出现一层灰色坏死组织，造成蹄壁脱离。

【防治】

1.预防

（1）平时加强蹄子护理，不要把羊圈养在低湿环境及潮湿蓐草上；保证充分运动；经常修剪蹄子，及时除去蹄间的夹杂物。

（2）对新引进的羊只，应进行检疫，先隔离一个时期，对蹄子经检查及做必要的处理以后，再放入羊群内。

（3）当羊群内发现本病时，应立刻隔离病羊，给其余羊只清洗蹄部并用1%～2%硫酸铜溶液浸浴1～2分钟，达到预防目的。对蹄子的浸浴，最好在药浴池内进行。

（4）注射腐蹄病疫苗，效果更好。

2.治疗

（1）在有炎症和湿疹时，应用温浓盐水或浓醋加等量冷水洗浴，然后涂以碘酒。也可以用2%石炭酸浸浴，然后涂以松馏油。疼痛剧烈而严重跛行者，可用2%普鲁卡因10毫升、青霉素20万单位进行低掌封闭，如连续注射青霉素5天，每天6毫升（30万单位/毫升）。

（2）起初由表面向内腐烂、坏死时，可先用清水洗去泥土，然后用温的10%硫酸铜浸洗，每日一次，每次2～3分钟，直到痊愈为止。如果用30%硫酸铜浸洗，每隔2～3天1次，连洗3次，疗效更好。也可以用10%福尔马林溶液浸洗蹄子，每次10分钟以上。若以上方法见效很慢，可以小心除去蹄壳，涂布10%氯霉素甲醇溶液，包扎绷带，精心护理。

（3）遇到化脓情况时，可将病羊隔离到干燥处，用小刀切开患部，将脓液排除干净，然后用消毒液洗涤，吹入消炎粉，裹上绷带。每2～3天重复1次，直到痊愈为止。还可以局部使用青霉素水油乳剂或青霉素-凡士林软膏。

洗伤口所用消毒液，在起初剧烈时可用10%硫酸铜溶液，等坏死组织消除后改用0.1%高锰酸钾溶液，以免腐蚀新生的肉芽组织，影响痊愈。

（二）绵羊趾间皮肤炎

本病的特征是趾间发红而湿润，很像受烫后的伤面，故俗称“烫伤”。

【病因】

通常由坏死梭形杆菌引起。

【症状】

病羊趾间发炎、疼痛（图4-7-1），严重时导致绵羊跪行。有时可使皮肤浸软，但无臭味和脓汁。如不及时治疗，可发展成腐蹄病或蹄脓肿。

【治疗】

可以喷洒广谱抗生素，如土霉素，或者用10%福尔马林或10%硫酸铜进行蹄浴，然后迁移到清洁的草场。

（三）羊蹄叶炎

蹄叶炎是角质蹄壁下层和蹄底肉样血管组织的一种急性或慢性炎症。

【病因】

急性蹄叶炎多发生于分娩或突然变换饲料后，伴发于肠毒血症、肺炎、乳腺炎、子宫炎或过敏反应等情况下。慢性蹄叶炎常发生于过食精料或肠毒血症轻度发作之后。春季的草含蛋白量高，也可能成为病因之一。

【症状】

急性蹄叶炎，病羊体温升高达41℃，强迫起立和行走，极度痛苦，触摸蹄时有热感。这种蹄叶炎通常很少与肺炎或急性严重过敏反应同时发生。

在奶山羊更为常见的是慢性蹄叶炎。由于病羊长期站立，常导致蹄子向上卷曲而变为“雪橇蹄”，或者由于病蹄一半负重，导致蹄底一侧显著增厚，而无法全面着地。由于病羊前蹄疼痛，常跪地休息和吃草，或者跪下作转圈运动。长期跪地和不能运动的结果，可造成前胸狭窄，食欲减少，因而病羊逐渐消瘦，奶量大为降低，给奶品生产带来一定损失。

【类症鉴别】

1.与羊坏死杆菌病鉴别

（1）相似点　均引起蹄的损伤。

（2）不同点　坏死杆菌侵害羊蹄部时，引起腐蹄病。蹄间隙、蹄踵和蹄冠皮肤红肿（图4-7-2），继而蹄底部变黑、坏死（图4-7-3），严重者蹄匣脱落。

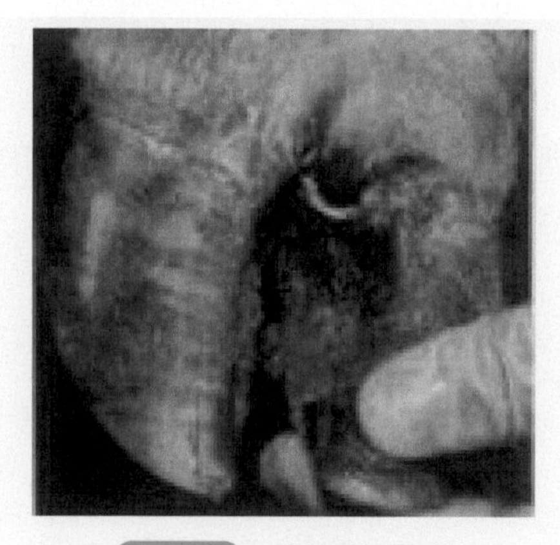

图4-7-1　病羊趾间发炎

图4-7-2　蹄间隙、蹄冠皮肤红肿

2.与羊腐蹄病鉴别

（1）相似点 均引起蹄的损伤。

（2）不同点 病初跛行，患蹄肿大。趾间、蹄踵和蹄冠开始红肿，随后溃疡，进一步发展为化脓坏死，挤压时有恶臭的脓液流出。严重的情况下，蹄部深层组织坏死、蹄壳脱落。病羊因疼痛而影响到采食，导致羊只逐渐消瘦。轻症病例能很快恢复；重症病例，如治疗不及时，可使内在器官形成转移性坏死病灶而死亡。

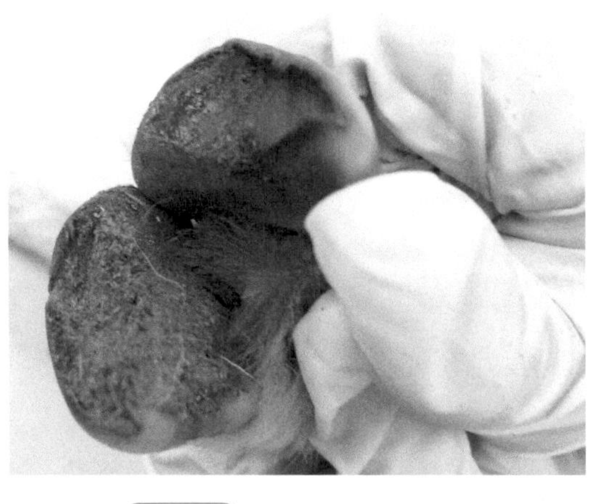

图4-7-3 蹄底部变黑、坏死

【防治】

1.预防

（1）蹄叶炎是高产而管理粗放的奶羊群的大患。为了使奶羊达到最高生产能力而不发生慢性蹄叶炎，必须重视经常的精细饲养管理。特别重要的是，要避免突然给予大量浓厚饲料。

（2）定期修剪蹄子，使其正常负荷体重和进行运动。

（3）有计划地定期接种肠毒血症菌苗。

2.治疗

奶山羊的急性蹄叶炎往往难以治愈，必须抓紧时间，采用综合疗法。

（1）用热酒糟、醋炒麸皮等温包病蹄，每日1～2次，每次2～3小时，连用5～7天。

（2）抗组织胺疗法，注射苯海拉明2～3毫升，并结合静脉注射电解质，以利毒物的排除。

（3）当子宫有感染时，应给子宫内灌注10份等渗盐水和1份过氧化氢溶液，促使腐败物从子宫排出，然后灌注抗生素。

（4）对发生难产的羊，应及时使用缩宫素，帮助子宫复归。产后24～36小时胎衣不下者，可采取“胎衣不下”的疗法，促进胎衣排除。

（5）当因变换饲料、过食料或营养过于丰富的粗饲料而引起山羊停食时，应内服硫酸钠100～120克或石蜡油80～100毫升，以帮助解除瘤胃酸中毒和排除毒物。

八、乳头状瘤

乳头状瘤是源于皮肤的一种良性肿瘤，常呈结节状或乳头状。

【病原】

病原为乳头状瘤病毒。有好几种因素有利于乳头状瘤的发生，包括皮肤缺乏色素、日光照射和年龄等。在日晒时间较长的情况下，缺乏色素的皮肤比有色素的皮肤容易发病。

【症状】

乳头状瘤多见于头部、颈部、四肢、胸部和乳房，呈结节状或乳头状，突出于皮肤表面

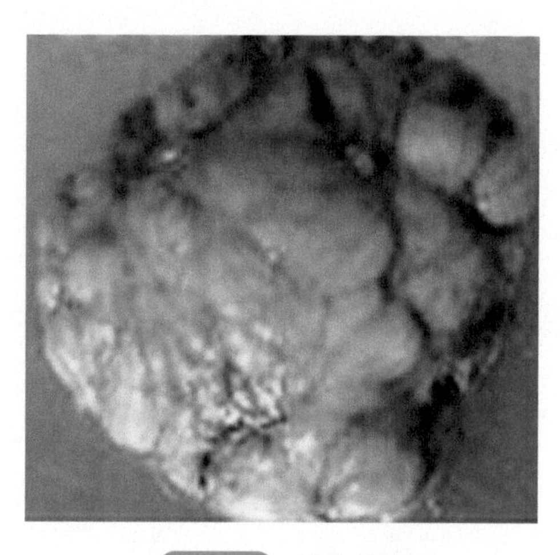

图4-8-1 乳头状瘤

（图4-8-1）。

脓肿是外有脓肿膜包裹，内有脓液积聚所形成的局限性脓腔。

浅部，脓肿表现为局部红、肿、热、痛及压痛，继而出现波动感（图4-2-1）。

深部，脓肿为局部弥漫性肿胀，疼痛，波动不明显，穿刺可抽出脓液。

【诊断】

有急性化脓性感染病史。局部红肿疼痛且有波动感，穿刺有脓液。全身症状有发热、乏力等。白细胞计数增高。深部脓肿经B超检查可呈液性暗区。

【类症鉴别】

1.与脓肿鉴别

（1）相似点　都有局限性肿胀和突起。

（2）不同点　脓肿为局部弥漫性肿胀，疼痛，穿刺可抽出脓液。

2.与淋巴肉瘤鉴别

（1）相似点　都有局限性肿胀和突起。

（2）不同点　淋巴肉瘤表现为淋巴结特别是肩前和股前淋巴结明显肿大。由于是恶性肿瘤，它可以转移、扩散到其他组织器官。

3.与疝气鉴别

（1）相似点　都有局限性肿胀和突起。

（2）不同点　疝气在发病部位有一明显的触之柔软、没有痛感且易压回的肿胀物，其中多为小肠及其肠系膜。将内容物整复后，可触到疝孔（图4-10-1）。

【防治】

较小的可用硫酸铜棒腐蚀或烧烙法除去。有蒂的，结扎蒂部，切断其血液供给，即可将其除去。亦可采用冷冻外科法或外科手术切除并烧烙止血。治疗乳头状瘤的根治性措施是手术，非手术不能彻底治愈。

九、淋巴肉瘤

淋巴肉瘤又称恶性淋巴瘤、淋巴组织增生病、白血病，是淋巴组织的一种恶性肿瘤。

【症状及病理变化】

淋巴肉瘤开始发生于淋巴结，以后逐渐向肝脏、肺脏、肾脏（图4-9-1）、脾脏、心脏和子宫等组织器官转移、扩散。导致机体多种功能衰竭而死亡。

淋巴结特别是肩前和股前淋巴结明显肿大，变形，质地坚实，切面出现大小不等的灰白色肿瘤结节或完全被肿瘤组织代替，有包膜，与周围界限清楚。转移、扩散到其他组织器官的淋巴肉瘤一般呈大小不一的结节状，小者如大米粒，大者如蚕豆，但在心脏、子宫除表面出现肿瘤结节以外，器官肿大，壁变肥厚。

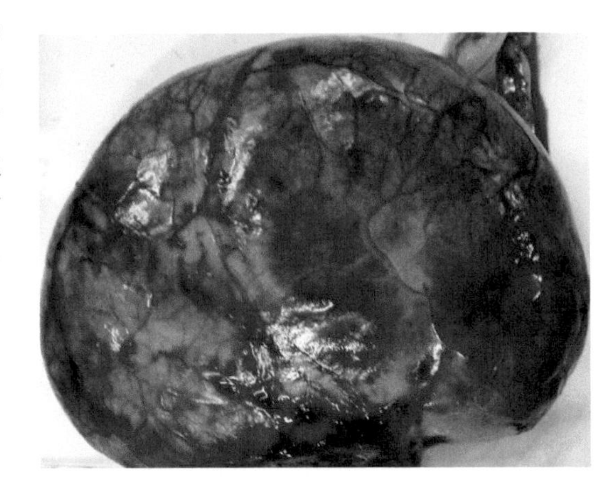

图4-9-1 肾脏的淋巴肉瘤

【类症鉴别】

1.与脓肿鉴别

（1）相似点 都有局限性肿胀和突起。

（2）不同点 脓肿为局部弥漫性肿胀，疼痛，穿刺可抽出脓液。

2.与乳头状瘤鉴别

（1）相似点 都有局限性肿胀和突起。

（2）不同点 乳头状瘤多见于头部、颈部、四肢、胸部和乳房，呈结节状或乳头状，突出于皮肤表面。脓肿表面光滑。

3.与疝气鉴别

（1）相似点 都有局限性肿胀和突起。

（2）不同点 疝气在发病部位有一明显的触之柔软、没有痛感且易压回的肿胀物，其中多为小肠及其肠系膜。将内容物整复后，可触到疝孔（图4-10-1）。

【防治】

尚无有效的预防措施。早期可尝试手术切除，但很难切除干净。病羊尽早淘汰。

十、疝气

疝气是腹部的内脏从天然孔道或病理性破裂孔脱出至皮下或其他腔孔的一种疾病。常见的有脐疝和腹股沟阴囊疝。

【病因】

有先天性缺损（脐孔或腹股沟管开口过大）和病理性缺损（如腹肌破裂等），后者常因外力作用（斗殴、棍棒打击等）或腹压剧增（跳跃、分娩努责等）所引起。

【症状】

脐疝常见于羔羊，多为先天性的脐孔闭合不全或腹壁发育有缺陷。在脐部有一明显的触之柔软、没有痛感且易压回的肿胀物，其中多为小肠及其肠系膜。将内容物整复后，可触到疝孔（图4-10-1）。

腹股沟阴囊疝时，一侧或两侧阴囊明显增大，阴囊皮肤紧张发亮，捕捉或腹压增大时，

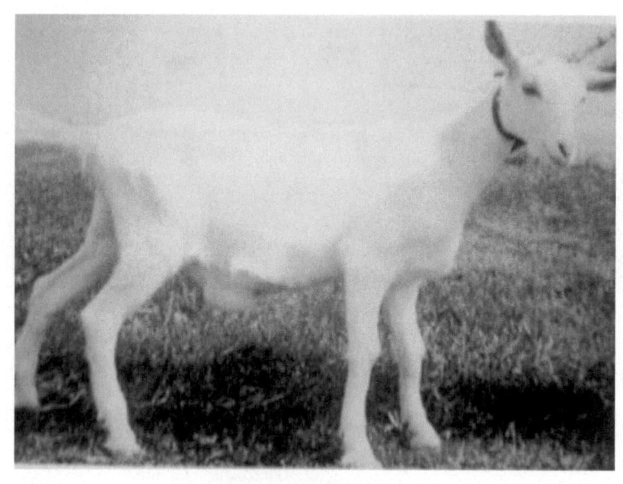

图4-10-1 羊脐疝

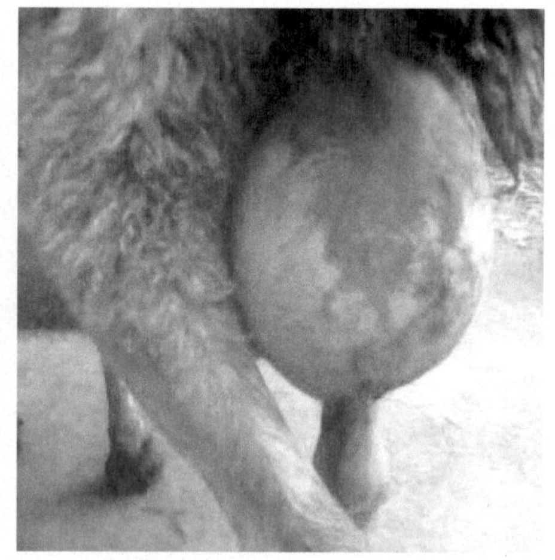

图4-10-2 羊腹股沟阴囊疝

症状加重。提举两后肢并挤压增大的阴囊，常可使疝内容物还纳回腹腔中，肿胀的阴囊缩小到自然状态，但有些由于肠壁与囊壁发生粘连而不能还纳（图4-10-2）。

【类症鉴别】

1.与脓肿鉴别

（1）相似点　都有局限性肿胀和突起。

（2）不同点　脓肿为局部弥漫性肿胀，疼痛，穿刺可抽出脓液。

2.与乳头状瘤鉴别

（1）相似点　都有局限性肿胀和突起。

（2）不同点　乳头状瘤多见于头部、颈部、四肢、胸部和乳房，呈结节状或乳头状，突出于皮肤表面。脓肿表面光滑。

3.与乳头状瘤鉴别

（1）相似点　都有局限性肿胀和突起。

（2）不同点　乳头状瘤多见于头部、颈部、四肢、胸部和乳房，呈结节状或乳头状，突出于皮肤表面。脓肿表面光滑。

【防治】

脐疝和腹股沟阴囊疝，可以通过手术疗法将肠道送回腹腔内，如果肠壁与囊壁粘连，要小心将粘连处进行剥离，封闭疝孔，将多余的囊壁及皮肤做对称切除，缝合手术创口。

第五章　羊产科病的类症鉴别及诊治

一、流产

羊流产是指母羊的妊娠过程受到破坏而中断，其表现为胚胎被吸收、早产或产出死胎。

【病因】分传染性和非传染性两大类。

（1）传染性流产病因病原体有布氏杆菌、弯杆菌、鹦鹉衣原体等。

（2）非传染性流产病因

① 长期营养不足导致母羊瘦弱；饲喂冰冻饲料或冰水；饲料发霉或含毒物等。

② 机械性损伤如踢伤，或因饲养密度过大而造成互相挤压冲撞；公母羊同圈乱交配。

③ 胎儿畸形及胎儿器官发育异常；胎膜水肿，胎水过多或过少，胎盘炎等可导致流产。

④ 母羊患病，如肝、肾、肺、胃肠的疾病及神经性疾病等破坏了妊娠过程而引起流产。

【症状】

突然发生流产者，产前一般无特征表现。发病缓慢者，表现精神不佳，食欲停止，腹痛起卧，努责咩叫，阴户流出羊水（图5-1-1），待胎儿排出后稍为安静。若同一群羊病因相同，则陆续出现流产，直至受害母羊流产完毕，方能稳定下来。外伤性致病结果，可使羊发生隐性流产，即胎儿不排出体外，自行溶解，形成胎骨残留于子宫。由于受外伤程度的不同，受伤的胎儿常因胎膜出血、剥离，于数小时或数天排出体外。

【类症鉴别】

1.与饲养管理不当引起流产的鉴别

（1）相似点　怀孕母羊出现流产症状。

（2）不同点　饲养管理不当引起的流产。母羊没有表现出典型的症状就突然发生流产。病程持续较长时，会表现出精神萎靡，食欲废绝，腹部疼痛，有黏液从阴门流出，但胎盘、胎儿没有任何异样。细菌检查呈阴性。

图5-1-1　病羊流产

2.与布氏杆菌病引起流产的鉴别

（1）相似点　怀孕母羊出现流产症状。

（2）不同点　布氏杆菌病引起的流产，母羊通常在妊娠3～4月发生流产。多数病羊在流产前2～3天表现精神不振、喜卧、食欲消失、饮水增多，常由阴门排出黏液或带血的黏性分泌物。多数羊出现胎衣不下，往往会并发子宫内膜炎，且能够诱使不孕。流产胎儿皮下水肿，肝脏有坏死灶，皱胃中伴有淡黄色或灰白色脓液絮状物。

3.与沙门氏菌引起流产的鉴别

（1）相似点　怀孕母羊出现流产症状。

（2）不同点　沙门氏菌病引起的流产，母羊通常在产前6周左右发生流产。病羊体温升高40～41℃，有腹泻症状。流产以后，母羊身体消瘦，子宫常有液体流出，持续时间不长，死亡率高。流产胎儿表现出败血症病变。皮下组织水肿充血，脾脏肿大，胎盘水肿出血，心外膜出血更为显著。

4.与李氏杆菌引起流产的鉴别

（1）相似点　怀孕母羊出现流产症状。

（2）不同点　李氏杆菌病引起的流产，母羊通常在产前3周左右发生流产。病初体温升高到40～41.6℃，不久降至接近常温。病羊精神沉郁，神经症状明显，有时转圈。流产胎儿多因自溶而见不到明显的剖检病变。

5.与衣原体病引起流产的鉴别

（1）相似点　怀孕母羊出现流产症状。

（2）不同点　衣原体病引起的流产，母羊通常在产前2～3周发生流产，但胎儿多存活。孕羊流产前无特征性先兆，只表现为神态反常，有的伴有腹痛表现。母羊流产后常常从阴道流出粉红色奶油状液体，常发生胎衣不下。孕母羊产前一个月分娩出死羔或极弱羔。

【防治】根据病因采取相应的防治措施。

（1）确诊布氏杆菌引起的流产病，必须经细菌检验，阳性者及时隔离，以淘汰屠宰为宜。对污染的用具和场地进行彻底消毒；对流产的胎儿、胎衣及其产道分泌物做深埋处理。对于菌检呈阴性者，可用布氏杆菌猪型2号弱毒苗或羊型5号弱毒苗进行免疫接种。

（2）确诊弯杆菌引起的流产病，用呋喃西林全群预防性治疗，每只0.6～0.7克，连服3天。

（3）预防衣原体性流产病，可用羊衣原体流产病油乳剂灭活苗，皮下注射3毫升/只。

（4）对于非传染性流产病，应以加强饲养管理为主，预防各种病因的发生。对有流产先兆的母羊，可用黄体酮注射液（含15毫克），1次肌内注射。如果胎儿死亡未排出，且子宫已开张时，可注射垂体后叶素1～2毫升。

二、产后败血症

母羊在分娩时由于机体抵抗力下降失去了自身的抗感染能力，引起严重感染。若处理不及时，局部感染会波及全身，引发败血症和脓毒血症。

【病因】

产后败血症是由于助产不当，软产道受到损伤、子宫脱、胎衣不下、化脓性乳腺炎等没有得到及时处理，受到细菌严重感染，加上母羊产后体质差，机体的防御机能弱，生殖道黏膜上血管扩张，使细菌很快进入血液，造成全身感染等而引起的。主要病原菌为溶血性链球菌、金黄色葡萄球菌、大肠杆菌及化脓性棒状杆菌等。

图5-2-1 产后败血症

【症状】

产后败血症体温上升至40～41℃后，四肢末梢发凉；病羊卧地呈半昏迷状态（图5-2-1）。食欲废绝，反刍停止，喜饮水；脉搏快速，呼吸浅快。随病程发展，患羊腹泻，粪中带血、腥臭，表现高度衰竭。急性病例可在2～3天内死亡。

产后脓毒血症病情时好时坏，体温40～41℃，后有下降，甚至恢复正常，呈弛张热型。

【类症鉴别】

1.与炭疽病鉴别

（1）相似点　都有体温升高到40℃以上，病羊倒地、腹泻，粪中带血，高度衰竭的表现。

（2）不同点　炭疽病的病羊从口腔、鼻、肛门等天然孔流出暗红色不易凝固的血液，数分钟内死亡，尸体很快发生膨胀腐败，尸僵不全。

2.与羊链球菌病鉴别

（1）相似点　都有体温升高到40℃以上、病羊精神沉郁、食欲不振或者废绝、高度衰竭的表现。

（2）不同点　患链球菌的病羊流鼻涕，咳嗽，呼吸困难，胆囊肿大，纤维素性肺炎。

3.与羊巴氏杆菌病的鉴别

（1）相似点　都有体温升高到40℃以上、病羊精神沉郁、食欲不振或者废绝、高度衰竭的表现。

（2）不同点　巴氏杆菌病多发于幼龄绵羊，有传染性，眼结膜潮红（图3-9-14），初便秘后下痢，颈部水肿。剖检可见胸腔有黄色渗出物，肺脏瘀血、出血，肝脏表面有坏死灶（图3-9-16），真胃黏膜出血（图3-9-17）。

【防治】

1.预防

（1）本病宜精心护理，喂以营养丰富易消化的饲料，充分饮水，加厚垫草，定时翻转羊体。

（2）预防本病要对产房、产室严格消毒；助产人员和使用的器械要严格消毒，助产手术要在无菌的条件下进行；分娩过程中损伤产道时，要及时给予治疗，避免造成细菌感染。

（3）产后要加强护理，注意观察，一旦发现病畜要先清除局部感染，涂布青霉素软膏。子宫内感染，要用子宫收缩剂排出子宫内的炎性产物。

2.治疗

本病病程发展急剧，需及时治疗，以消除病原和增强机体抵抗力为原则。

（1）全身使用广谱抗生素和磺胺类药。
（2）大剂量补充水分和营养成分。防止酸中毒。
（3）肌内注射催产素促进子宫内分泌物及分解产物的排出。
（4）体表局限性脓灶可行外科处理。

三、难产

羊难产是指羊在分娩过程发生困难，不能将胎儿顺利地由阴道排出来（视频5-3-1）。

【病因】

母羊发育不全，提早配种，骨盆和产道狭窄，加之胎儿过大，不能顺利产出；营养失调，运动不足，体质虚弱，老龄或患有全身性疾病的母羊引起子宫及腹壁收缩微弱及努责无力，胎儿难以产出；胎位不正，羊水胞破裂过早，使胎儿不能产出，成为难产。

【症状】

孕羊发生阵痛，起卧不安，时有拱腰努责，回头顾腹，阴门肿胀，从阴门流出红黄色浆液，有时露出部分胎衣，有时可见胎儿蹄或头，但胎儿长时间不能产出（图5-3-1）。

【防治】

1.预防

（1）对于留作繁殖用的母羊，从小就要加强饲养管理，保证发育良好，体格健壮。
（2）怀孕期间，保持母羊体况良好，但不可过肥。为此应该分群饲养管理。
（3）对于接近预产期的母羊，应再进行分群，特别多加照管。
（4）在分娩过程中，要尽量保持环境安静，接产人员不要高声喧哗。
（5）当发现分娩时间拉长时，即应进行产道检查，根据反常情况进行助产。只要发现及时，母羊还有分娩力量，稍微加以帮助，即容易产出，可以防止发生严重的难产。
（6）产道检查。

视频5-3-1
扫码观看：难产

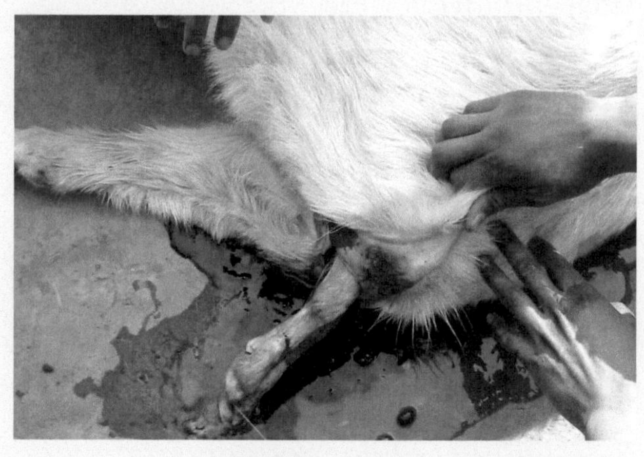

图5-3-1 羊难产

2.治疗

羊发病后应及时采取助产方法进行治疗。对于子宫颈扩张不全或子宫颈闭锁，胎儿不能产出，或骨骼变形，致使骨盆腔狭窄，胎儿不能正常通过产道者，可进行剖宫产。

四、胎衣不下

胎儿出生以后，母畜排出胎衣的正常时间在绵羊为2～6小时、山羊为1～5小时，如果在分娩后超过14小时胎衣仍不排出，即称为胎衣不下。此病在山羊和绵羊都可发生。

【病因】

1.产后子宫收缩不足。

（1）子宫因多胎、胎水过多、胎儿过大以及持续排出胎儿而伸张过度。

（2）饲料质量不好，尤其饲料中缺乏维生素、钙盐及其他矿物质时，而使子宫发生弛缓。

（3）怀孕后期缺乏运动或运动不足，往往会引起子宫弛缓，因而胎衣排出很缓慢。

（4）分娩时母羊肥胖，可使子宫复旧不全，因而发生胎衣不下。

（5）流产和其他能够降低子宫肌肉和全身张力的因素，都能使子宫收缩不足。

2.胎儿胎盘和母体胎盘发生愈着，患布氏菌病的母羊常因此而发生胎衣不下。

（1）子宫内膜炎，子宫黏膜肿胀，使绒毛固定在凹穴内，不容易让绒毛从凹穴内脱出来。

（2）胎膜发炎，绒毛肿胀，与子宫黏膜紧密粘连，即使子宫收缩，也不容易脱离。

【症状】

未脱下的胎衣垂吊在阴门之外（图5-4-1）。病羊背部拱起，时常努责，有时由于努责剧烈可能引起子宫脱出。如果胎衣能在14小时内全部排出，多半不会发生什么并发病。但若超过1天，则胎衣会发生腐败，尤其是气候炎热时腐败更快。从胎衣开始腐败起，即因腐败产物引起中毒，而使羊的精神不振，食欲减少，体温升高，呼吸加快，泌乳量降低或停止，并从阴道中排出恶臭的分泌物。由于胎衣压迫阴道黏膜，可能使其发生坏死。此病往往并发败血病、破伤风或气肿疽，或者造成子宫或阴道的慢性炎症。如果羊只不死，一般在5～10天内全部胎衣发生腐烂而脱落。山羊对胎衣不下的敏感性比绵羊为大。

图5-4-1 山羊胎衣不下

【类症鉴别】

1.与布氏杆菌病鉴别

（1）相似点 都表现为胎衣不下的症状。

（2）不同点 布氏杆菌病引起的流产多发生于怀孕的3～4个月。流产前食欲减退、口渴，阴道流出黄色黏液。流产母羊多数胎衣不下，继发子宫内膜炎，影响受胎。另外还有乳腺炎、支气管炎、关节炎等症状。

2.与李氏杆菌病鉴别

（1）相似点　都表现为胎衣不下的症状。

（2）不同点　李氏杆菌病羊的流产多发生在产前3星期左右，母羊流产后几乎都是胎衣滞留2～3天，才自行排出，无阴道排出物或子宫炎的症状。

【防治】

1.预防

加强孕羊的饲养管理，饲料的配合应以不使孕羊过肥为原则，每天保证适当运动。

2.治疗

在产后14小时以内，可待其自行脱落。如果超过14小时，即须采取适当措施。

（1）手术剥离胎衣。

（2）皮下注射催产素2～3单位。

（3）治疗败血症。

① 肌内注射青霉素40万单位，每6～8小时一次；链霉素1克，每12小时1次。

② 将四环素50万单位，加入5%葡萄糖注射液100毫升中，静脉注射，每日2次。

③ 用1%冷食盐水冲洗子宫，排出盐水后给子宫注入青霉素40万单位及链霉素1克，每日1次，直至痊愈。

④ 10%～25%葡萄糖300毫升，40%乌洛托品10毫升，静脉注射，每日1～2次，直至痊愈。

⑤ 结合临床表现，及时进行对症治疗，如给予健胃剂、缓泻剂、强心剂等。

五、子宫内膜炎

子宫内膜炎是指子宫内膜的化脓性和坏死性炎症。以屡配不孕、经常从阴道流出浆液性或脓性分泌物为特征。

【病因】

（1）常发生于流产前后，尤其是传染病引起的流产。这种子宫内膜炎容易相互传染，如不及时采取防制措施，正常分娩的羊也难免受到感染。

（2）分娩时期圈舍不清洁，或接产过程消毒不严，容易引起发病。

（3）为阴道脱出、子宫脱出、胎衣不下及阴道炎等疾病的继发症。

【症状】

临床表现有急性和慢性两种情况。

急性子宫内膜炎，病羊体温升高，食欲减少，反刍停止，精神萎靡，常从阴门流出污红色腥臭的排出物，阴门周围及尾部有干痂附着（图5-5-1）。由于炎性渗出物的刺激，同时可使阴道及前庭发炎。有时由于病羊努责而发生阴道不全脱出。如为传染性子宫炎，则体温显著增高，病羊极度虚弱，泌乳停止，有时表现昏迷及中毒现象，甚至造成死亡。

图5-5-1 子宫内膜炎

慢性子宫内膜炎多由急性转变而来，食欲稍差，阴门排出少量卡它性或脓性渗出物，发情不规律或停止发情，不易受胎。卡它性子宫内膜炎有时可以变为子宫积水，造成长期不孕。

【类症鉴别】

1.与阴道炎鉴别

（1）相似点　阴门流出分泌物，尾根附有干结物，时有努责、翘尾、弓背现象。

（2）不同点　阴道炎时阴道黏膜潮红、肿胀，严重时有糜烂。慢性脓性蜂窝织炎性阴道炎，触诊疼痛。

2.与慢性子宫颈炎鉴别

（1）相似点　阴门流出脓性分泌物。

（2）不同点　慢性子宫颈炎可引起结缔组织增生，子宫颈黏膜皱襞肥大，呈菜花样。子宫颈变粗，而且坚实。

3.与羊流产沙门氏菌病鉴别

（1）相似点　都有子宫炎的症状。

（2）不同点　羊流产沙门氏菌病所引起的流产多见于妊娠的最后2个月。流产前体温升高到40～41℃，厌食，精神沉郁。病羊伴发肠炎、胃肠炎和败血症。病羊产下的活羔羊比较衰弱，不吃奶，并有腹泻，常于产后1～7天死亡。

4.与布氏杆菌病的鉴别

（1）相似点　都表现为子宫内膜炎的症状。

（2）不同点　布氏杆菌病引起的流产多发生于怀孕的3～4个月。流产前食欲减退、口渴，阴道流出黄色黏液。流产母羊多数胎衣不下，继发子宫内膜炎，影响受胎。另外还有乳腺炎、支气管炎、关节炎等症状。

【防治】

1.预防

（1）加强饲养管理，防止发生流产、难产、胎衣不下和子宫脱出等疾病。

（2）预防和扑灭引起流产的传染性疾病。

（3）加强产羔季节接产、助产过程的卫生消毒工作，防止子宫受到感染。

（4）抓紧治疗子宫脱出、胎衣不下及阴道炎等疾病。

（5）严格隔离病羊，不可与分娩的羊同群喂管。

（6）加强护理，保持羊舍的温暖清洁，饲喂富于营养而带有轻泻性的饲料，经常供给清水。

2.治疗

（1）抓紧治疗急性子宫内膜炎，全身注射青霉素或链霉素，防止转为慢性。

（2）可用0.1%高锰酸钾100～200毫升、1%～2%小苏打、1%的盐水或含有0.05%的呋喃唑酮盐水冲洗子宫，每日或隔日1次。在子宫内有较多分泌物时，盐水浓度可提高到3%。

如果子宫颈口关闭，可给子宫颈涂以2%碘酒，使它变为松弛。冲洗后灌注青霉素40万单位。

（3）子宫内给予广谱抗菌药，抗菌药物0.5～1克用少量生理盐水溶解，做成溶液或混悬液，用导管注入子宫，每日2次，也可每日向子宫内注入5%～10%的呋喃唑酮混悬液10～20毫升。

（4）在子宫内有积液时，可注射雌二醇2～4千克，4～6小时后注射催产素10～20单位，促进炎症产物排出。配合应用抗生素治疗，可收到较好的疗效。

六、乳腺炎

乳腺炎多见于泌乳期，其临床特征为乳腺发生各种不同性质的炎症，乳房发热、红肿、疼痛（视频5-6-1），影响泌乳机能和产乳量。常见的有浆液性、卡它性、脓性和出血性乳腺炎。

视频5-6-1

扫码观看：乳腺炎

【病因】

由于环境卫生条件差、挤奶方法不妥、乳房过分充盈、创伤或产前饲食过多等原因，致使病原菌经乳头孔和创伤口进入乳房而引起，尤以干奶期和分娩期舍饲的高产及经产母羊多发。亦见于结核病、口蹄疫、子宫炎、羊痘、脓毒败血症等过程中。

【症状】

乳腺炎是泌乳母羊最为常见和危害最严重的疾病之一，尤其是奶山羊。本病可分为临床型和隐性型乳腺炎，后者占多数。症状以乳房热、痛、肿为特征（图5-6-1），乳房内有硬结，奶变色或变质。鲜奶呈水样（图5-6-2），灰白色或深黄色，浓稠、絮状凝块或混有血液等。病初乳房肿胀，皮肤发紫，以后越发肿大，外观有许多小丘，直到化脓溃烂，乳腺组织破坏而丧失产奶能力。母羊行走时后腿跛行，食欲丧失，便秘，发烧。

【类症鉴别】

1.与葡萄球菌病鉴别

（1）相似点　母羊都有乳腺炎的症状，乳房发热、疼痛、高度肿胀。

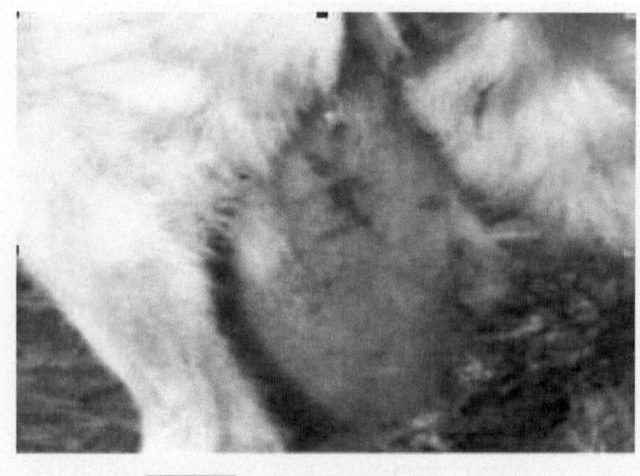

图5-6-1　病羊乳房肿胀、发红

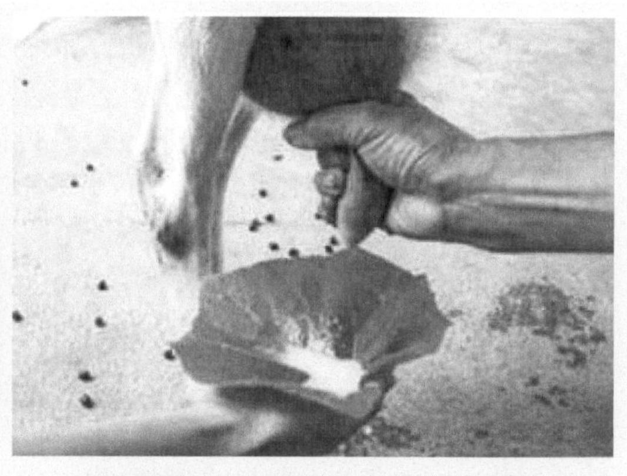

图5-6-2　病羊乳房肿大、乳汁稀薄

（2）不同点　葡萄球菌引起的乳房分泌物呈红色或黑红色，带恶臭味。

2.与布氏杆菌病鉴别

（1）相似点　都表现为乳腺炎的症状。

（2）不同点　布氏杆菌病除引起乳腺炎外，主要引起怀孕羊的流产，胎衣不下。

【防治】

1.预防

（1）注意挤乳卫生，扫除圈舍污物，在绵羊产羔季节应经常注意检查母羊乳房。

（2）为使乳房保持清洁，可用0.1%新洁尔灭溶液经常擦洗乳头及其周围。

（3）挤奶后用消毒液浸泡乳头，尤其是在奶山羊分娩前后和干奶期应坚持这样做。

（4）在病羊初期，应减少精料和水的喂量，增加挤奶次数，病重的母羊应停止挤奶。

2.治疗

（1）全身治疗

① 红霉素每千克体重2～4毫克；或螺旋霉素15毫克；或庆大霉素3～6毫克，肌内注射。

② 氯霉素25～50毫克；或磺胺和甲氧苄氨嘧啶50～100毫克，静脉注射。

③ 林可霉素10毫升；或泰乐霉素120毫克，肌内注射。

④ 口服磺胺类药物等。

（2）局部治疗　生理盐水或0.05%～1%雷佛奴尔500～1000　毫升经乳头注入冲洗乳房，连续数次，然后注入20万～40万单位青霉素或10万～25万单位土霉素，连续处理2～3天。同时辅以冷敷（炎症初期）和热敷（40～45℃）处理。

七、不孕症

羊体成熟后达到繁殖年龄或分娩后经过一定时间不能正常受胎称为不孕症。表现为性周期不规则，即发情周期少于14天或超过30天以上仍缺乏发情。经产母羊空怀天数超过90天。处女母羊配种5个以上发情期不能怀孕或空怀年龄超过20.5月龄，30月龄后仍不能投产。

（一）营养性不孕症

（1）蛋白质长期供应不足引起不孕　蛋白质长期供应不足，不仅可使膘情下降而且新陈代谢发生障碍，其中包括生殖系统机能性变化。常表现为一侧或两侧卵巢萎缩，持久黄体，发情排卵均不明显。经产母羊产后4～6个月不发情。

【防治】 要合理搭配精料，尤其是加强蛋白质饲料的供应。

（2）碳水化合物供应不足引起不孕　碳水化合物是母畜能量的源泉，如供应不足也可引起蛋白质代谢障碍，使机体内酸碱平衡失调。主要表现为性周期紊乱，卵巢萎缩，通常无卵泡成熟，有时出现持久黄体或卵巢囊肿。

【防治】 加强饲养管理，多供给碳水化合物饲料。

（3）维生素缺乏引起不孕　维生素A、B族维生素、维生素D、维生素E缺乏均可造成母羊不孕，表现为持久性黄体，卵巢萎缩，个别出现卵巢囊肿。

【防治】 对长期不孕的羊或出现性周期不正常的，可加喂维生素E，因羊本身不能合成维生素E，在冬季，长期舍饲或饲喂稻草而出现较多的不孕羊时，可加喂维生素制剂。

（4）矿物质缺乏引起不孕　对不孕有影响的主要是钙、磷、钴、铀。如磷不足可引起母畜无情期，钙不足，磷过多可引起卵巢萎缩，质地坚硬，发情后生殖器官出血严重，排卵延迟，受胎率低。

【防治】要适当加喂骨粉或补充矿物质添加剂。

（5）蛋白质过多和过肥引起不孕　当长期饲喂过量的蛋白质和脂肪性饲料，而同时矿物质、维生素供应缺乏，加上运动不足时，会造成不孕。过肥时，会造成脂肪在卵巢及其周围大量沉积，导致卵巢发生脂肪变性，出现持久性黄体，个别羊虽性周期正常，但屡配不孕。

【防治】 减少精料、糖料、豆饼等造成蛋白质、脂肪沉积的饲料，但必须保证青饲料的供应，母羊的膘情以6～7成为宜，控制哺乳，加强运动，适当加喂食盐，由药物激活卵巢的活动。

（6）管理不当造成的不孕　当羊群在寒冷、潮湿、光线弱、通风不良环境中或羊舍高温、无适当的运动也可使母羊经常处在紧张状态之下，再得不到完全光照，便会造成性周期紊乱，使得卵巢体积缩小，无成熟卵泡，且有明显的持久黄体。

【防治】 应改善饲养条件，适当运动，用药物促进生殖机能的恢复。

（二）生殖器官疾病引起的不孕

（1）卵巢机能衰退，卵巢静止，久不发情，性机能不期衰退，卵巢萎缩　卵巢机能暂时性扰乱，性周期长，卵巢明显萎缩硬化，子宫收缩力减弱，泌乳明显下降。

【防治】 己烯雌酚10～15毫升，肌注， 2天1次，连用3次，6天后如无性欲，可用绒毛膜促性腺激素200～500单位，肌注。促卵泡生成素100～200单位，1天1次，肌注，连用2～3次。发情后可用促黄体生成素100～200单位，肌注。孕马血清促性腺激素　200～500单位，肌注。三合激素，每10千克体重1毫升，肌注。中药当归、菟丝子各40克，枸杞子50克，益母草20克，阳起石30克，补骨脂10克，藕叶5个，干草50克，红糖50克，煎服，每天1副，连用3天。

（2）持久黄体　性周期或分娩后的卵巢中黄体超过25～30天，不消退者称为持久黄体，前者为周期黄体，后者为妊娠黄体。症状为性周期停止，不发情，个别母羊出现很不明显的发情。

【防治】 用促卵泡生成素100～200单位，肌注，1次/2天，连用2次。三合激素，每10千克体重2毫升，肌注。前列腺素5毫升，加20毫升生理盐水灌注子宫。氦氖激光照射交巢穴，每次10分钟，每天1次，连用3天。

（3）卵巢囊肿　分为黄体囊肿和卵泡囊肿。卵泡囊肿是卵泡上皮变性，卵泡壁结缔组织增生变厚，卵细胞死亡，卵泡液未被吸收，引起囊肿（图5-7-1、图5-7-2），造成慕雄狂。症状为母畜频频发情，外阴部下垂、充血，卧地时外阴门张开，伴随流出透明的分泌物，性情

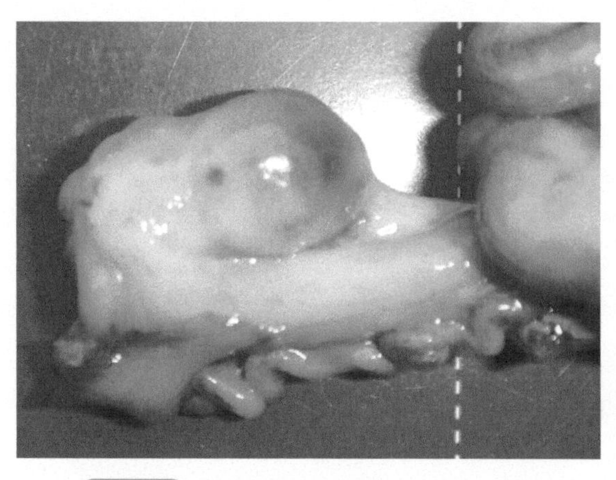

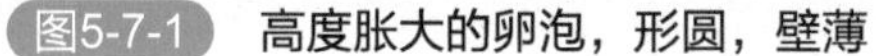

图5-7-1 高度胀大的卵泡，形圆，壁薄

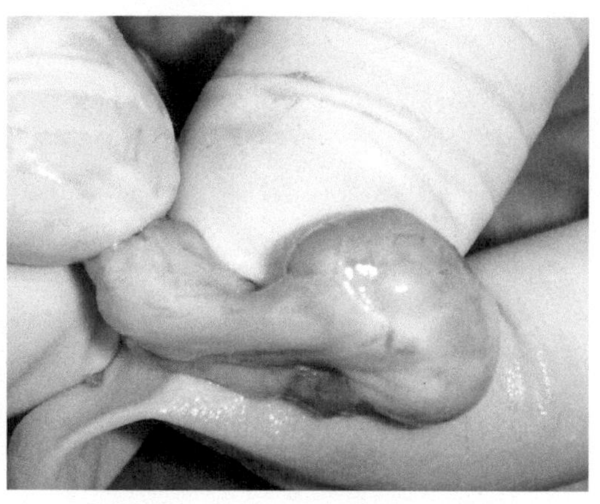

图5-7-2 卵泡液未被吸收，形成囊肿

粗野，严重时叫声变粗，频频爬跨和排尿，每次发情期6～8天。

黄体囊肿是由于未经排卵的卵泡壁上皮黄体形成的囊肿。症状为完全停止发情，卵巢上黄体突出，且富有弹性。

【防治】 对于卵泡囊肿，黄体酮50～100毫克，肌注，每天1次，连续3天；促黄体生成素100～200单位，肌注3次；绒毛膜促性腺激素，加30毫升生理盐水，每天冲洗子宫，连用3天。

对于黄体囊肿，子宫内用前列腺素5毫克，加生理盐水20毫升冲洗，注射绒毛膜激素200～500单位，用针刺法去除囊液。

（4）子宫疾病

① 子宫复位不全。病因为难产，子宫脱出，胎衣不下，胎水过多，胎儿过大，多胎，妊娠期及产后期缺乏运动。症状为产后恶露滞留或排出时间延长，子宫颈在产后1～2周以上仍开放，恶露从浅红色渐渐变成黏液性。

【防治】 为补液结合抗生素治疗；脑垂体后叶激素50～100单位，肌注；土霉素粉10克加蒸馏水50毫升，灌注；柠檬酸3克、土霉素2克制成泡沫剂冲洗子宫。

② 子宫内膜炎。母畜的发情周期及发情表现正常，直检时触诊子宫较肥厚，阴道中存有从子宫分泌的稍浑浊的黏液状炎性分泌物。

【防治】 用1%土霉素100毫升，0.05～0.1%高锰酸钾溶液50毫升，反复冲洗，然后子宫内放入土霉素胶囊3克。对不明显的子宫内膜炎，可在配种前1～2小时用80万青霉素和100万链霉素加5～10毫升生理盐水冲洗，然后配种。

（三）反复输精产生免疫而造成不孕

精子有特异性抗原和血型抗原，由于精于具有抗原性，多次重复交配和反复输精会引起母畜体内滴度升高，每输精1次，畜体血清与精子凝集就增高。

【防治】

（1）对产后子宫复旧不全或母畜有病者不可输精。
（2）对于4个性周期输精不孕时，在以后2个性周期内不输精。
（3）用2.9%柠檬酸钠精液稀释液20毫升加80万青霉素，1天1次冲洗子宫。

【类症鉴别】

1.与阴道炎鉴别

（1）相似点　阴门流出分泌物，尾根附有干结物，时有努责、翘尾、弓背现象。
（2）不同点　单纯的阴道炎一般不会引起不孕。

2.与布氏杆菌病鉴别

（1）相似点　都可引起不孕。
（2）不同点　布氏杆菌病除引起不孕外，还可引起怀孕羊的流产、胎衣不下、乳腺炎。

八、妊娠毒血症

羊妊娠毒血症也称羊妊娠中毒症，多发生在妊娠中后期。具有较高的死亡率，低血糖、酮血症、失明等是其显著特征。

【病因】

（1）饲养管理不当，饲料单一、营养不足或不全，缺乏运动，致使妊娠羊营养失调，物质代谢减弱，对外界环境适应能力降低。
（2）怀孕母羊随着胎儿生长发育，不能满足胎儿及本身的需要，产前易发生妊娠毒血症。

【症状及病理变化】

患病母羊在临产前，精神不振，心音增强，尿少、色黄如油状；食欲不振或废绝（视频5-8-1，图5-8-1），喝水少，粪便时干时稀；体温正常或偏低，耳震颤，全身发抖，咬牙；反射机能减弱，运动失调，盲目运动；站立不稳，最后昏迷而死亡。

肝脏肿大，质脆易碎，肝变性（图5-8-2）；肾脏肿大，出血并有脂变；心脏变性，质脆、心内外膜有出血点；脾充血和出血；胃肠黏膜下出血及坏死炎症，腹水增多。

视频5-8-1

扫码观看：妊娠毒血症

【诊断】

根据母羊的发病症状，结合母羊临产前拒食及营养状况、是否圈养、缺乏运动、日粮搭配是否合理等，再根据剖检变化，一般即可确诊。有条件可进行实验室检查。

【治疗】

（1）保肝、提高血糖，50%葡萄糖每次100毫升，加维生素C注射液0.5克，静脉注射，连用7天。
（2）促进代谢，氢化可的松注射液0.08克，加入10%葡萄糖

图5-8-1 羊妊娠毒血症

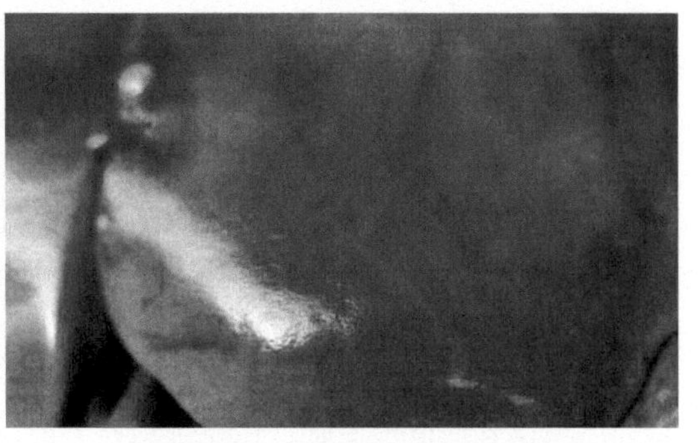

图5-8-2 肝脏肿大，呈红黄色

溶液稀释后一次静脉注射，每日1次。维生素B_1注射液0.05克，一次肌内注射，每日1次，连用7天。

（3）纠正酸中毒，5%碳酸氢钠注射液100毫升静脉注射，每日1次，连用4天。心力衰竭时注射强心药，食欲不佳时给予健胃药物。

九、子宫脱出

子宫脱是指子宫的一部分或全部脱出于阴道内或阴道外。

【病因】

本病继发于分娩，多见于分娩后数小时内。妊娠期营养不良、运动不足、过于肥胖、胎伸张和弛缓，同时分娩后努责仍很剧烈，易发生子宫脱。胎水过多、胎儿过大及过多等因素，引起子宫肌过度伸张。

【症状及病理变化】

如果只有一个子宫角怀孕时，从阴门裂中垂出红色、发亮、拳头大以至小儿头大的梨形物，其末端扩大下垂到跗关节，而另一个子宫角则包在脱出部分之内，并不外翻。在两个子宫角都怀孕时，则脱出子宫的大小加倍，表面显有杯状子叶。

在严重时与阴道共同翻转而脱露。如果在空气中停留时间过久，则变为暗红色。往往因受到粪尿及蓐草的污染而发生黑色斑点（图5-9-1）。时间再长时，黏膜下组织及肌内层发生水肿，逐渐坏死。严重的子宫脱出常并发便秘或腹泻。

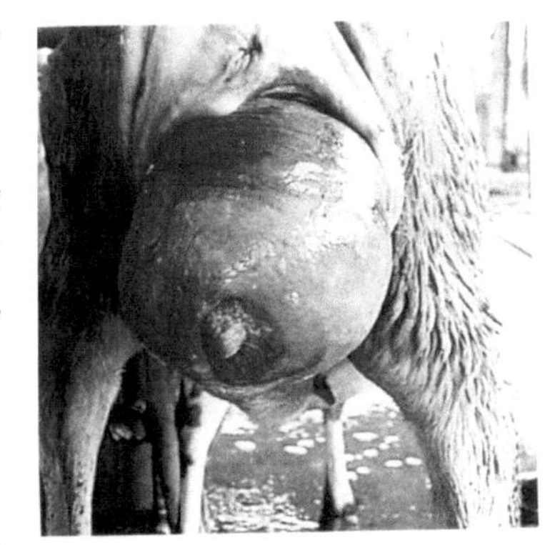

图5-9-1 从阴门中脱出红色，拳头大的子宫阜

【诊断】

依据从阴道脱出组织的特殊形状，容易作出诊断。但应注意与阴道脱出相鉴别，阴道脱出后其外观呈球形囊状，表面光滑，体积较小，与子宫脱出外观不同。

【防治】

1.预防

（1）平时加强饲养管理，保证饲料质量，使羊身体状况良好。

（2）在怀孕期间，保证羊只有足够的运动，增强子宫肌内的张力。

（3）多胎的母羊，往往在产后14小时左右才发生子宫脱出，因此在产后14小时以内必须细心注意产羔羊，以便及时发现病羊，尽快进行治疗。

（4）遇到胎衣不下时，绝不要强行拉出。

（5）遇到产道干燥时，在拉出胎儿之前，应给产道内涂灌大量油类，并在拉出之后立刻施行脱宫带，以预防子宫脱出。

2.治疗

（1）对病羊进行全身麻醉，提高后躯，用消毒药液冲洗子宫，清除黏膜上的泥土、草屑及未脱落的胎盘碎片。

（2）用温热的2%明矾液或1%硼酸溶液冲洗子宫。若水肿严重，应在冲洗的同时揉掐压迫子宫，使水肿液得以排出。最后在子宫黏膜表面涂上抗生素软膏。

（3）用灭菌大纱布包裹子宫，防止子宫再次污染，将两手置于子宫基部慢慢向内还纳。如还纳后子宫不能正常复位，可施行剖腹术，使子宫完全恢复正常位置。

（4）为防止再次脱出，应进行阴门缝合。

十、阴道脱出

阴道脱出是阴道部分或全部外翻脱出于阴户之外，阴道黏膜暴露在外面，引起阴道黏膜充血、发炎，甚至形成溃疡或坏死的疾病。

【病因】

饲养管理不良，羊体弱、年老，致使阴道周围的组织和韧带弛缓；怀孕羊到后期腹压增大；分娩或胎衣不下而努责过强。助产时强行拉出胎儿，常是发生阴道脱的直接原因。

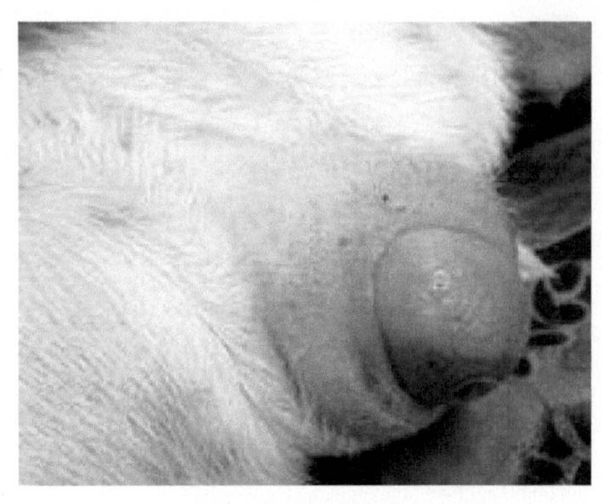

图5-10-1 阴道脱出

【症状】

阴道脱出有完全脱出和部分脱出两种。当完全脱出时，脱出的阴道如拳头大，也可见阴道连同子宫颈脱出。部分脱出时，仅见阴道入口部脱出，大小如桃（图5-10-1）。外翻的阴道黏膜发红，甚至青紫，局部水肿。因摩擦可损伤黏膜，形成溃疡，局部出血或结痂。病羊常在卧地后，被地面的污物、垫草、粪便黏附于脱出的阴道局部，导致细菌感染而化脓坏死。严重者，全身症状明显，体温可高达40℃以上。

【防治】

体温升高者，用磺胺嘧啶5～8克，每日1次内服，连用3日；或用青霉素和链霉素肌内注射。配合0.1%高锰酸钾溶液或新洁尔灭溶液清洗局部，涂擦金霉素软膏或碘甘油溶液。然后，用消毒纱布捧住脱出的阴道，由脱出基部向骨盆腔内缓慢地推入，至快送完时，用拳头顶进阴道；然后用阴门固定器压迫阴门，固定牢靠为止。对形成习惯性脱出者，可用粗线对阴门四周做减张缝合，待数日后，阴道脱出症状减轻或不再脱出时，拆除缝线。

第六章　羊代谢病和中毒病的类症鉴别及诊治

一、黄脂病

羊黄脂病是以羊体脂肪组织呈现黄色特征的一种色素沉积性疾病，也称“黄膘”“黄脂肪病”或“营养性脂膜炎”，是一种受饲料与环境影响而导致的代谢病，可分为黄疸病和黄膘病。为便于区分，习惯上把放牧羊因疾病引起的皮下脂肪变黄称作疾病型黄疸病；舍饲育肥中因饲料引起的皮下脂肪变黄称作代谢型黄膘病。

【病因】

1.引起疾病型黄疸病的原因

（1）寄生在胆管内的寄生虫（如肝片吸虫、绦虫）、胆管炎、十二指肠炎等，均可造成胆汁运行受阻，称阻塞性黄疸。

（2）各种细菌或病毒所致的肝硬化、肝炎等，使得肝脏实质发生病变而导致实质性黄疸。

（3）羊附红体病、锥虫病、焦虫病、钩瑞螺旋体病等侵入机体，都可造成红细胞大量崩解，血红蛋白游离于血液中，经肝脏代谢后形成黄疸，称溶血性黄疸。

2.饲料因素引起代谢型黄膘病的原因（最常见）

（1）不饱和脂肪酸含量过高或生育酚含量过低　饲料中油渣、油糟类、玉米、豆饼等高脂肪、易酸败原料过多，使机体内维生素E的消耗量大增，引起机体内维生素E相对缺乏，导致抗酸色素在脂肪组织中沉积，促使黄脂产生。

（2）饲料中色素含量高　饲料中含植物色素的原料（如胡萝卜、紫云英、芜菁、南瓜等）或染色掺假原料（棉粕等）含量较高，羊采食后染料沉积到脂肪上，也会形成黄脂。

（3）饲料中添加了导致产生黄脂病的药物　如硫胺类和某些有色中草药，在使用时间较长或没有经过足够长的休药期后屠宰，会造成局部或全身脂肪发黄。

（4）饲料霉变　长时间给羊饲喂感染黄曲霉的饲料，如玉米、花生等，也能引起脂肪淡黄色。

（5）使用猪饲料和肉鸡饲料喂羊　猪饲料的特点是油脂含量高，铜含量高，且油脂多为易吸收、易氧化的不饱和脂肪酸，加上铜具有很强的催化及氧化作用，导致饲料氧化加快，造成黄脂。且猪料中大都添加药物，有些药物也容易造成黄脂。

（6）饲料配方或生产工艺不合理　高铜可使饲料中的油脂氧化酸败加快，导致黄脂。维生素E缺乏可降低机体的抗氧化性，也会导致黄脂。同时饲料生产过程中产生的热量和水蒸气过多，以及饲料储存时间过长，也会导致饲料中不饱和脂肪酸过氧化发生酸败，促使黄脂形成。

（7）育肥饲喂时间过长，饲料配比不合理 较长时间饲喂高能、高蛋白饲料，维生素缺乏，特别是维生素E、维生素C缺乏，精料喂量大，草料喂量小，破坏羊只自身的生长规律，长时间的营养过剩造成体内代谢异常，发生脂肪肝及肝功能异常，造成胆汁分泌和代谢异常，胆道堵塞，胆汁被直接吸收进入血液造成黄疸肉。育肥时间短，料中能量低也可引起黄脂症。

【症状】

病羊在育肥120天左右开始出现临床症状，表现为被毛蓬松缺乏光泽，不爱活动，乏力，发呆，摇头震颤，食欲废绝，反刍减少，血尿或酱油色尿液，口腔、眼黏膜，肛门、腹下皮肤发黄（图6-1-1），四肢麻痹，站立不稳，呼吸困难，腹式呼吸，治疗无效，最后昏迷而死。

【病理变化】

全身皮下脂肪组织呈黄色，具有鱼腥味（图6-1-2）。气管喉头呈黄色（图6-1-3），肺脏呈土黄色，有出血斑（图6-1-4），肋骨、肋间肌肉发黄（图6-1-5），肝呈黄褐色，轻度肿大，

图6-1-1 肛门、腹下皮肤发黄

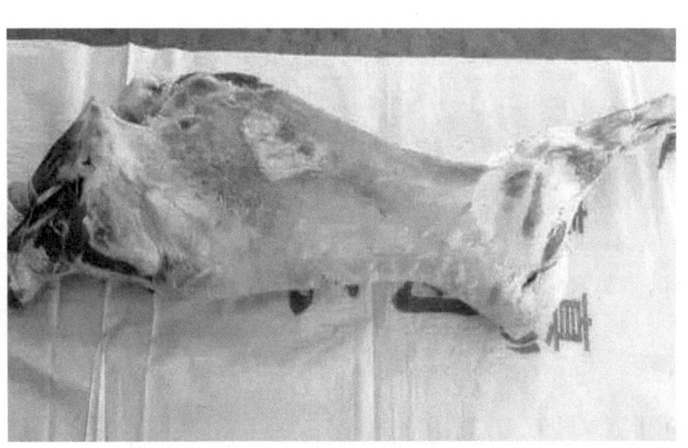

图6-1-2 全身皮下脂肪组织呈黄色

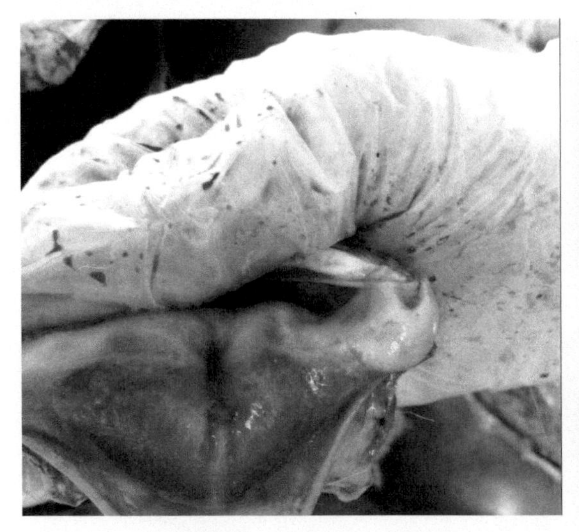

图6-1-3 气管喉头呈黄色

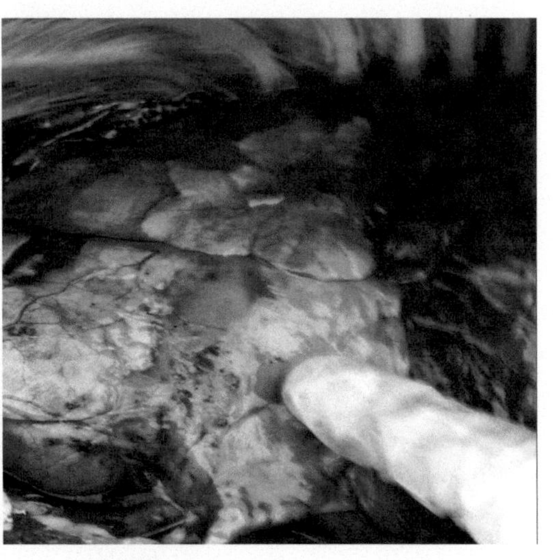

图6-1-4 肺脏呈土黄色，有出血斑

边缘变钝，质地变脆，颜色变淡发黄呈黄褐色（图6-1-6），但无坏死灶，胆囊肿大，胆汁浓缩（图6-1-7）；淋巴结水肿，黄染（图6-1-8），有出血点。胃肠黏膜充血（图6-1-9），切开瘤胃倒出内容物，可见瘤胃乳头短粗，质地较硬，严重部位结成硬痂。脾脏有出血点（图6-1-10），肠道出血黄染（图6-1-11），盲肠出血严重（图6-1-12）。肾脏周围也有大量脂肪，将肾脏完全包裹，脂肪呈黄色（图6-1-13），将包裹在肾脏上的脂肪剥离，肾脏发黑、大小正常，质脆易碎，切面多汁，色泽加深，结构浑浊，皮质部呈紫黑色，髓质呈黄色；膀胱内尿液呈红色（图6-1-14）。腹水呈黄红色（图6-1-15），血液稀薄。

【诊断】

根据临床症状和典型的病理变化，结合饲养管理可做出诊断。

【类症鉴别】

1.与羊霉菌毒素中毒鉴别

（1）相似点　均呈慢性经过，被毛粗乱无光，食欲减退或废绝，生长发育缓慢，营养不良，反刍减少，皮肤黏膜发黄。

图6-1-5　肋骨、肋间肌肉发黄

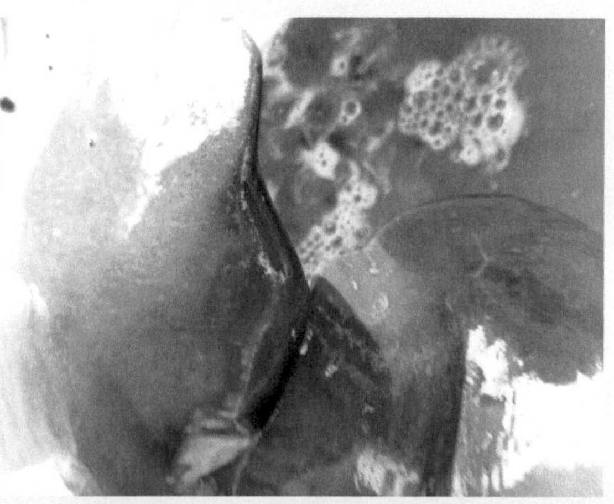

图6-1-6　肝呈黄褐色，轻度肿大

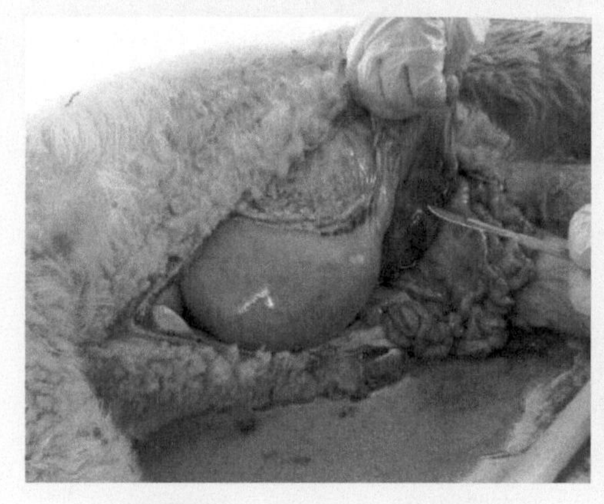

图6-1-7　胆囊肿大，胆汁浓缩

图6-1-8　淋巴结水肿，黄染

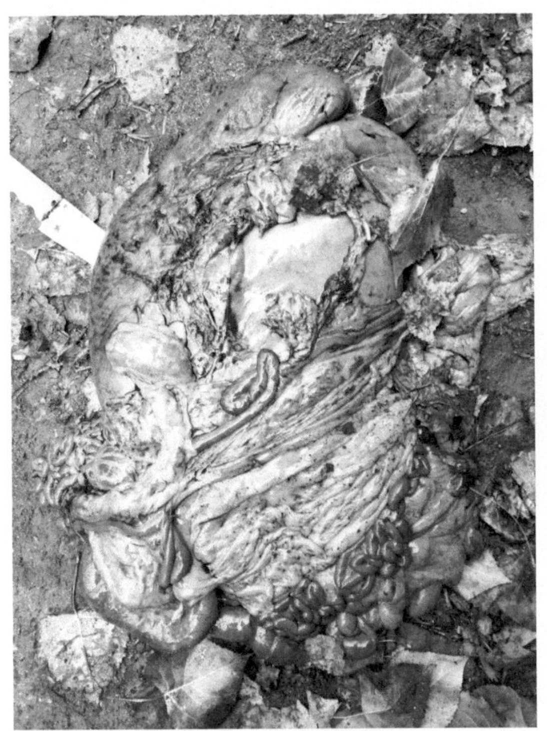

图6-1-9 胃肠黏膜充血

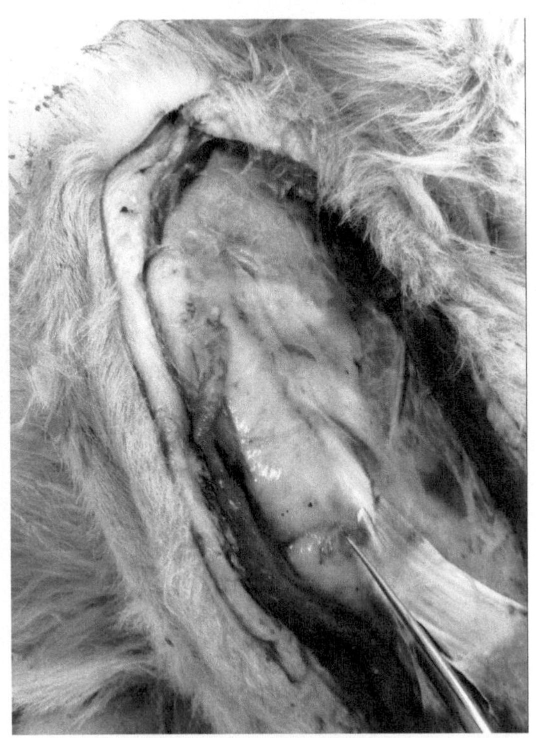

图6-1-10 脾脏有出血点

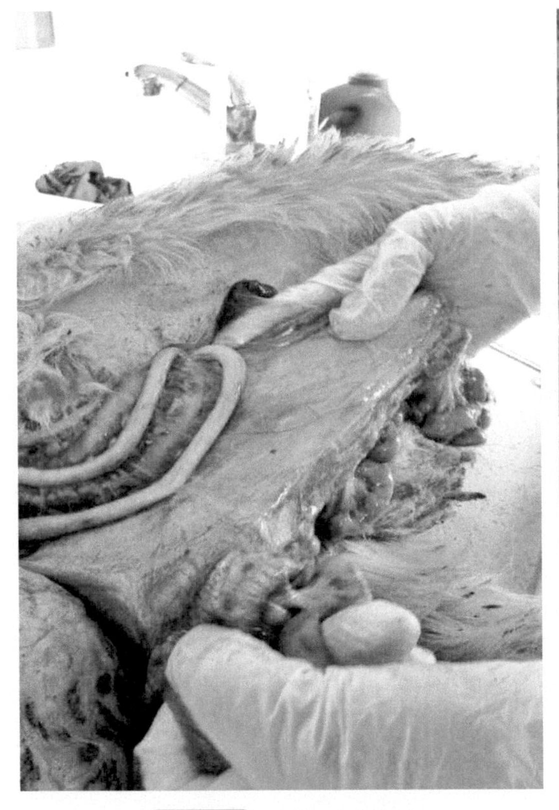

图6-1-11 肠道出血黄染

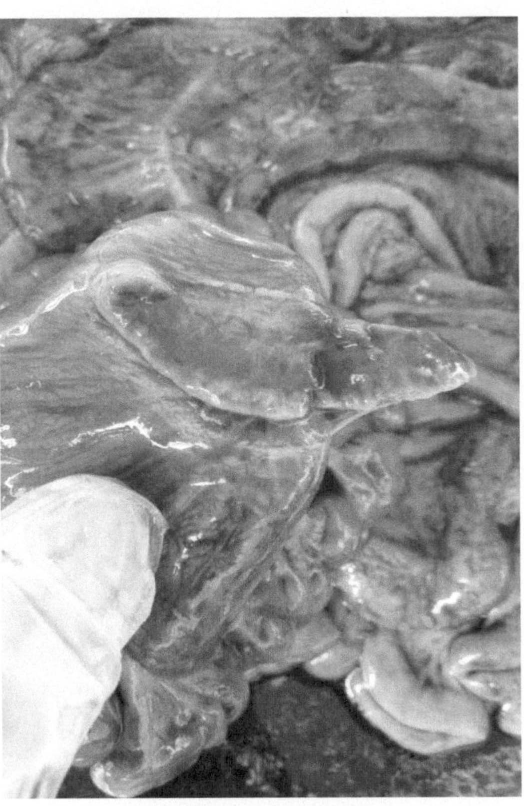

图6-1-12 盲肠出血严重

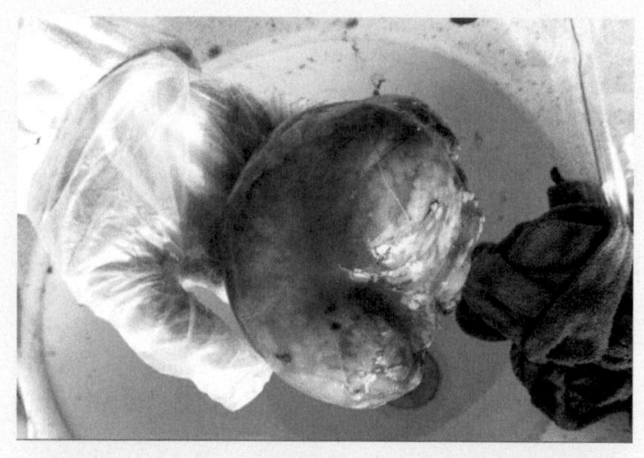

图6-1-13 肾脏周围脂肪呈黄色

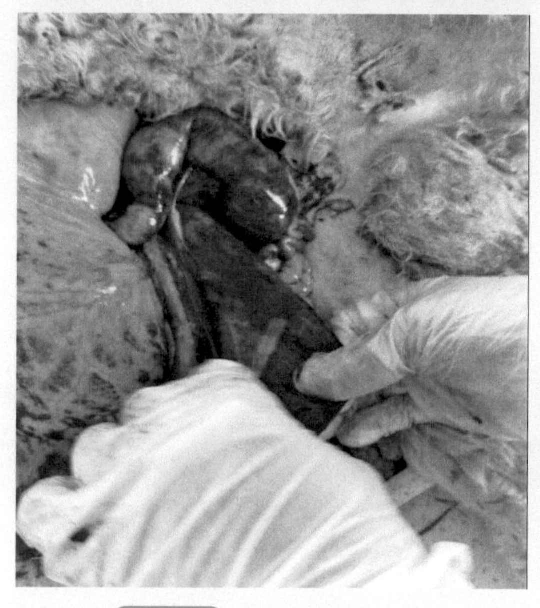

图6-1-14 膀胱内尿液呈红色

图6-1-15 腹水呈黄红色

（2）不同点 羊黄曲霉毒素中毒是由于采食含有大量黄曲霉毒素的霉变饲料或长期饲喂霉变玉米、霉变饲料所致。表现角膜混浊，常出现一侧或两侧眼角失明，磨牙，呻吟，腹痛，间歇性腹泻，排泄混有血液凝块的黏液样软便，有时有神经症状，往往因虚脱昏迷死亡。

2.与羊钩端螺旋体病鉴别

（1）相似点 均有被毛粗乱无光，食欲减退或废绝，反刍减少或停止，呼吸心跳加快，皮肤黏膜发黄，排酱油色尿液。

（2）不同点 羊钩端螺旋体病的病原为钩端螺旋体，体温升高，慢性便秘，亚急性羊乳头坏死，急性结膜炎，鼻流黏液、脓性鼻液，血涂片镜检可见钩端螺旋体。

3.与羊巴贝斯虫病鉴别

（1）相似点 均呈慢性经过，被毛粗乱无光，食欲减退或废绝，生长发育缓慢，营养不良，反刍减少，心跳、呼吸加快，排酱油色尿液，皮肤黏膜发黄，剖检可见皮下组织黄染，血液稀薄，膀胱积有红色尿液。

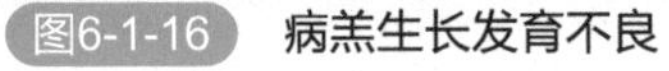

图6-1-16　病羔生长发育不良

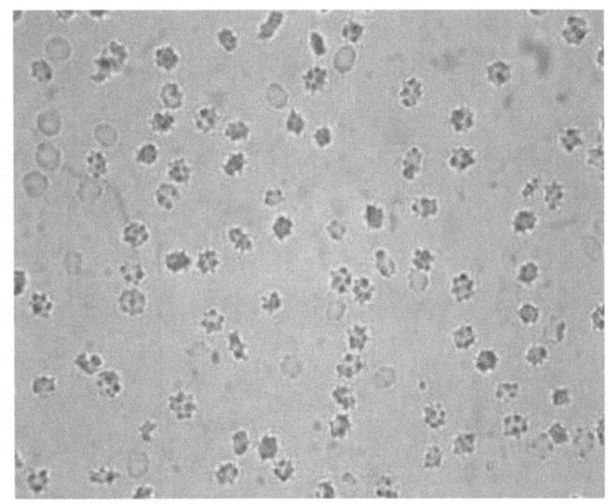

图6-1-17　红细胞周边的附红细胞体

（2）不同点　羊巴贝斯虫病的病原为巴贝斯虫，由蜱传播，发热，间歇热，腹泻，剖检可见淋巴结肿大，有出血点，胆囊肿大3～4倍，血检可见巴贝斯虫。

4.与羊附红细胞体病鉴别

（1）相似点　均呈慢性经过，被毛粗乱无光，食欲减退或废绝，生长发育缓慢，营养不良，反刍减少或停止，心跳、呼吸加快，排酱油色尿液，皮肤黏膜发黄。

（2）不同点　羊附红细胞体病的病原为附红细胞体，发热，病羔生长发育不良（图6-1-16），血检可见血液稀薄，红细胞减少，附红细胞体附于红细胞外壁，使红细胞形成方形或放射形（图6-1-17），血浆可见有活动的虫体。

5.与羊棉籽饼中毒鉴别

（1）相似点　均呈慢性经过，被毛粗乱无光，食欲减退或废绝，虚弱，反刍减少或停止，心跳、呼吸加快，排酱油色尿液，皮肤黏膜发黄。

（2）不同点　羊棉籽饼中毒是因吃未经脱毒处理的棉籽而发病，表现夜盲症，尿石症，繁殖机能障碍，严重中毒时下痢带血，硫酸中放入棉籽饼呈胭脂红色。

【防治】

1.预防

（1）按厂家推荐配比配制饲料，不使用猪料和大量含不饱和脂肪酸的肉鸡料。

（2）调整日粮的配方，增加粗饲料比例，育肥前期要多给草料，保证羊只健康，减少脂肪肝等代谢病的发生。

（3）在日粮中添加抗氧化剂硒和维生素E。玉米、米糠、豆粕等不饱和脂肪酸含量都比较高，尤其是在夏季，容易氧化酸败，在饲料中添加天然的抗氧化剂硒和维生素（生育酚），保证机体具有良好的抗氧化能力。

（4）不喂过期、霉变饲草。

（5）做好羊的驱虫工作。

（6）增加机体清热解毒能力和免疫功能。通过大黄、芒硝、山楂和炒麦芽等中草药的适当添加，增加机体的解毒功能、免疫力、抗氧化功能和抗溃疡的功能。定期使用复方中草药药剂（清瘟止痢散），达到预防黄脂病的能力。

2.治疗

（1）肌内注射维生素C、复合维生素B、黄芪多糖和肌酐注射液各1支，1日1次，连用5～7天。

（2）头孢曲松钠2支、0.9%的生理盐水500毫升、50%的葡萄糖2支、注射液40毫升，混合静脉注射，1日1次，连用5～7天。

（3）日粮中添加维生素E500～700毫克，每天每只病羊口服护肝灵2～4片，连用7～14天。另外，维生素AD粉和清瘟止痢散，按说明书规定的使用量添加在日粮中饲喂。

二、白肌病

白肌病是羔羊缺乏维生素E和微量元素硒所致的一种营养代谢性疾病，临床上以病羔拱背、四肢无力、运动困难、喜卧和循环衰竭为特征，病理上则骨骼肌、心肌纤维以及肝组织等发生变性、坏死为主要特征，因病变肌肉色淡甚至苍白而得名。

【病因】

主要是饲料中硒和维生素E缺乏或不足，或饲料内钴、锌等微量元素含量过高而影响动物对硒的吸收。机体内硒和维生素E缺乏时，使正常生理性脂肪发生过度氧化，组织细胞发生退行性病变、坏死。病变可波及全身，但以骨骼肌、心肌受损最为严重，可引起运动障碍和急性心肌坏死。

【流行特点】

本病常在春夏之际发生，呈地方流行性，砂土或沼泽地区发生较多，1～5周龄的羔羊及仔山羊最易患病。死亡率有时可达40%～60%。

【症状】

部分患病羔羊呈急性经过，常于放牧及采食时突然倒地死亡，病羔体温正常或者略微下降，呼吸急促，每分钟能够达到80～100次，心跳加快，每分钟超过120次，节律不齐。病程较长者，最初精神沉郁，被毛蓬乱，体质消瘦，鼻镜干燥，背腰拱起，肷窝凹陷，腹围明显收缩，不愿行动，食欲减少或废绝，异嗜，以后卧地不起，颈部僵直而偏向一侧（图6-2-1）；

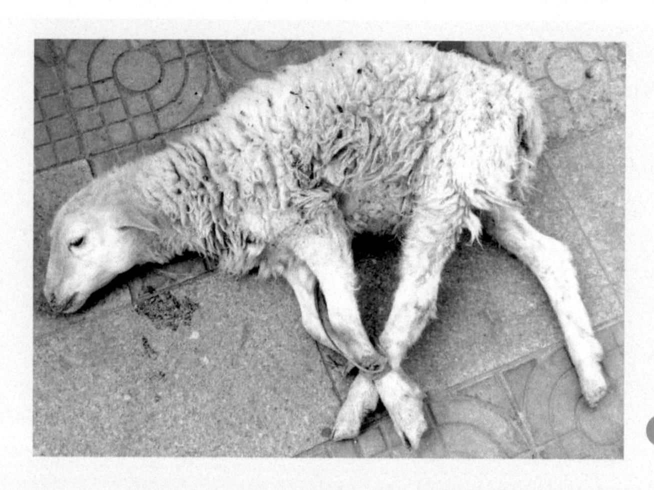

图6-2-1 病羊卧地不起，颈部偏向一侧

如果强迫起立，轻者走路摇摆，肢体强硬；重者站立不稳或举步跌倒，前肢跪地爬行，可视黏膜苍白，并出现黄染；少数病羔有腹泻症状，部分羊颌下、颈部发生水肿，有时排出红尿。最严重者突然不安，哀叫，肌肉震颤，角弓反张，四肢痉挛，呼吸困难，口吐白沫，心跳加速，心律不齐，10 ～ 30分钟死亡；较重者多3 ～ 4天死亡。

【病理变化】

剖检病死羊，发现四肢主要骨骼肌（即前肢肩胛肌、背阔肌，后肢股四头肌、半膜肌）发生对称性病变，即身体两侧的同种肌肉发生病变，后腿最为明显。病变骨骼肌呈浅黄色或灰黄色，有时为苍白色（图6-2-2），肌组织干燥，表面粗糙不平，横断面存在区域性色淡区，如同石灰样或者煮肉样，且在肌束间存在白色小点或者白色条纹（图6-2-3）。胸腹水明显增多，肺脏存在较多的出血斑点，右心扩张，心包中有透明或红色液体，心外膜存在针尖状大小的出血点（图6-2-4），少数心内膜存在出血点，心肌明显变薄，心肌某些区域色泽较浅，部分心肌呈苍白色（图6-2-5），较柔软，严重者出现大范围灰白色坏死区（图6-2-6）。肝脏瘀血肿大，胆囊肿大，含有淡黄色或者深绿色的黏稠胆汁，并存在条状出血斑。肾脏呈紫红色，略有肿大，质地较软，肾盂水肿，表面存在针尖大小的出血点。皱胃发炎、出血；十二指肠、空肠、回肠和部分盲肠黏膜呈紫红色，充血或出血，其内容物呈红色粥状。

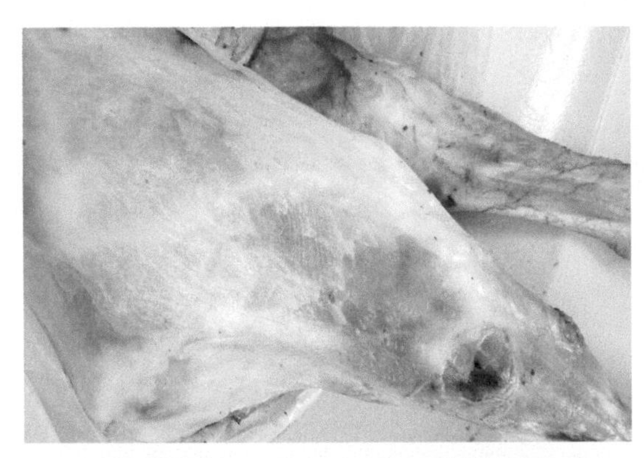

图6-2-2 骨骼肌有条片状灰白色病变

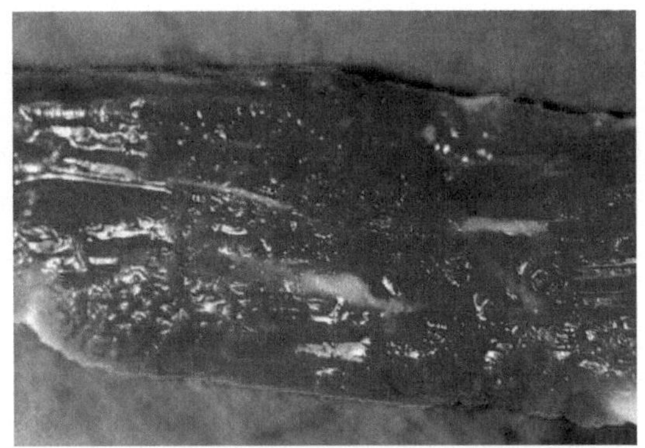

图6-2-3 肌束间存在白色条纹

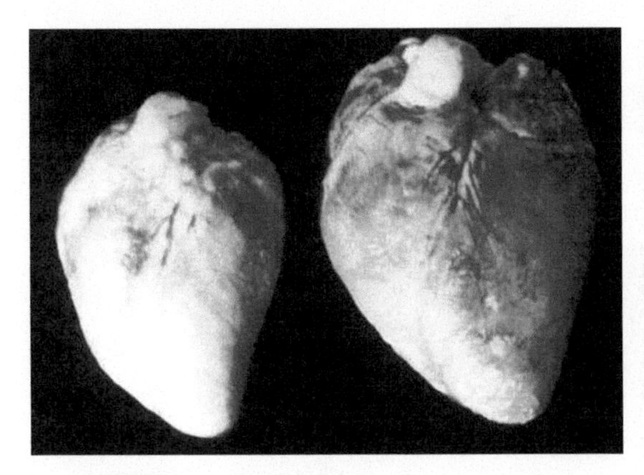

图6-2-4 心肌颜色变淡，心外膜有出血点

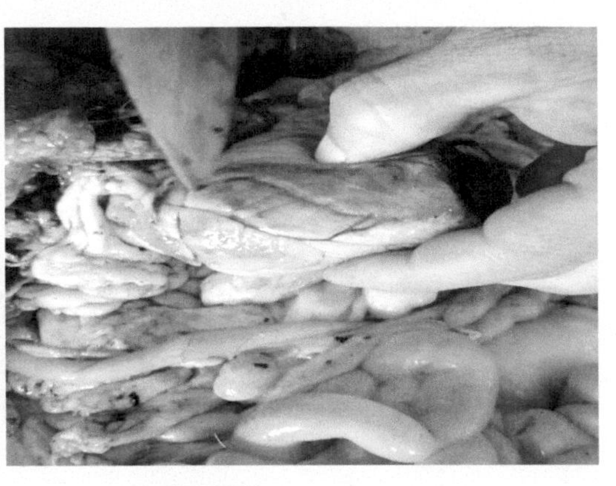

图6-2-5 心肌呈苍白色

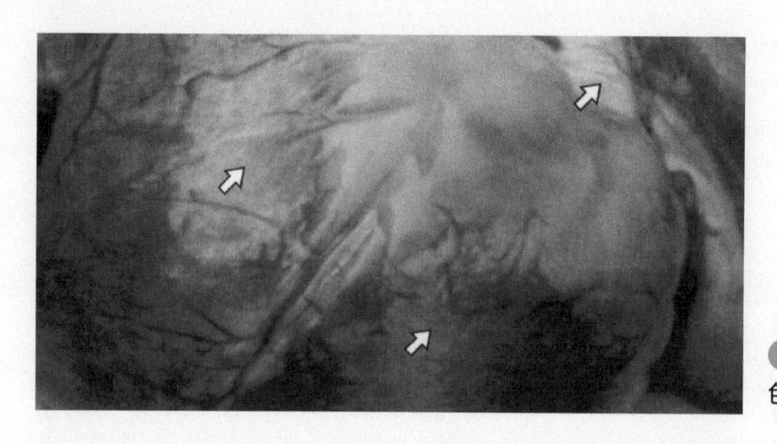

图6-2-6 心外膜大范围灰白色坏死区

【诊断】

可根据地方缺硒病史、饲料分析、临床症状、病理剖检以及用硒制剂治疗效果综合分析，作出诊断。必要时，可对组织器官和饲料、土壤中的硒含量进行测定。

【类症鉴别】

1.与传染性关节炎鉴别

（1）相似点　均有肢体僵硬，行动不稳，易摔倒，喜卧。

（2）不同点　传染性关节炎病原为葡萄球菌等，为手术感染，表现关节肿大（图6-2-7），疼痛，关节腔积有大量液体和脓液。

2.与羊传染性浆膜炎鉴别

（1）相似点　均有肢体僵硬，跛行。

（2）不同点　羊传染性浆膜炎有传染性，体温高（40～41.5℃），运动中僵硬和跛行能减轻或消失。

图6-2-7 病羊关节肿大

【防治】

1.预防

加强妊娠母羊的饲养管理，饲喂品质优良的豆科类牧草。在缺硒地区，母羊妊娠3个月到分娩前，每月可肌内注射0.2%亚硒酸钠4～6毫升，同时每次配合肌内注射维生素E 10～15毫克。母羊生产后，可按每千克干饲料中添加0.1毫克亚硒酸钠-维生素E粉，实际用量可按照说明书确定，能够有效防止发生该病。对于新生羔羊，要加强护理和饲喂。新生羔羊产出后3日龄，肌内注射0.2%亚硒酸钠-维生素E复合注射液1毫升，20日龄再次肌内注射1.5毫升。

2.治疗

对发病羔羊用0.2%亚硒酸钠-维生素E注射液1.5～2毫升，皮下注射。如果症状严重，可隔20天再进行1次注射。

三、佝偻病

羊佝偻病是羔羊在生长发育期中，因维生素D不足，钙、磷代谢障碍所致的骨骼变形的疾病，以食欲减退、异食癖和跛行为特征（视频6-3-1）。多发生在冬末春初季节。

【病因】

该病主要见于维生素D含量不足及日光照射不够，以致哺乳羔羊体内维生素D缺乏；怀孕母羊或哺乳羊饲料中钙、磷比例不当。圈舍潮湿、污浊、阴暗，羊消化不良，营养不佳，均可成为该病的诱因。放牧母羊秋膘差，冬季未补饲，春季产羔，羔羊更易发此病。

【症状】

病羊轻者主要表现为食欲减退，消化不良，精神沉郁，生长迟缓，异嗜，喜卧，卧地起立缓慢，行走步态摇摆（图6-3-1、图6-3-2），或出现跛行，四肢负重困难，触诊关节有疼痛反应，病程稍长则关节肿大，以腕关节较明显（图6-3-3）。长骨弯曲，四肢可以展开（图6-3-4），形如青蛙。患病后期，病羔以腕关节着地爬行，躯体后部不能抬起；重症者卧地，呼吸和心跳加快。

视频6-3-1

扫码观看：佝偻病

图6-3-1　行走步态摇摆

图6-3-2 病羊步态摇摆，关节肿大

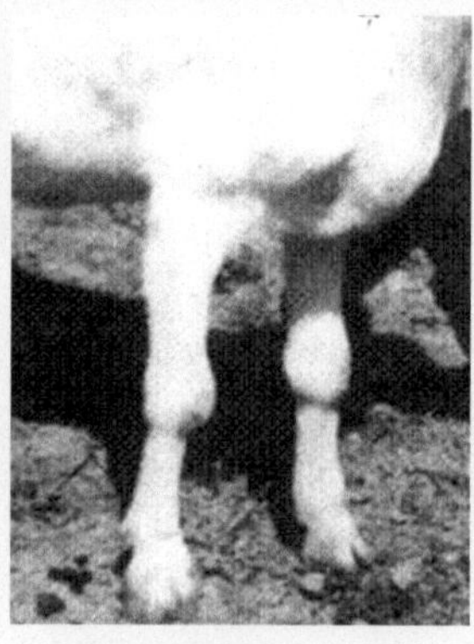
图6-3-3 腕关节明显肿大

图6-3-4 长骨弯曲，四肢展开

【诊断】

根据食欲大减，喜啃土和砖石，行走无力，四肢软弱，四肢长骨变形等进行诊断。

【类症鉴别】

1. 与胃肠卡他鉴别

（1）相似点　均体温正常，有异嗜，减食，体质弱。

（2）不同点　胃肠卡他长时间排便时干时稀，眼结膜苍白，运动不强拘、跛行。

2. 与风湿病鉴别

（1）相似点　均有运动强拘，跛行，按压背部敏感。

（2）不同点　风湿因受寒而病，运动中强拘、跛行减轻或消失，休息后又现跛行（图6-3-5）。

图6-3-5 病羊风湿

3.与羊衣原体病鉴别

（1）相似点 均有食欲减退，腕关节肿胀，跛行。

（2）不同点 羊衣原体病是由鹦鹉热衣原体引起的绵羊、山羊以发热、流产、死胎和产出弱羔为特征的传染病，临床上有流产型、关节炎型和结膜炎型，流产型常发生于妊娠中后期，主要为流产、死胎或娩出生命力不强的弱羔羊（图6-3-6），胎衣滞留，恶露不净，公羊睾丸炎、附睾炎；关节炎型主要侵害羔羊，发病率高，体温升高，肌肉僵硬，弓背，多发性关节炎（图6-3-7）；结膜炎型主要表现结膜炎（图6-3-8）。

图6-3-6 娩出生命力不强的弱羔

图6-3-7 羔羊多发性关节炎

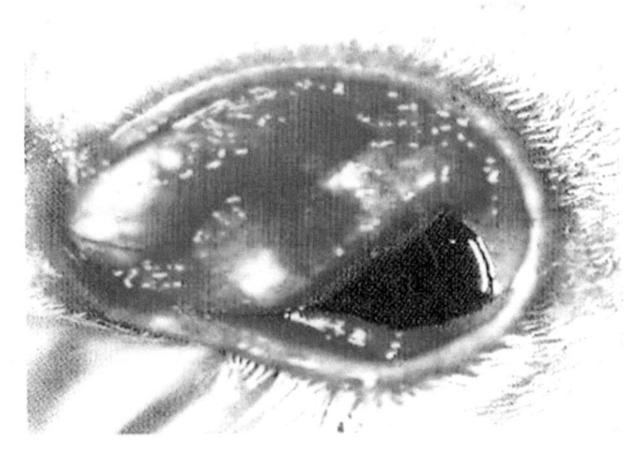

图6-3-8 结膜充血、水肿

【防治】

1.预防

加强怀孕母羊和泌乳母羊的饲养管理，饲料中应含有较丰富的蛋白质、维生素D和钙、磷，注意钙磷比例，供给充足的青绿饲料和青干草，补喂骨粉，增加运动和日照时间。羔羊饲养更应注意，调整好日粮中钙磷的含量和比例，有条件的喂给干苜蓿、胡萝卜、青草等青绿多汁的饲料，并按需要量添加食盐、骨粉、鱼粉、贝壳粉、钙制剂、各种微量元素等。

2.治疗

维生素A或维生素D注射液3毫升，肌内注射；精制鱼肝油3毫升，灌服或肌内注射。补充钙制剂，可用10%的葡萄糖酸钙注射液5～10毫升，静脉注射。亦可用维丁胶性钙2毫升肌内注射，每周1次，连用3次。每天在饲料中添加骨粉200克，让羊自食，连喂10天。

四、维生素A缺乏症

维生素A缺乏症是由于饲料中长期缺乏胡萝卜素或维生素A所引起的一种代谢性疾病，多见于舍饲奶山羊、妊娠母羊及幼羊，临床主要表现为干眼病、夜盲症、尿石症、羔羊肺炎、母羊流产等。

【病因】

饲料中缺乏胡萝卜素或维生素A；饲料调制加工不当，加速饲料中维生素A类物质的氧化分解，导致维生素A缺乏。当羊处于蛋白质缺乏的状态下，便不能合成足够的视黄醛结合蛋白质运送维生素A；脂肪不足会影响维生素A类物质在肠中的溶解和吸收，因此，当蛋白质和脂肪不足时，即使在维生素A足够的情况下，也可发生功能性的维生素A缺乏症。此外，慢性肠道疾病和肝脏有病时，最易继发维生素A缺乏症。

【症状】

缺乏维生素A的病羊，特别是羔羊，最早出现的症状是夜盲症，常发现在早晨、傍晚或月夜光线朦胧时，患羊盲目前进，碰撞障碍物，或行动迟缓，小心谨慎；继而骨骼异常，使脑脊髓受压和变形，上皮细胞萎缩，常继发唾液腺炎、肾炎、尿石症等；后期病羔羊的干眼症尤为突出，导致角膜增厚和形成云雾状（图6-4-1）。怀孕母羊产出弱羔和瞎眼或眼部畸形、

图6-4-1 眼角膜干燥，视力衰退

四肢发育不良、行走困难、运动障碍的羔羊（俗称瞎瘫病）。适龄母羊出现屡配不孕，长期空怀。羔羊（2～3月龄）会出现阵发性抽搐，走路东倒西歪。

图6-4-2　头颈偏向一侧，向一侧转圈运动

【诊断】

根据怀孕母羊产出弱羔和瞎眼或眼部畸形、四肢发育不良、行走困难、运动障碍的羔羊（俗称瞎瘫病）；适龄母羊出现屡配不孕，长期空怀；羔羊（2～3月龄）会出现阵发性抽搐，走路东倒西歪等临床症状，可以做出诊断。

【类症鉴别】

1.与羊李氏杆菌病鉴别

（1）相似点　均有神经症状。

（2）不同点　李氏杆菌病是由于李氏杆菌感染而引起，往往呈散发，通常表现出脑膜脑炎症状，体温升高，目光呆滞，意识障碍，无目的地乱窜乱撞，皮肤呈蓝紫色，呼吸困难，舌麻痹，采食、咀嚼、吞咽困难，伴有腹泻，鼻流黏性分泌物，眼流泪，结膜炎，眼球突出，常向一个方向斜视，甚至视力丧失。头颈偏向一侧，走动时向一侧转圈（图6-4-2），遇有障碍物时则以头抵靠不动。颈项强直，角弓反张，妊娠母羊流产，羔羊急性败血症死亡，剖检可见脑脊髓液明显增多，脑膜充血、水肿（图6-4-3），脑干明显变软，脑血管周围浸润有较多的中性粒细胞，胎盘发炎，子叶水肿（图6-4-4）。无夜盲症、骨骼异常、尿石症等症状。

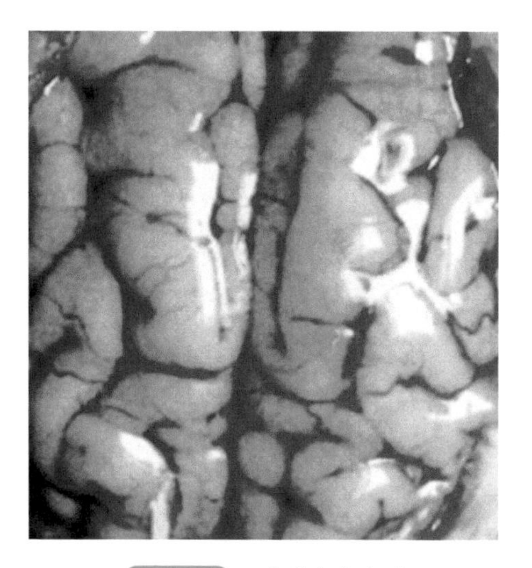

图6-4-3　脑膜充血水肿

2.与羊伪狂犬病鉴别

（1）相似点　均有神经症状。

（2）不同点　伪狂犬病是由于伪狂犬病病毒感染而引起，表现体温升高，呼吸困难，口鼻流泡沫黏液，下痢，神经症状主要表现目光呆滞，啃咬，肢抓擦痒，后躯麻痹。但维生素A缺乏症出现的神经症状主要表现运动性共济失调。

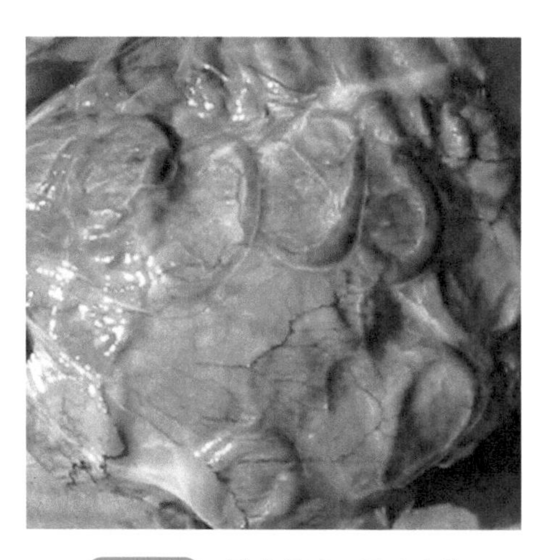

图6-4-4　胎盘发炎，子叶水肿

3.与羊食盐中毒鉴别

（1）相似点　均有体温正常、兴奋、共济失调等神经症状。

（2）不同点　食盐中毒是由于食盐食入过多

或饮水缺乏而引起，表现出食欲不振，渴欲增强，具有间歇性的癫痫样神经症状，张口呼吸，大量流涎，皮肤黏膜发绀，后躯麻痹。

4.与羊肠毒血症鉴别

（1）相似点　均有神经症状。

（2）不同点　羊肠毒血症是由魏氏梭菌引起绵羊急性传染病，以膘情好的绵羊为主，常散发，发病突然，腹痛，肚胀，口鼻流沫，剖检可见肾软化如泥（图6-4-5）；肠充血、出血，肠壁血红色（图6-4-6）；体腔积液；心内、外膜出血（图6-4-7）；脑膜出血（图6-4-8）；淋巴结肿大，切面黑褐色。

【防治】

1.预防

（1）加强饲料的管理，防止饲料发热、发霉和氧化，以保证维生素A不被破坏。

（2）在冬季饲料中要有青贮饲料或胡萝卜，秋季贮收的干草要绿；长期饲喂枯黄干草应适当加入鱼肝油。

2.治疗

给病羔羊口服鱼肝油，每次20～30毫升。饲料中加入青绿饲料及维生素AD粉，按说

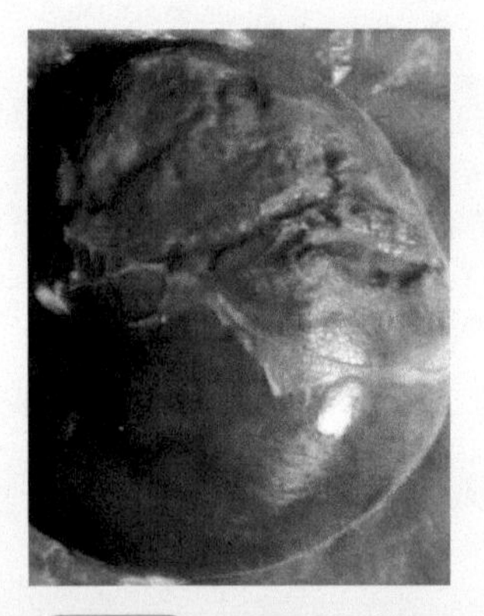

图6-4-5　肾脏软化如泥

图6-4-6　小肠充血、出血

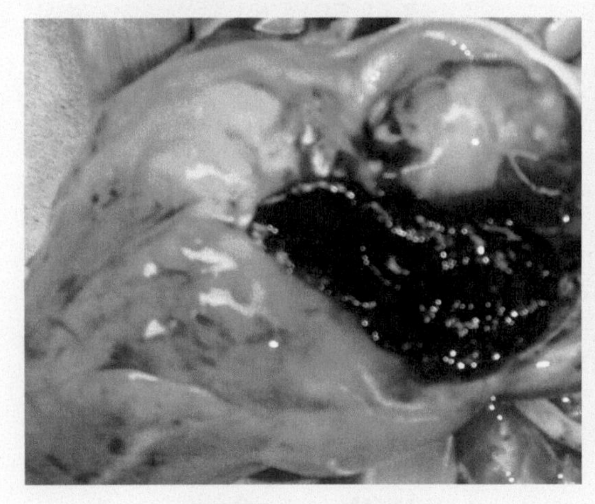

图6-4-7　心外膜出血

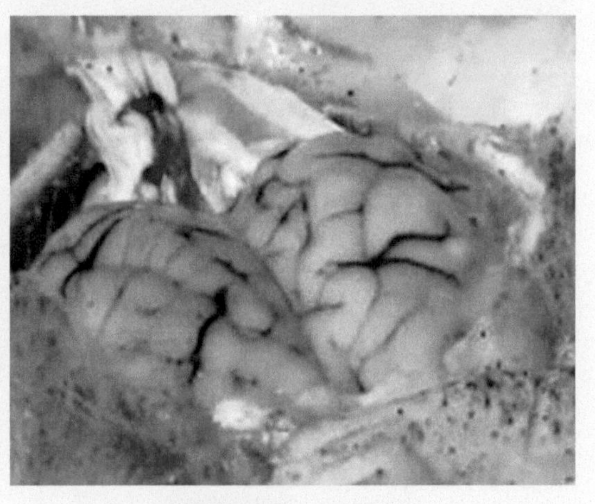

图6-4-8　脑膜出血

明书使用量添加。病重羊肌内注射维生素AD注射液，成年羊5毫升/只，羔羊1～2毫升/只。对有眼部症状的羊，结膜涂红霉素眼膏，每天1次。每天在羊舍内驱赶羊运动，上、下午各1小时，每只羊每天喂给优质紫花苜蓿和胡萝卜各0.25千克，连用3天。

五、食毛症

食毛症是一种主要发生于成年绵羊、山羊的以嗜食被毛成癖为特征的营养缺乏性疾病，多散发或呈地方性流行。尤以冬春圈养羊羔常发，山羊少见。由于食毛过多，影响消化，甚至并发肠梗阻造成死亡。

【病因】

（1）无机盐、维生素及微量元素的缺乏，日粮中含硫氨基酸（胱氨酸、半胱氨酸和蛋氨酸）缺乏，即发生食毛症；钴和铜缺乏以及钙磷缺乏或比例失调发生的佝偻症亦能引发此病。圈养期间，仅投放牧草或农作物秸秆，从不饲喂无机盐及微量元素等饲料添加剂，饲料粗劣、单一，母羊严重营养不良，产后奶水不足或质量不良，以致羊羔得不到充足的营养补给，导致异嗜。

（2）圈养的饲舍十分拥挤，饲养密度太大，积粪太多，环境卫生很差，异味严重，以致羊群互相舔食现象严重。

（3）圈养羊只秋季药浴不彻底，羊只严重脱毛，体内寄生虫亦较严重，成年母羊身体瘦弱，严重营养不良，舔食土块、破布等异物，互相摩擦、啃咬，以致顺口吞下羊毛。

【症状】

发病初期，病羔羊有异食癖，喜吃污粪或舔土和田间破碎塑料薄膜碎片等物。啃咬和食入母羊的毛，尤其喜食母羊被粪尿污染的腹部、股部和尾部的毛。以后变为吃其他羊的毛，往往羔羊之间互相啃咬体表的羊毛，致使多数羊只体表大片毛被啃光，露出真皮，严重时全身毛被吃光。当毛球形成团块可使真胃和肠道阻塞，病羊表现精神沉郁，四肢软弱无力，喜卧，站立时低头磨牙，嘴角有少许泡沫，消化不良，便秘，腹痛及胃肠臌气。触诊腹部，真胃肠道或瘤胃内可触到大小不等的硬块。成年羊常在一起互相啃食被毛，使整群羊全身或局部被毛脱落（图6-5-1）。严重者表现消瘦，贫血，食欲废绝，呼吸急促，回头顾腹，最终可导致心脏衰竭，四肢抽搐而死亡。

图6-5-1　病羊体表局部被毛脱落

图6-5-2 羊消化道形成的毛球

【病理变化】

心、肺、肾均正常，肝略微肿大，胆囊肿大。胃内和幽门处有许多大小不一的毛球（图6-5-2），坚硬如石，形成堵塞。奶汁滞留，有奶酪状乳状物，肠道有长絮状毛缕，膀胱充盈。

【诊断】

根据绵羊、山羊嗜食被毛与毛织品成瘾，大批羊只同时发病，临床症状相同，且具有明显的地域性和季节性，即可初步诊断。流行病区土、草、水和病羊被毛矿物质检测，硫元素供给不足和含量低于正常范围，以含硫化合物补饲病羊疗效显著，即可确诊。

【类症鉴别】

1.与前胃弛缓鉴别

（1）相似点　均有体温正常，异嗜，食欲下降，反刍减少或停止，消瘦，便秘，生长发育不良。

（2）不同点　羊前胃弛缓是由于饲养管理不当导致前胃兴奋性降低，肌肉收缩力减弱，瘤胃内容物停滞而引起的消化机能障碍，主要表现瘤胃蠕动减弱或停止，病羊瘤胃胀满（图6-5-3），瘤胃内容物腐败发酵（图6-5-4），无脱毛现象。而羊食毛症是由于饲料中蛋白质不足或者蛋白质以外的含硫物质进食得较少，引起的硫缺乏症，主要表现啃食自身或者其他羊的被毛，被毛检测可见硫元素含量较低。

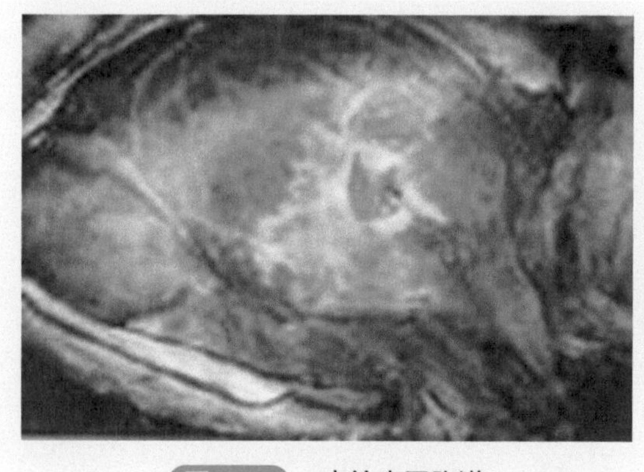

图6-5-3 病羊瘤胃胀满

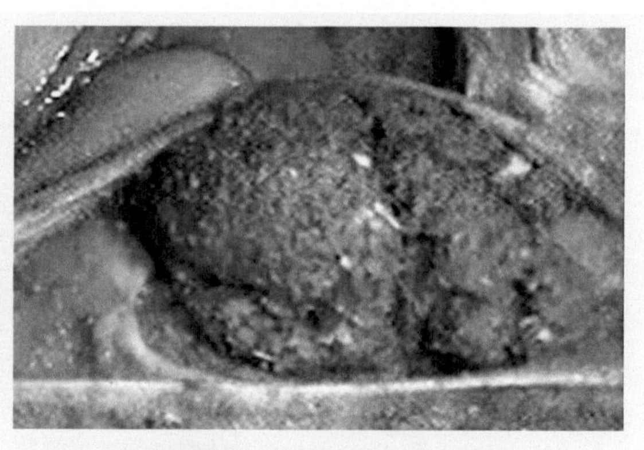

图6-5-4 瘤胃内容物腐败发酵

2.与羊佝偻病和软骨病鉴别

（1）相似点　均有异嗜，食欲下降，前胃弛缓，消化不良，消瘦，生长发育不良症状。

（2）不同点　羊佝偻病和软骨病是由于钙、磷、维生素D缺乏或者钙磷比例失调而引起的疾病，主要表现跛行，四肢骨骼变形，后躯摇摆（图6-5-5），瘫痪，关节肿大、疼痛（图6-5-6）等，血清钙磷含量低，血清碱性磷酸酶活性升高。而羊食毛症是由于饲料中蛋白质不足或者蛋白质以外的含硫物质进食得较少，引起的硫缺乏症，主要表现啃食自身或者其他羊的被毛，无跛行和骨骼变形，被毛检测可见硫元素含量较低。

图6-5-5　病羊行走后驱摇摆

3.与羊皮肤真菌病鉴别

（1）相似点　均有体温正常，生长发育不良，脱毛。

（2）不同点　羊皮肤真菌病是由于毛癣菌感染皮肤而引起，主要表现皮肤鳞屑结痂，呈有规则的圆形脱毛，取毛根镜检可见真菌菌丝或孢子。

图6-5-6　腕关节肿大

4.与羊锌缺乏症鉴别

（1）相似点　均有体温正常，异嗜，食欲不振，生长发育不良，脱毛。

（2）不同点　羊锌缺乏症是由于土壤或者饲料中的锌含量不足，或者高钙日粮影响了锌的吸收而引起，主要表现被毛粗乱，毛变脆，皮肤增厚、龟裂，跗关节肿胀，四肢僵硬，眼睛周围和蹄冠皮肤肿胀，繁殖机能障碍，血清锌低于正常。而羊食毛症是由于饲料中蛋白质不足或者蛋白质以外的含硫物质进食得较少，引起的硫缺乏症，主要表现啃食自身或者其他羊的被毛，被毛检测可见硫元素含量较低。

5.与羊维生素B_2缺乏症鉴别

（1）相似点　均有体温正常，食欲减退，异嗜，生长发育不良，消瘦，脱毛。

（2）不同点　羊维生素B_2缺乏症是由于饲料中的维生素B_2缺乏，或者饲料经日光长久的暴晒，使维生素B_2遭到破坏而引起的一种营养代谢病，主要表现皮炎、脱毛、腹泻、贫血、眼炎、蹄壳龟裂。

6.与羊湿疹鉴别

（1）相似点　均有体温正常，脱毛。

（2）不同点　羊湿疹是由于环境潮湿、皮表寄生虫以及病理产物的不良刺激而引起的皮肤过敏性炎症反应，主要表现皮肤发红，水泡，脓疱，糜烂，结痂，奇痒，擦痒，皮肤粗糙和龟裂以及皮肤色素沉着等。而羊食毛症虽有脱毛，但无皮肤病变，也无奇痒症状。

7.与羊螨虫病鉴别

（1）相似点　均有体温正常，脱毛，生长发育不良。

（2）不同点　羊螨虫病是由疥螨和痒螨寄生于羊的体表皮肤而引起的寄生虫病，主要表现奇痒，到处摩擦和啃咬，引起脱毛、皮炎、皮肤结节、水泡、脓疱，最后皮肤变厚，失去弹性，盖满大量痂片（图6-5-7），以头部最为严重（图6-5-8），很像结痂的“瘌痢头”。而羊食毛症虽有脱毛，但无皮肤病变，也无奇痒症状。

8.与绵羊痒病鉴别

（1）相似点　均有体温正常，脱毛。

（2）不同点　绵羊痒病是由朊病毒引起的传染病，主要危害2～5岁绵羊，散发，主要表现为瘙痒和共济失调，兴奋不安（图6-5-9）、磨牙，有时呈癫痫状，有些表现有攻击性或离群呆立，头、颈、腹发生震颤。最特殊的症状是瘙痒，常在硬物体上摩擦身体（图6-5-10），导致被毛脱落。随着神经症状加重，表现共济失调，日渐消瘦，最后不能站立（图6-5-11）。

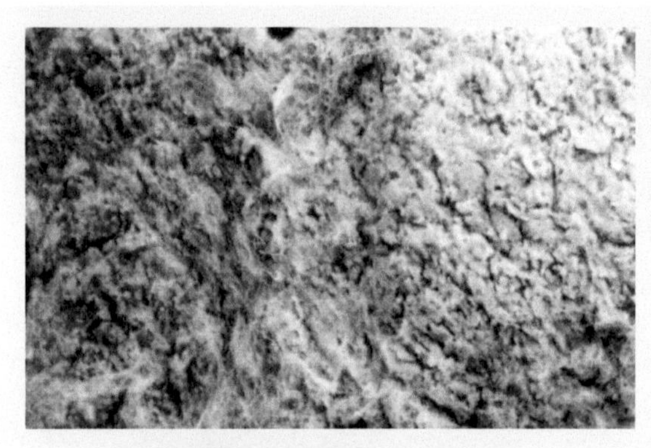

图6-5-7　背部皮肤大面积结痂

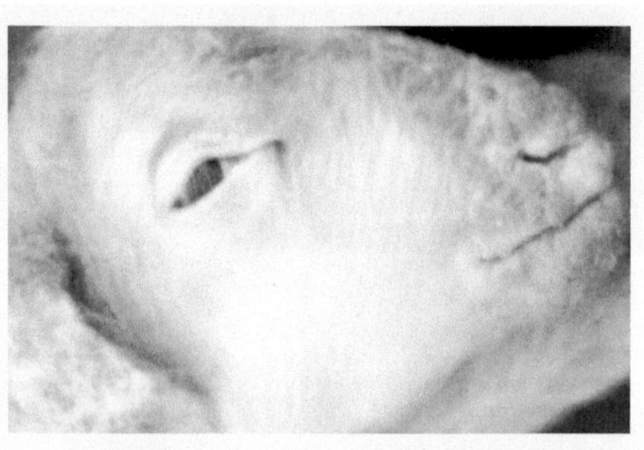

图6-5-8　唇、鼻和耳部皮肤结节，结痂

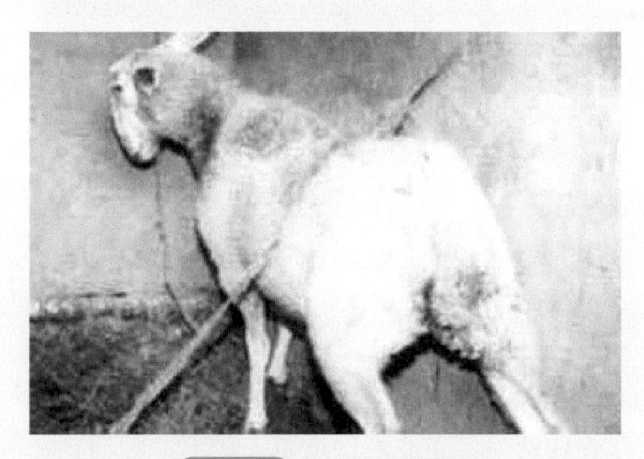

图6-5-9　病羊兴奋不安

图6-5-10　病羊在树干上摩擦身体

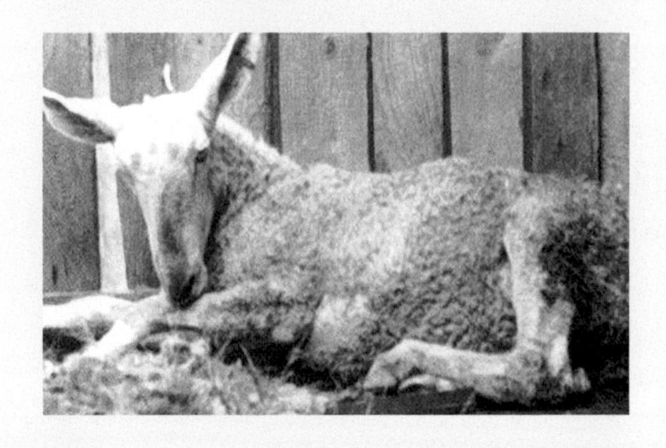

图6-5-11　卧地不起，啃咬发痒的皮肤

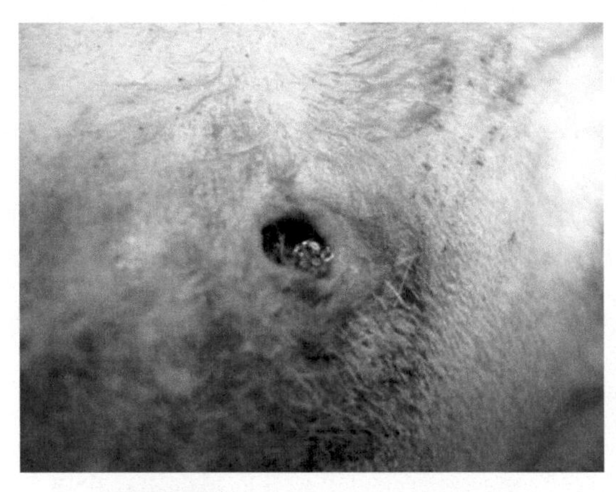

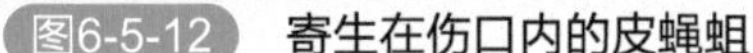
图6-5-12 寄生在伤口内的皮蝇蛆

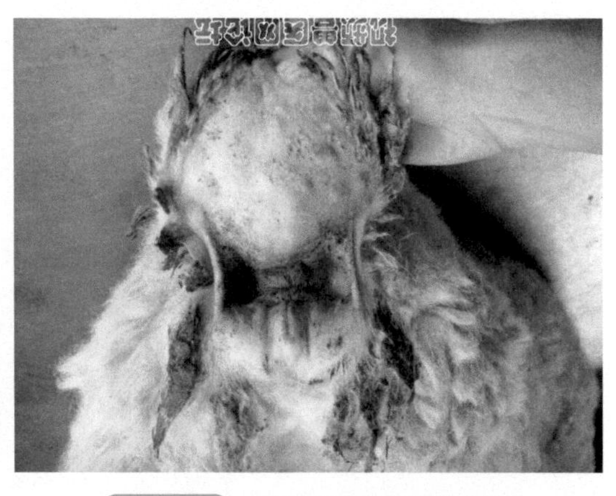

图6-5-13 皮蝇蛆引起的阴唇肿胀

9.与羊皮蝇蛆病鉴别

（1）相似点 均有体温正常，脱毛，生长发育不良。

（2）不同点 羊皮蝇蛆主要见于放牧羊，公羊受害更为严重，蝇蛆寄生于包皮内和头部皮肤皱褶的深部，以及肛门和尾根部、阴道前庭、皮肤伤口（图6-5-12）等处，引起羊瘙痒不安，常因蹭痒引起皮肤脱毛，包皮腐烂、坏死，龟头发炎，阴唇肿胀（图6-5-13），排尿困难。

10.与羊伪狂犬病的鉴别

（1）相似点 均有脱毛。

（2）不同点 伪狂犬病是由于伪狂犬病病毒感染而引起，表现体温升高，呼吸困难，口鼻流泡沫黏液，下痢，神经症状主要表现目光呆滞，啃咬，肢抓擦痒，后躯麻痹。但羊食毛症无神经症状。

【防治】

1.预防

改善饲养管理，供给饲料营养要全面。制定合理的饲养计划，饲喂要做到定时、定量，防止羔羊暴食。对于羔羊补饲，应供给富含蛋白质、维生素和矿物质的饲料，如青绿饲料、红萝卜、甜菜和麸皮等，每日供给骨粉5～10克和食盐。注意分娩母羊和舍内的清洁卫生，对分娩母羊产出羔羊后，要先将乳房周围、乳头长毛和腿部污毛剪掉，然后用2%～5%的来苏儿消毒后再让新生羔羊吮乳。将吃毛的羔羊与母羊隔开，只在吃奶的时候让其母子相见。及时清扫圈内羊毛。给羔羊补喂动物性蛋白质（如鸡蛋），可以有制止羔羊吃毛的作用。加强羔羊卫生，驱除羔羊身上的虱、蜱等寄生虫，避免羔羊啃食叮咬。

2.治疗

一般以灌肠通便为主。可服用植物油类、液体石蜡或人工盐、碳酸氢钠等，如有腹泻可进行强心补液。用食盐40份、骨粉25份、碳酸钙35份，或者骨粉10份、氯化钴1份、食盐1份，混合，掺在少量麸皮内，置于饲槽，任羔羊自由舔食。用硫酸铝、硫酸钙、硫酸亚铁等含硫化合物治疗病羊可在短期内取得满意的疗效。也可作真胃切开术，取出毛球。若肠道已经发生坏死，或羔羊过于孱弱，不易治愈。

六、疯草中毒

羊疯草中毒又称疯草病，是因采食了某些棘豆属和黄芪属植物而引起的一种慢性中毒。临床上以消瘦、神经症状、母羊不孕、流产、死胎及弱胎为特征。疯草是危害我国草原养羊业最严重的一类毒草，造成了巨大的经济损失。

【病因】

疯草主要指棘豆属（图6-6-1）和黄芪属（图6-6-2）中的某些有毒植物，含有有毒成分苦马豆素。这些植物耐寒、耐旱，生命力强，在其他牧草枯萎死亡时，此草仍能生存，但有强烈刺激味，适口性较差，本地山羊一般不采食这些草，只有在饥不择食的情况下，不得不采食这些毒草才引起中毒。棘豆中毒主要发生在夏、秋两季，特别是干旱年代发生最多。大量采食疯草，羊可在10余天内发生中毒，少量连续采食需1月到数月才能表现临床症状。

【症状】

一般多为慢性，病初精神沉郁，离群，常拱背呆立，反应迟钝，喜卧（图6-6-3），两眼发呆，视力减退，有的双目失明。共济失调，摇头摆身，行走时后肢不灵活，弯曲外展（图6-6-4），步态蹒跚，站立时后肢弯曲（图6-6-5）；中期头部呈水平震颤，颈部僵硬，行走时

图6-6-1 黄花棘豆

图6-6-2 茎直黄芪

图6-6-3 反应迟钝，喜卧

视频6-6-1

扫码观看：疯草中毒（后期四肢麻痹，严重者卧地不起，最终衰竭死亡）

后躯摇摆，追赶时易摔倒；后期四肢麻痹（图6-6-6），严重者卧地不起（图6-6-6）。心跳加快，心律不齐，极度消瘦，最终衰竭死亡（视频6-6-1）。妊娠绵羊和山羊易发生流产，或产出畸形胎儿，或羔羊弱小（图6-6-7）。公羊表现性欲降低，或无性交能力。疯草中毒的初期，若停食疯草，改食优良牧草，中毒症状逐渐消失，2周左右可恢复正常。

【病理变化】

疯草中毒的眼观病变无明显特异性。仅见尸体极度消瘦，血液稀薄，皮下出血、水肿，有黄色胶样浸润，腹腔有多量清亮液体，有些病例心脏扩张，心肌柔软，心内膜有出血点。肝表面局部呈灰白色，肾充血变软、易碎，表面呈红白相间的斑块状，脾色淡，脑膜出血，脑室积液，脊髓软膜充血。肺偶见轻度肺炎和气肿，空肠、回肠、小结肠有出血或坏死。流产胎儿全身皮下出血、水肿。母羊子宫子叶表面出血。

【诊断】

疯草中毒可根据采食疯草的病史，结合运动障碍为特征的神经症状和病理组织学变化，不难做出诊断，必要时作饲喂试验进行诊断。

图6-6-4 后肢不灵活，弯曲外展

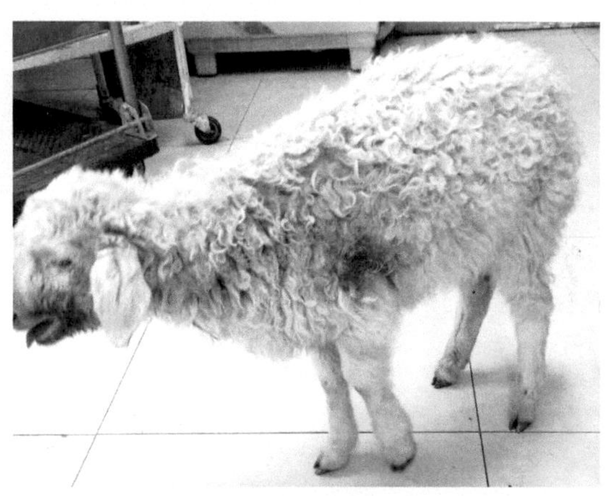

图6-6-5 站立时后肢弯曲

图6-6-6 病羊卧地不起

图6-6-7 产出畸形胎儿

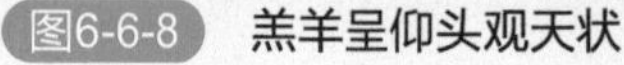

图6-6-8 羔羊呈仰头观天状

图6-6-9 头颈歪斜，角弓反张

【类症鉴别】

1.与山羊病毒性关节炎-脑炎（脑脊髓炎型）鉴别

（1）相似点　均有后肢衰弱，共济失调，四肢麻痹，卧地不起。

（2）不同点　山羊病毒性关节炎-脑炎病原为与山羊病毒性关节炎-脑炎病毒，有传染性。主要发生于2～6月龄山羊羔，呈仰头观天状（图6-6-8）。病初精神沉郁，随即四肢僵硬，共济失调，头颈歪斜，角弓反张（图6-6-9）。剖检可见脑白质有棕色区。

2.与羊后肢麻痹的鉴别

（1）相似点　均有后肢麻痹，不能站立行走。

（2）不同点　后肢麻痹因受寒或断尾感染所致。

3.与羊硒中毒鉴别

参见“十、羊硒中毒”部分的鉴别。

【防治】

1.预防

为杜绝羊疯草中毒，应建立围栏草场，清除疯草或人工种草，禁止羊只在疯草特别多的草场上放牧。采用常规化学或生物去毒法，合理利用疯草，用除草剂杀灭疯草。在有疯草的草场放牧10～15天，再在无疯草或疯草很少的草场上放牧10～15天或更长一点时间，然后又在有疯草的草场放牧。如此反复，可以避免中毒。

2.治疗

若发现羊有疯草中毒时，对轻度中毒的病羊，及时转移到无疯草的安全牧场放牧，适当补饲，一般可不药而愈。严重中毒的羊，目前尚无有效治疗方法，可注射葡萄糖、维生素B_1、强心剂等。

七、有毒萱草根中毒

本病是由于羊采食了萱草属植物的根而引起的中毒病。临床上以双目失明、瞳孔散大，进而全身瘫痪和膀胱麻痹、积尿为特征，有“瞎眼病”之称。

【病因】

萱草根又名黄花菜根、金针菜根（图6-7-1），其根有毒，有毒成分为萱草根素。羊由于采食了有毒的萱草根而引起的中毒。本病主要发生于每年冬、春季节（12月至次年3月），此时其他牧草青黄不接，正值萱草移植和更新期，刨出地面的萱草根，大多抛弃野外。由于属枯饲期，放牧羊一旦遇到新鲜的草根争相采食后，造成大批羊中毒死亡。

图6-7-1 小黄花菜根的形态

【症状】

病羊症状出现的快慢和严重程度，视羊吃入量而定。病羊初期精神委顿，反应迟钝，离群呆立，食欲减少或废绝，呆滞迟步，尿为橙红色，胃肠蠕动增强，粪便变软，心跳加速，有时节律不齐。继而口角流涎，瞳孔逐渐散大，双目相继或同时失明（图6-7-2），病羊惊恐不安、哀叫，无目的乱走或抵靠障碍物，四肢高举或转圈运动，倒地后四肢不停划动，似游泳状（视频6-7-1，图6-7-3）。检查眼底，可见视神经乳头水肿，眼底充血、出血。后期牙关紧闭，咀嚼困难，头颈僵硬，弯向一侧，有时磨牙，呼吸困难，心跳加快，一般经2～4天后因昏迷、呼吸麻痹而死亡。中毒较轻的可以康复，但双目失明、瞳孔散大则不能恢复。

视频6-7-1

扫码观看：有毒萱草根中毒

（倒地后四肢不停划动，似游泳状）

【病理变化】

急性中毒羊，心内、外膜有出血斑点；肝脏表面呈紫红色，质地变软，有黄褐色斑纹，切面结构模糊；肾脏肿大色黄，质软；膀胱积有橙红色尿液，黏膜充血并有散在出血点；脑、脊髓膜血管扩张，有出血点，脊髓液增多；视神经肿胀松软或变细；肠道有轻度出血性炎症。

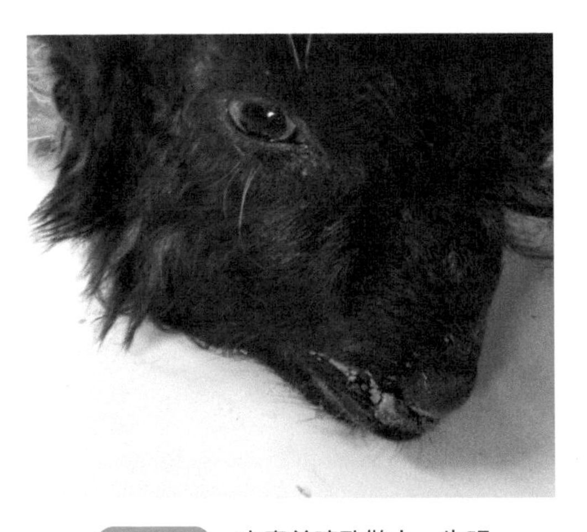

图6-7-2 中毒羊瞳孔散大，失明

【诊断】

可依据特征临床症状，如瞳孔散大，双目失

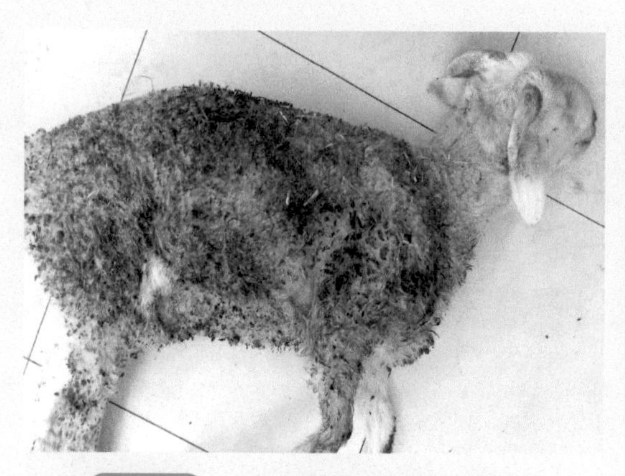
图6-7-3 中毒羊倒地后四肢不停划动

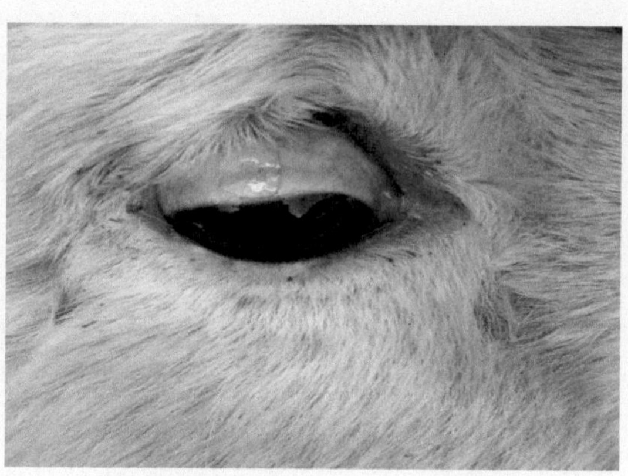
图6-7-4 眼角膜干燥，视力衰退

明，后躯麻痹，全身瘫痪，结合采食萱草根的病史及病理学检查，可以做出诊断。必要时可进行毒物分析，最简单的方法是用薄层层析法作萱草根素的定性检验。

【类症鉴别】

1.与羊维生素A缺乏症鉴别

（1）相似点　均为体温正常，视力障碍和神经症状。

（2）不同点　羊维生素A缺乏症是由于长期饲喂维生素A和胡萝卜素含量较低的草料，或维生素A吸收不足而引起，主要表现夜盲症、干眼症，角膜增厚和形成云雾状（图6-7-4），骨骼异常，尿石症，繁殖机能障碍，兴奋和阵发性抽搐等。

2.与羊食盐中毒鉴别

（1）相似点　均有瞳孔散大，兴奋，后肢不能站立，四肢划动，剖检可见心内外膜出血，胆囊肿大。

（2）不同点　羊食盐中毒是由于食盐摄入过多而引起，主要表现口渴贪饮，腹泻，盲目行走，后肢拖地，血检时血钠超过正常值。萱草根中毒因多吃萱草根引起，尿频量少，色淡黄、黄褐，呻吟，剖检可见膀胱膨大、呈紫红色，充满橙红色尿。

3.与羊博尔纳病鉴别

（1）相似点　均有兴奋不安，视力障碍，流口水，磨牙，四肢划动。

（2）不同点　羊博尔纳病病原为博尔纳病毒，有传染性，体温升高而持续，反复惊厥，结膜潮红。剖检可见皮下、肌肉水肿，心包积液，海马神经元含有包涵体。

4.与羊脑软化鉴别

（1）相似点　均有失明，盲目前进，四肢划动。

（2）不同点　羊脑软化的病原虽不清楚，但可能是由一些梭菌导致硫胺素缺乏引起，急性发现时即死亡。亚急性表现眼反射正常。剖检可见脑灰质有黄色柔软坏死灶。

5.与山羊癫痫鉴别

（1）相似点　均有口流泡沫，磨牙，瞳孔散大，卧地四肢划动。

（2）不同点　山羊癫痫突然发病，眼球转动，卧地强直性痉挛，几分钟即恢复正常。

【防治】

1.预防

枯草季节禁止羊到有黄花菜的草场放牧，妥善保管废弃或移栽的黄花菜根，避免羊误食。

2.治疗

由于本病目前尚无特效疗法，羊一旦中毒，可采取解毒、镇静、增强抵抗力等对症治疗的措施。早期可投服盐类泻剂，用0.2%的高锰酸钾溶液适量灌服或洗胃，可破坏有毒物质，降低其毒性。静脉注射葡萄糖生理盐水，增强解毒能力；肌内注射25%安钠咖注射液4毫升，增强抗病力；静脉注射20%磺胺嘧啶钠注射液10毫升，控制大脑病变。同时给予优质干草、饲料，加强护理。

八、有机磷中毒

羊有机磷中毒是由于羊接触，吸入或采食了有机磷制剂引起的一种中毒性病理过程，以体内胆碱酯酶活性受到抑制，导致神经生理机能紊乱为特征。

【病因】

有机磷农药是农业上常用的杀虫剂，也是畜牧业上常用的杀虫和驱虫药。主要有甲拌磷（3911）、内吸磷（1059）、乐果、敌百虫等。这些杀虫剂多具有较高的脂溶性，可经皮肤渗入机体内，通过消化道和呼吸道被较快吸收。羊有机磷中毒常是误食喷洒有机磷农药的牧草或农作物、青菜等；误食被有机磷农药污染的饮水；误食拌过农药的种子；应用有机磷杀虫剂防治羊体外寄生虫，剂量过大或使用方法不当；羊接触有机磷杀虫剂污染的各种工具器皿等，而发生中毒。

【症状】

病羊表现为食欲不振，流涎，流泪，多汗，尿失禁，瞳孔缩小，眼球颤动，可视黏膜苍白，腹泻，腹痛，肠音增强，反刍停止，兴奋不安，全身肌肉震颤，步态不稳，卧倒在地，全身麻痹，心跳、呼吸增数，呼吸困难，肺水肿，体温正常，抽搐，昏睡（视频6-8-1），在麻痹下窒息死亡。

视频6-8-1

扫码观看：有机磷中毒（病羊兴奋不安，全身肌肉震颤，卧倒在地，呼吸困难，抽搐）

【病理变化】

胃、肠黏膜充血、出血、肿胀（图6-8-1，图6-8-2），黏膜易脱落，胃内容物有大蒜味。肺充血肿大，气管内有白色泡沫。肝脾肿大，脂肪变性，胆囊膨胀充满胆汁。肾脏混浊肿胀，呈土黄色，包膜不易剥落。

【诊断】

根据接触有机磷农药的病史，呼出气、呕吐物或体表有特异的大蒜味、肌肉震颤、瞳孔缩小等典型临床症状和毒物分析，并测定胆碱酯酶活性，可以确诊。

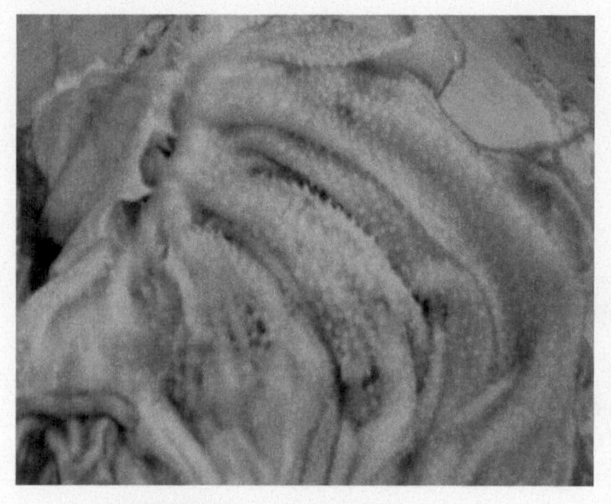

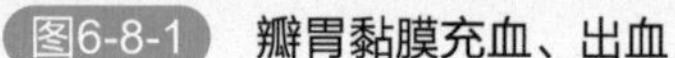

图6-8-1 瓣胃黏膜充血、出血

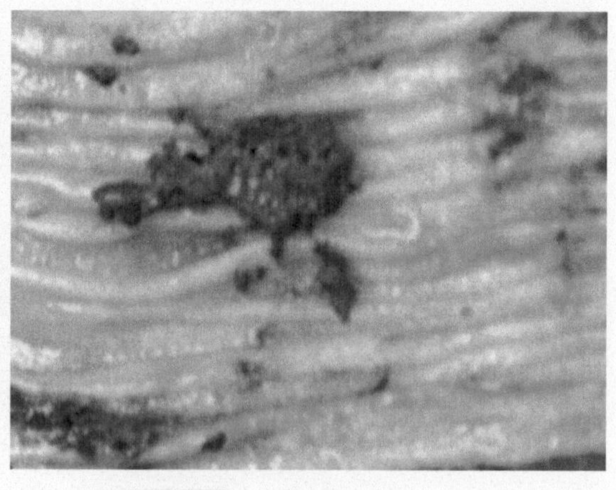

图6-8-2 皱胃黏膜充血、出血

【类症鉴别】

1.与羊中暑鉴别

（1）相似点　均有发病突然，口吐白沫，呼吸困难，心跳加快，心律不齐，血压降低，兴奋，痉挛抽搐，肺充血，肺水肿。

（2）不同点　羊中暑是由于阳光直射头部，或周围环境温度过高而引起的中枢神经机能严重紊乱的疾病，主要表现体温升高，瞳孔散大，眼球突出，皮肤干燥，步态不稳（图6-8-3），摇晃不定，心跳亢进，可视黏膜潮红（图6-8-4）。而羊有机磷农药中毒除表现神经症状外，主要表现体温正常或降低，瞳孔缩小，皮肤多汗，结膜苍白或充血，腹痛，腹泻，尿频。

2.与羊急性胃肠炎鉴别

（1）相似点　均有腹痛，腹泻。

（2）不同点　羊急性胃肠炎不会呈群发，主要表现胃肠炎症状，体温升高，排粥样或者水样稀便，混杂黏液、血液或者脓液，并散发恶臭味，明显脱水，尿少色黄，一般不会出现神经症状。

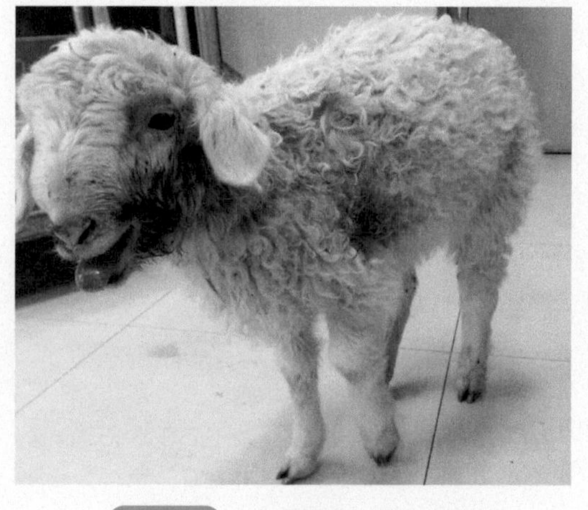

图6-8-3 步态不稳，张口呼吸

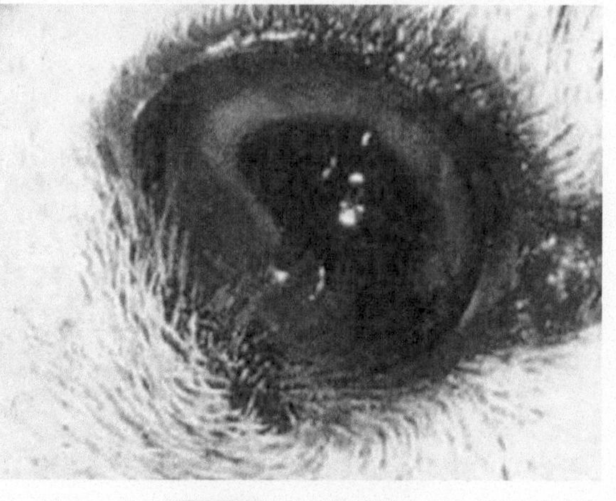

图6-8-4 眼结膜潮红

3.与食盐中毒鉴别

（1）相似点　均有兴奋不安，口流泡沫液体，兴奋，痉挛抽搐，腹泻，剖检可见胃肠黏膜充血、出血。

（2）不同点　食盐中毒盲目行走，烦渴，后肢拖地，血检时血钠超过正常值。

4.与羊脑炎的鉴别

（1）相似点　均有突然发病，兴奋，痉挛抽搐等神经症状。

（2）不同点　羊脑炎神经症状严重，体温升高，瞳孔散大。

5.与羊癫痫鉴别

（1）相似点　均有发病突然，口吐白沫，兴奋，痉挛抽搐。

（2）不同点　羊癫痫是由于大脑皮质机能一过性障碍而引起的一种慢性疾病，表现突发强直性痉挛，转圈倒地，瞳孔散大，发病几分钟后即可恢复正常，但间隔一段时间反复发作，无胃肠炎症状。

6.与羊氨基甲酸酯类农药中毒鉴别

（1）相似点　均有口水增多，瞳孔散小，兴奋，抽搐痉挛，腹泻，皮肤多汗，肺充血、肺水肿。

（2）不同点　羊氨基甲酸酯类农药中毒的症状比有机磷农药中毒轻，用阿托品解毒即可恢复。

7.与羊尿素中毒鉴别

（1）相似点　均有兴奋不安，呼吸困难，口流泡沫，痉挛，腹痛，剖检可见胃肠黏膜充血、出血。

（2）不同点　尿素中毒是因食尿素所致，口腔发炎糜烂，皮温不齐。剖检可见胃肠内容物呈白色或红褐色、带有氨味。

8.与羊破伤风鉴别

（1）相似点　均有兴奋不安，口流泡沫，强直性痉挛。

（2）不同点　羊破伤风是由于破伤风梭菌经伤口感染而引起的急性中毒性疾病，往往呈散发，且伴有外伤，表现吞咽困难，肌肉强直（图6-8-5），牙关紧闭，敏感易惊，角弓反张（图6-8-6），木马样姿势。

图6-8-5　病羊全身肌肉强直

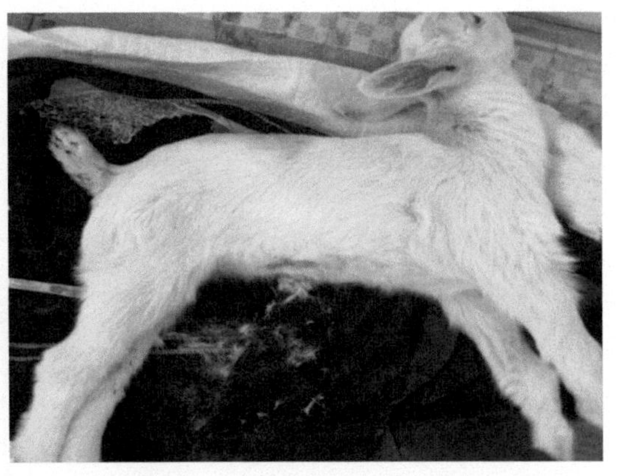

图6-8-6　颈背部肌肉强直、角弓反张

9.与羊低镁血症鉴别

（1）相似点　均有兴奋不安，口流泡沫，肌肉震颤，阵发性或强直性痉挛。

（2）不同点　羊低镁血症是由于羊群在初春转为放牧时采食大量幼嫩、多汁的单子叶植物苗（如麦苗）而发病，主要特征是肌肉强直性和阵发性痉挛，惊厥，呼吸困难，且快速死亡。

10.与羊链球菌病鉴别

（1）相似点　均有流涎。

（2）不同点　羊链球菌病是由链球菌引起的传染病，主要表现体温升高，弓背呆立，结膜充血，流泪（图6-8-7），鼻腔流出浆液性或脓性鼻汁，咽喉肿胀（图6-8-8），颌下淋巴结肿大，呼吸困难，咳嗽，孕羊阴门红肿，多发生流产，剖检可见浆液纤维素性肺炎（图6-8-9），肝脏肿大，胆囊充满墨绿色胆汁（图6-8-10）。

11.与羊大肠杆菌病鉴别

（1）相似点　均有腹痛，腹泻。

（2）不同点　羊大肠杆菌病是由致病性大肠杆菌引起的一种以败血症和剧烈腹泻为特征的急性传染病，主要侵害6周龄内的羔羊，主要表现体温升高，精神委顿，结膜潮红，呼吸浅表，脉快而弱，腹泻（图6-8-11），粪便呈黄糊状、灰白色、带有气泡或者混有血液的稀

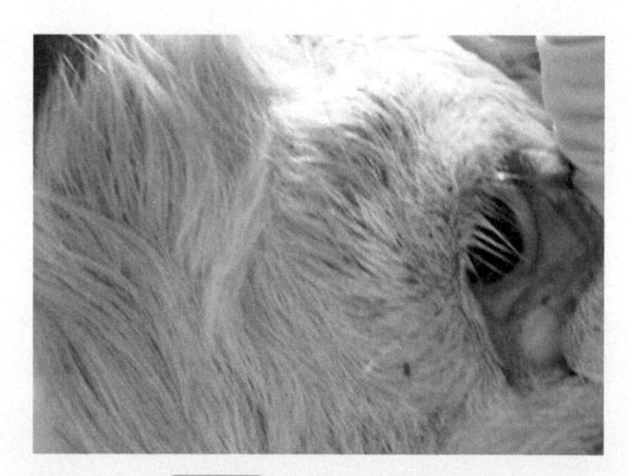

图6-8-7　病羊眼结膜充血

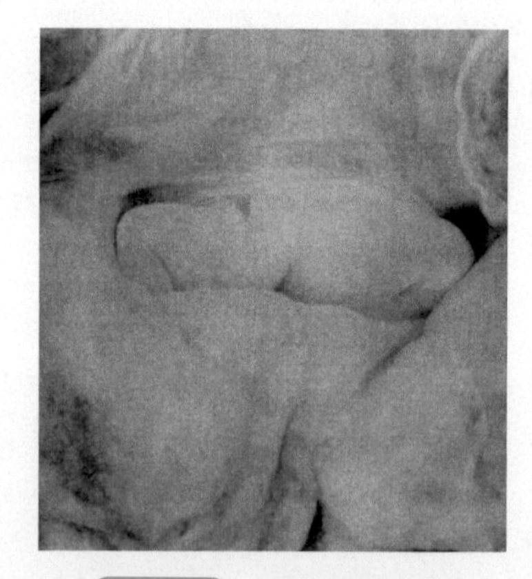

图6-8-8　病羊咽喉肿胀

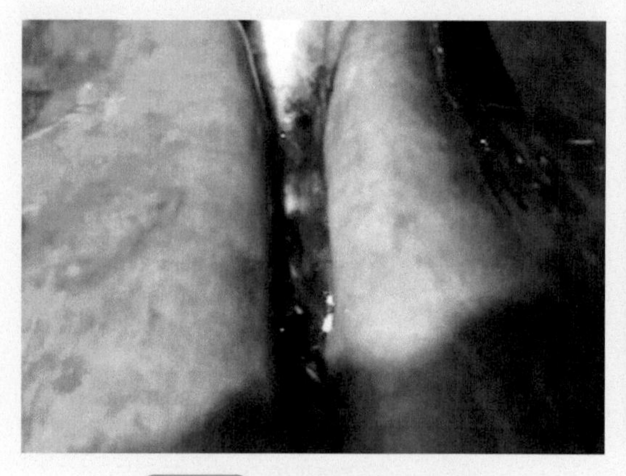

图6-8-9　浆液纤维素性肺炎

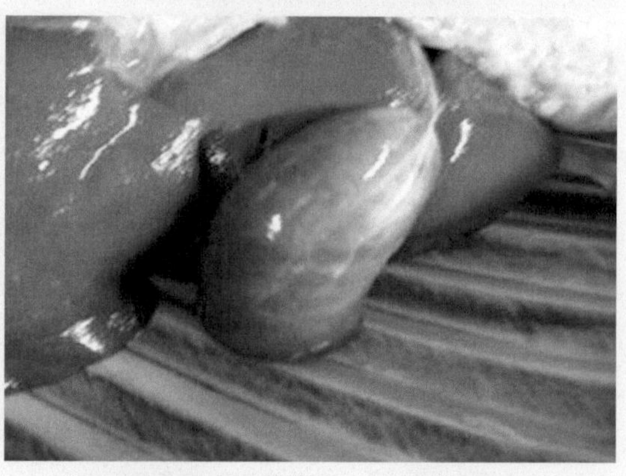

图6-8-10　肝脏肿大，胆囊充满胆汁

粪便，严重病例粪便中带有黏液、血液或脓液，肠黏膜。迅速消瘦，脱水，神经症状。剖检可见腹腔内大量积液（图6-8-12），肠系膜淋巴结肿胀充血、出血（图6-8-13），肠黏膜充血、水肿，肠内容物混有血液和气泡（图6-8-14）。

12.与羔羊痢疾鉴别

（1）相似点　均有腹痛，腹泻。

（2）不同点　羊痢疾是由B型魏氏梭菌引起的以急性毒血，剧烈腹泻和小肠溃疡为特征的急性传染病，主要危害出生后1周龄以内的羔羊，特征为腹泻，毒血症，头向后仰，突然死亡（图6-8-15），病羔羊精神沉郁，低头拱腰，不久就发生腹泻，粪便恶臭、呈黄绿、黄白或灰白色。第四真胃内凝聚有乳块或者是灰绿、紫色的液体，黏膜充血或者出血；肠壁变薄，肠黏膜发炎（图6-8-16）、溃疡、坏死（图6-8-17）；肾脏变性（图6-8-18）。

13.与羊肠毒血症鉴别

（1）相似点　均有腹痛，腹泻。

（2）不同点　羊肠毒血症是由魏氏梭菌引起的急性传染病，软肾病。以2～12月龄、膘情好的羊为主，散发，临床表现腹痛，肚胀，全身颤抖，磨牙，头颈向后弯曲，口鼻流沫，

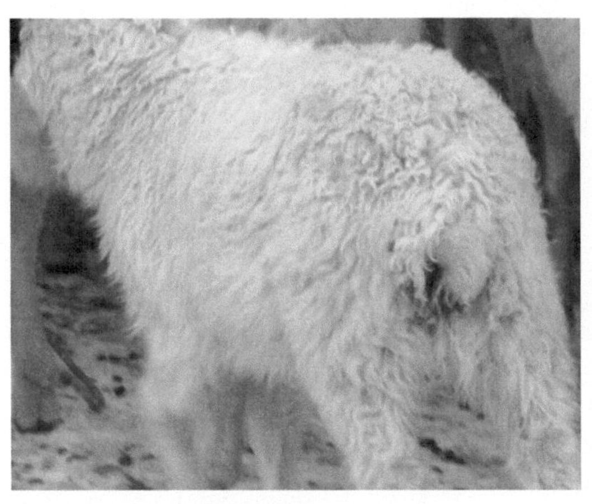

图6-8-11　病羊腹泻

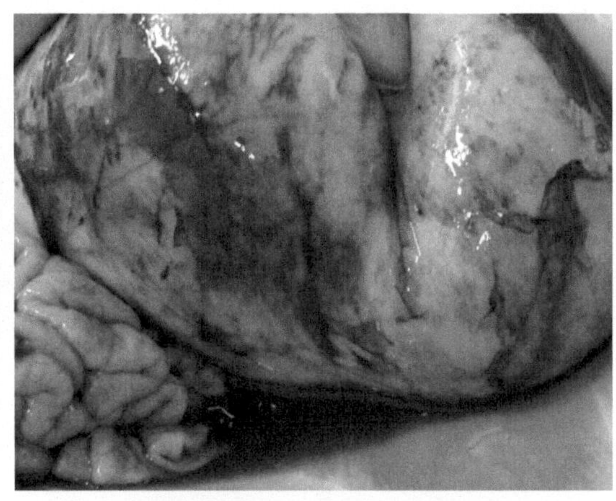

图6-8-12　腹腔内大量积液

图6-8-13　肠系膜淋巴结肿大呈灰红色

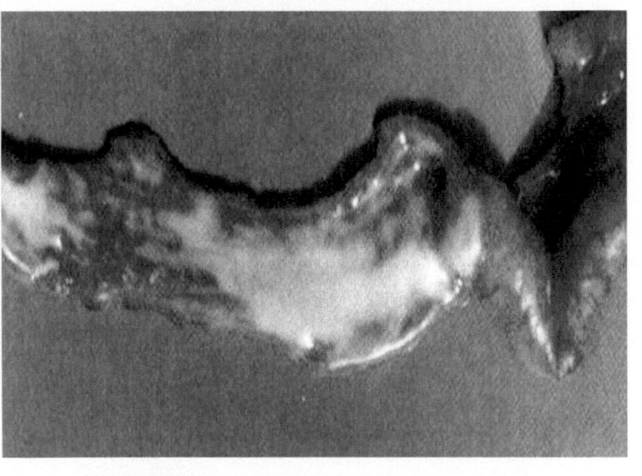

图6-8-14　肠黏膜充血、水肿，内容物混有血液和气泡

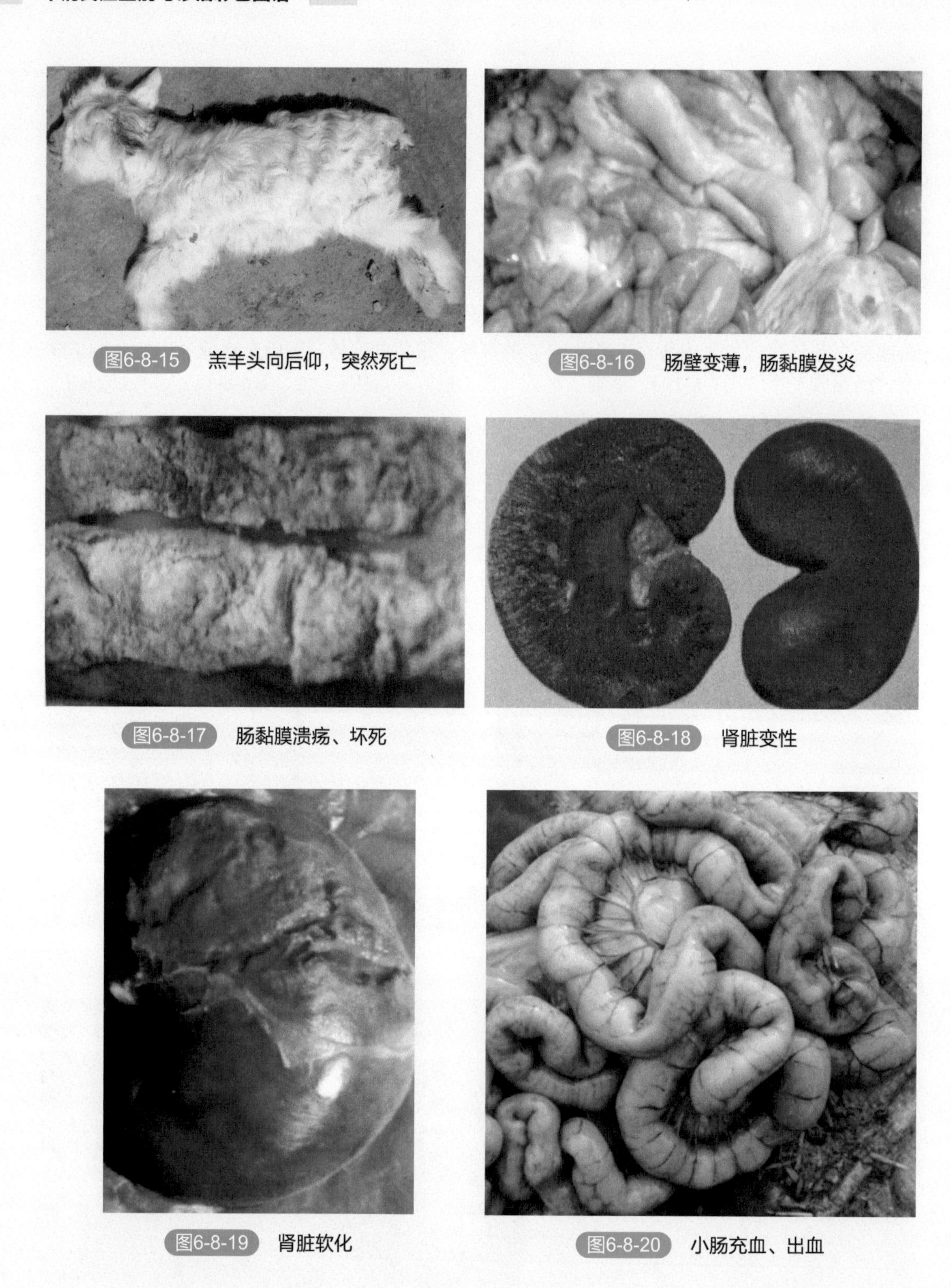

图6-8-15 羔羊头向后仰，突然死亡

图6-8-16 肠壁变薄，肠黏膜发炎

图6-8-17 肠黏膜溃疡、坏死

图6-8-18 肾脏变性

图6-8-19 肾脏软化

图6-8-20 小肠充血、出血

突然发病，猝倒死亡。剖检可见体腔积液，肾软化如泥（图6-8-19），小肠黏膜肠充血、出血，肠壁血红色（图6-8-20），心内、外膜出血（图6-8-21），脑膜出血（图6-8-22），淋巴结肿大，切面黑褐色。

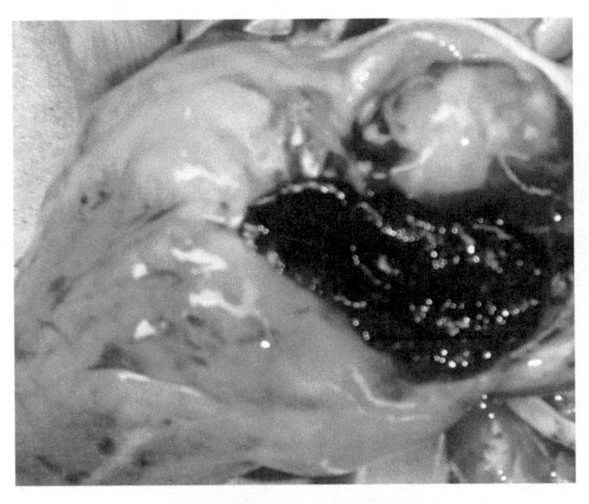

图6-8-21 心外膜出血

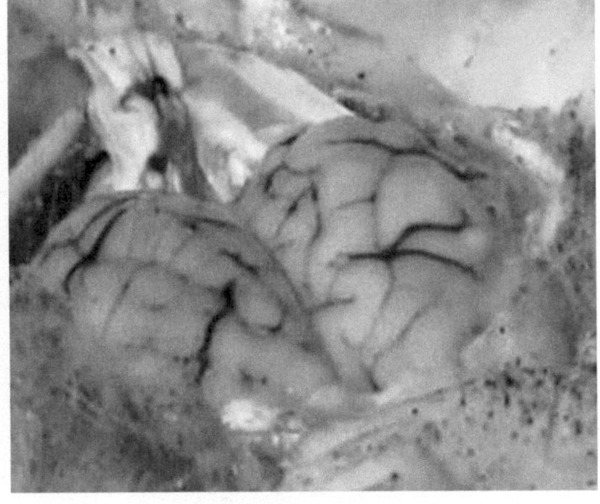

图6-8-22 脑膜出血

14.与羊轮状病毒病鉴别

（1）相似点 均有腹痛，腹泻。

（2）不同点 羊轮状病毒病是由轮状病毒引起的传染病，以5～15天之内的羔羊多发，主要特征是急性的水泻、没有毒血症，在没有继发感染的情况下一般会自愈。剖检可见尸体消瘦，胃内有黄白色凝乳块，小肠膨满、里面有黄色或者黄灰色的液体。

15.与羊沙门氏菌病鉴别

（1）相似点 均有腹痛，腹泻。

（2）不同点 沙门氏菌病是由于沙门氏菌引起的细菌性传染病，多发生于新生羊羔或妊娠后期的成年母羊，羊羔主要表现急性腹泻，急性的毒血症；怀孕最后两个月的母羊先腹泻后流产，体温升高，精神委顿，步态僵硬，阴唇肿胀（图6-8-23），流产，流产前1～2天常流出带血黏液，胎衣不下（图6-8-24），子宫炎，产出羔羊衰弱、腹泻（图6-8-25）。剖检可见败血症病变，组织水肿、充血，脾脏肿胀、有灰色的病灶，胎盘水肿、出血（图6-8-26）。

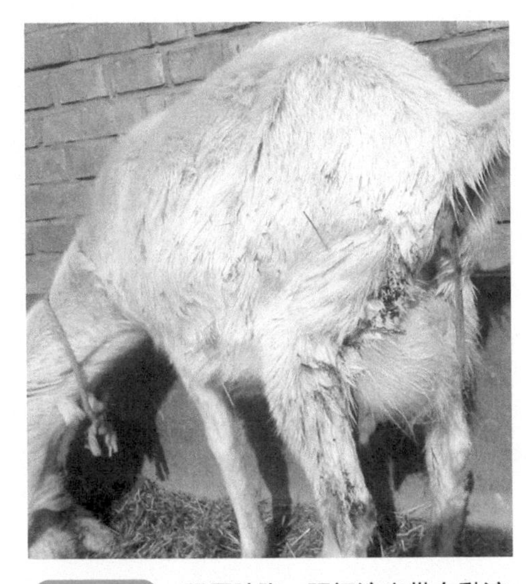

图6-8-23 阴唇肿胀，阴门流出带血黏液

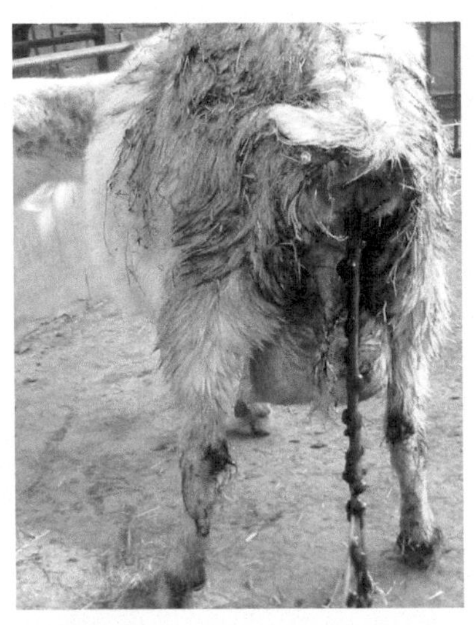

图6-8-24 流产的母羊胎衣不下

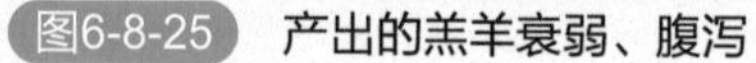

图6-8-25 产出的羔羊衰弱、腹泻

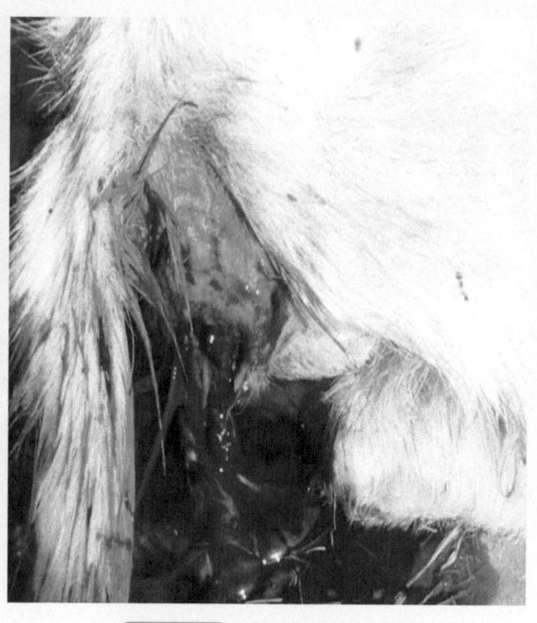

图6-8-26 胎盘水肿、出血

【防治】

1.预防

严格农药管理制度和使用方法，不在喷洒农药地区放牧，拌过农药的种子不得喂羊。

2.治疗

治疗原则是立即实施特效解毒，尽快除去尚未吸收的毒物，并配合对症治疗。

一旦发现中毒，先将患羊牵离中毒现场。经皮肤接触中毒时，用肥皂水或清水洗净皮肤。经口中毒时，可用大量清水、肥皂水和浓盐水反复洗胃（但需注意，敌百虫、硫特普、八甲磷、二嗪农等农药中毒，不能用碱性液体清洗皮肤和洗胃）。然后灌服盐类泻剂，禁用油类泻剂。

及时使用解毒药物，轻度中毒羊皮下或静脉注射1%的硫酸阿托品0.5～1毫克/千克体重，每隔1～2小时重复1次，直至症状减轻为止。中度中毒，特别是经消化道吸收者，阿托品用量可加大2～4倍，静脉注射，每隔半小时重复1次，待阿托品化后每3～5小时按维持量注射。重度中毒，经皮肤中毒者，阿托品的用量、用法与经消化道的中度中毒相同；经消化道吸收中毒者，阿托品的用量为轻度中毒的5～10倍，静脉注射，每隔10～30分钟重复使用，待阿托品化后每1～2小时减量注射。

严重中毒需配合使用特效解毒剂解磷定或氯解磷定，均按每次15～30毫克/千克体重，用生理盐水稀释成10%的溶液，缓慢静注，每2～3小时1次，直到症状缓解后酌情减量或停药。强心、补液、护肝，可用10%葡萄糖注射液500毫升，10%～20%安钠咖或樟脑磺酸钠溶液，静脉注射。同时对症治疗，加强护理，根据病情可应用呼吸中枢兴奋药，镇静、镇痛、解痉及抗感染药。

九、尿素中毒

反刍动物瘤胃内的微生物可将尿素或铵盐中的非蛋白氮转化为蛋白质。人们利用尿素或铵盐加入日粮中以补充蛋白质来饲喂羊，用于畜牧生产，但补饲不当或过量即可发生中毒。

【病因】

（1）超量使用尿素和铵盐（亚硫酸铵、硫酸铵、磷酸氢二铵）等饲用蛋白质代替物，尿素就会快速分解，并导致与瘤胃微生物合成菌体蛋白的速度不相符，瘤胃壁非常容易吸收多余氨，并进入血液，从而中毒。

（2）由于误食含氮化学肥料（尿素、硝酸铵、硫酸铵）或者饲喂不合理而引起中毒。另外，羊只饮用过多的尿素溶液，或者没有过渡就突然饲喂大量尿素，或者喂后立即饮水而发生中毒。

（3）生理因素　饲料中含有较少的糖类，且添加过大比例的豆科饲料，肝功能发生紊乱，瘤胃pH值超过8.0，过度饥饿或者间断性饲喂尿素等，都能够诱发尿素中毒。

【症状】

发病羊大约1小时后出现中毒症状，多为急性经过，主要特征是呼吸困难和强直性痉挛等。发病初期，病羊表现为精神沉郁，呆滞，来回走动，烦躁不安，呻吟，反刍停止，腹胀，肌肉发抖，走路来回摇摆，肌肉震颤，共济失调，步态踉跄，呼出气有氨味。发病中期，病羊食欲废绝，瘤胃出现程度不同的臌气，反射机能亢进，心跳加速，节律不齐，强直性痉挛，角弓反张，失去知觉。发病后期，病羊呼吸极度困难，脉搏增数，瞳孔散大，大量出汗，口吐白沫，排粪失禁，鼻孔内流出红褐色液体，眼球下陷，黏膜发绀。2小时后病羊倒地，四肢出现游泳样运动，3小时左右窒息死亡。

【病理变化】

病羊皮下瘀血，腹腔内有强烈的腐败气味。瘤胃饱满，浆膜呈暗褐色，切开后有刺鼻的氨味，黏膜脱落（图6-9-1），底部出血（图6-9-2）。肠黏膜脱落出血，尤其是小肠前段的出血和溃疡严重。肝脏肿大，含血量多（图6-9-3），质地变脆，胆囊扩张，充满胆汁（图6-9-4）。肾脏肿大，有大量的尿酸盐沉积。肺脏瘀血，肺脏水肿，外观呈大理石状，支气管内有粉红色泡沫状分泌物。心外膜有鲜红色弥漫性出血点。

图6-9-1　瘤胃黏膜脱落

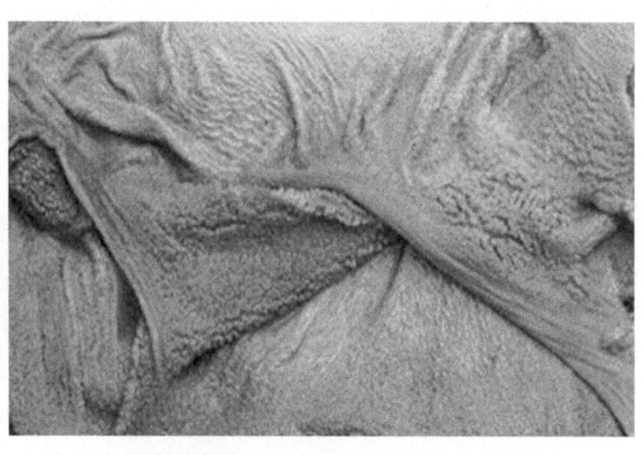

图6-9-2　瘤胃黏膜充血、出血

图6-9-3 肝脏肿大，含血量多

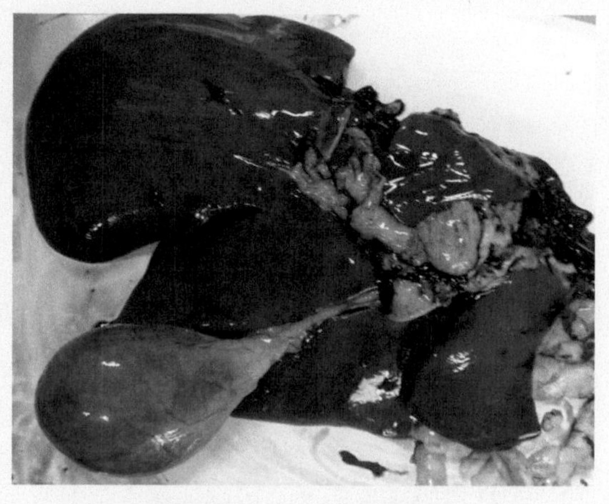

图6-9-4 胆囊充满胆汁

【诊断】

根据采食尿素的病史，中毒的临床症状以及病理剖检变化，可做出确诊。

【类症鉴别】

1.与羊食盐中毒鉴别

（1）相似点　均有兴奋不安，口流泡沫液体，阵发痉挛，瞳孔散大，最后昏睡而死。剖检可见胃肠黏膜充血、出血。

（2）不同点　食盐中毒盲目行走，后肢拖地，血检血钠超过正常值；尿素中毒腹胀、腹痛，剖检可见胃内容物有氨味。

2.与羊氢氰酸中毒鉴别

（1）相似点　均有不安，步态不稳，流口水，腹痛，气胀，呼吸困难，瞳孔散大，衰弱。剖检可见胃肠黏膜充血、出血。

（2）不同点　羊氢氰酸中毒是因采食富含氰苷的食物而发病，结膜鲜红，突然倒地抽搐而死，剖检可见血液鲜红，凝固不良，氰化高铁法检验滤纸呈现蓝或蓝绿色。

3.与羊有机磷中毒鉴别

参见“八、有机磷中毒”部分的鉴别。

【防治】

1.预防

饲喂尿素必须严格控制喂量，通常控制在精料总量的3.3%以内，或者按照体重的0.02%～0.05%饲喂。成年羊每天饲喂总量适宜控制在10～15克比较安全，但注意要分成2～3次饲喂，可先在饮水中添加定量的尿素，然后再与精料均匀混合后饲喂。饮水中溶解尿素后不能够直接饮用或者单纯饲喂尿素，同时饲喂也不能够立即饮水，喂完尿素1～2小时后再饮水，尤其是病羊更不能饲喂，否则非常容易造成中毒。尿素必须与一定量的容易消化的碳水化合物或者精料混合饲喂，但不能够与未经过高温处理的豆饼、苜蓿、苕子、大豆等混合饲喂。另外，可在日粮中适当增加骨粉和硫酸钠或者硫酸钾，提高尿素的利用率。

2.治疗

中毒初期，为了控制尿素继续分解，中和瘤胃中所生成的氨，应该灌服0.5%的食醋200～300毫升，或者灌给同样浓度的稀盐酸或乳酸；若有酸羊奶时，可灌服酸奶500～750毫升或给羊灌服1%醋酸200毫升，糖100～200克加水300毫升，可获得良好效果。病羊症状严重时，可对瘤胃进行穿刺，释放里面的气体以缓解瘤胃臌胀和呼吸困难的症状，再直接将适量的糖水和食醋注入瘤胃内。同时，病羊还要静脉注射适量的有效解毒剂，如10%～25%葡萄糖液300～500毫升，10%硫代硫酸钠50～100毫升，同时采取相应的对症治疗，病羊按每千克体重肌内注射0.5克地西泮以抑制痉挛。

十、硒中毒

硒中毒是动物采食大量含硒牧草、饲料或补硒过多而引起动物的精神沉郁、呼吸困难、步态蹒跚、脱毛、脱蹄壳等综合症状的一种疾病。急性中毒（又名瞎撞病）以出现神经系统症状为特征；慢性中毒（又名碱病）则以消瘦、跛行、脱毛为特征。

【病因】

土壤含硒量高，导致生长的粮食或牧草含硒量高，动物采食后引起中毒。硒制剂用量不当，如治疗白肌病时亚硒酸钠用量过大，或动物饲料添加剂中含硒量过多或混合不均匀等都能引起硒中毒。此外，用工业污染的含硒废水灌溉，使作物、牧草被动蓄硒而导致硒中毒。

【症状】

（1）急性中毒时，羊表现不安，后则精神沉郁（图6-10-1），头低耳耷，卧地时回头观腹，呼吸困难，运动障碍，可视黏膜发绀，心跳快而弱，往往因虚脱、窒息而死。中毒羊死前高声鸣叫（图6-10-2），鼻孔流出白色泡沫状液体（图6-10-3）。

（2）慢性中毒时，动物表现为消化不良，逐渐消瘦，贫血，反应迟钝，四肢无力，卧地不起（视频6-10-1），头颈侧弯（图6-10-4）。此外，慢性硒中毒还可影响胚胎发育，造成胎儿畸形及新生仔畜死亡率升高。

视频6-10-1

扫码观看：硒中毒

（病羊反应迟钝，四肢无力，卧地不起）

图6-10-1 病羊精神沉郁

图6-10-2 中毒羊死前高声鸣叫

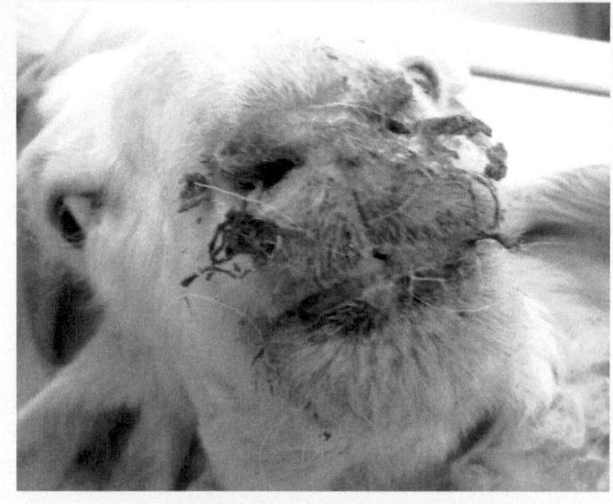

图6-10-3 病羊鼻孔流出泡沫

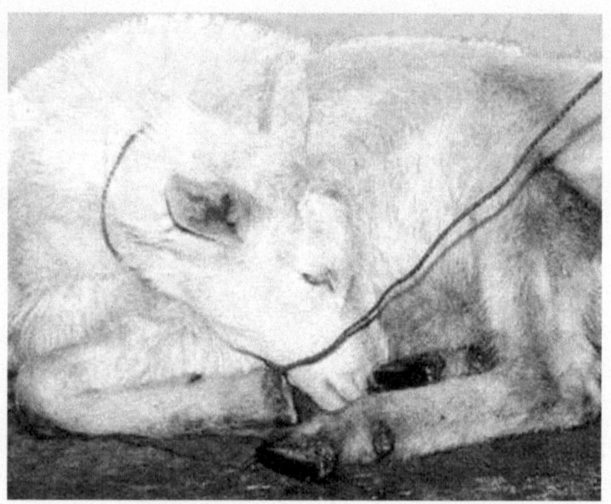

图6-10-4 卧地不起，头颈侧弯

【病理变化】

急性中毒动物表现为全身出血，肺充血、水肿（图6-10-5），腹水增多，肝、肾变性。急性硒中毒羊的气管内充满大量白色泡沫状液体（图6-10-6）。亚急性及慢性中毒时，肝脏萎缩、坏死或硬化，脾肿大并有局灶性出血，脑水肿、软化等。

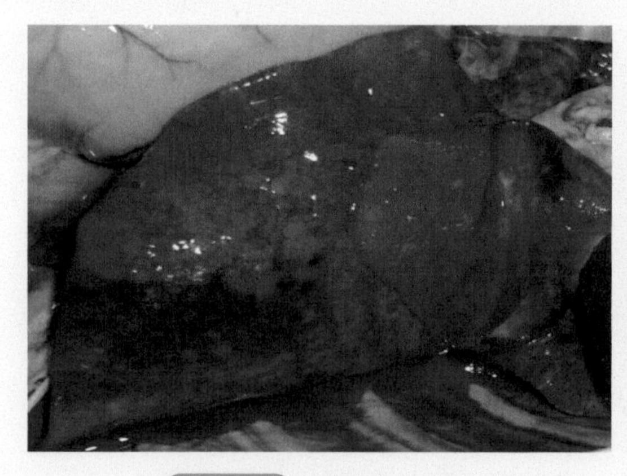

图6-10-5 肺充血、水肿

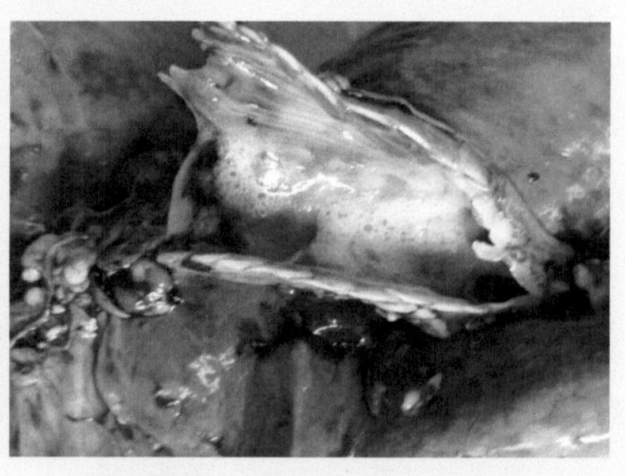

图6-10-6 气管充满白色泡沫状液体

【诊断】

本病可根据在富硒地区放牧，或采食富硒饲料及添加剂，以及有硒剂治疗史，再结合临床症状、病理变化，可做出初步诊断。 此外，血硒含量高于0.21 微克/克可作为山羊硒中毒的早期诊断指标。

【类症鉴别】

与羊疯草中毒鉴别

（1）相似点 均有四肢无力，运动障碍。

（2）不同点 羊疯草中毒是由豆科植物中的棘豆属和黄芪属的一些植物（疯草）所引起的多种家畜的中毒性疾病。主要表现为运动障碍和衰竭，因后肢不灵活，驱赶时后躯常向一侧歪斜，严重时机体麻痹、卧地（图6-10-7），最终衰竭死亡。妊娠母羊出现流产或胎儿畸形（图6-10-8）。而硒中毒是由于采食大量含硒牧草、饲料或补硒过多而引起的一种中毒性疾病，临床上出现呼吸和运动功能障碍等症状。羊急性硒中毒表现卧地回头观腹、呼吸困难、可视黏膜发绀，死前高声鸣叫，从鼻孔流出白色泡沫状液体。慢性中毒出现消瘦、贫血、脱毛、蹄壳脱落、步态不稳等症状。

【防治】

1.预防

高硒牧场中，土壤加入氯化钡并多施酸性肥料，以减少植物对硒的吸收；在富硒地区，增加动物日粮中蛋白质、硫酸盐、砷酸盐等含量，以促进动物对硒的排出。在缺硒地区，临床预防白肌病或饲料添加硒制剂要严格掌握用量，必要时，可选小范围试验再大范围使用。

2.治疗

急性硒中毒无特效疗法，慢性硒中毒可用砷制剂治疗。在饲料或饮水中加0.1%对氨苯胂酸或饲料中加5毫克/千克的亚砷酸钠或砷酸钠（饮水加5 ～ 25毫克/千克），可预防和治疗本病。给予高蛋白（鸡蛋白、煮黄豆浆、亚麻籽油），可降低硒的毒性。日粮中加入50 ～ 100毫克/千克对氨苯胂酸，可促进硒从胆汁排出。在治疗过程中，不要用维生素C，因其能减少硒的排泄。用10% ～ 20%的硫代硫酸钠以0.5毫升/千克静注，有助于减轻刺激症状。

图6-10-7 病羊卧地不起

图6-10-8 产出畸形胎儿

十一、铜中毒

本病是由于给羊长期摄入过多铜盐而引起中毒的疾病。急性者以呕吐、流涎、剧烈腹痛、腹泻为特征。慢性中毒则以瘤胃弛缓、溶血、贫血、黄疸和血红蛋白尿、粪少呈黑褐色为特征。

【病因】

在使用过含铜喷雾或土壤含铜量高的牧场放牧，饲料中添加铜盐过多（如用猪料喂羊），误食杀虫或杀灭蜗羊的铜制剂，均可引发本病。

【症状】

本病分为急性和慢性。急性中毒主要表现精神不佳、严重口渴、流涎、衰竭、心动过速、脉搏微弱而快、磨牙、剧烈腹痛、呼吸加速、褐色水样腹泻、肌肉痉挛、惊厥、昏迷、麻痹和虚脱，最后死亡。粪便中含有黏液，呈深绿色。慢性病例则表现精神高度沉郁，体温40℃以上，呼吸36次/分钟以上，脉搏120次/分钟以上，厌食，呼吸困难，可视黏膜苍白或黄染（图6-11-1），走路摇晃（图6-11-2），虚弱无力，羊群消瘦（图6-11-3），肌肉震颤，卧地不起，触诊背部、臀部肌肉有痛感。尿中含有血红蛋白，粪便变黑。谷草转氨酶、精氨酸酶活性升高，血铜升高。

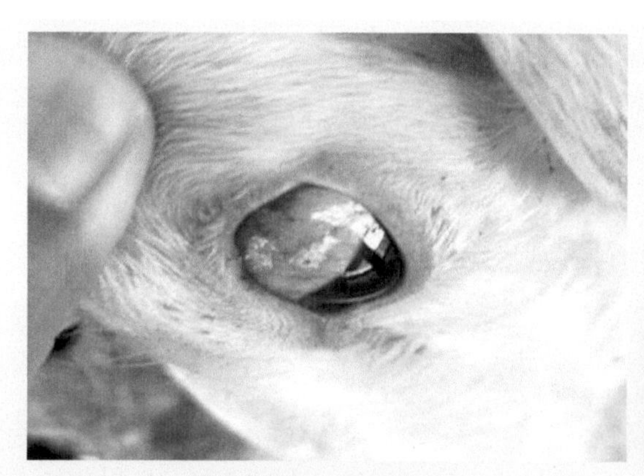
图6-11-1 结膜黄染

图6-11-2 走路摇晃

图6-11-3 羊群消瘦

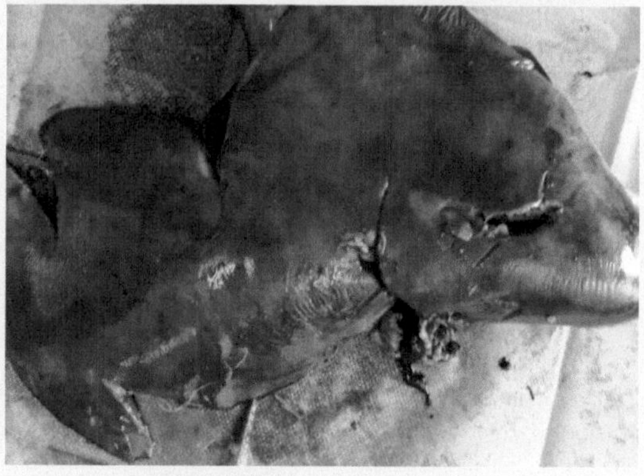
图6-11-4 肝脏呈土黄色

【病理变化】

尸体剖检特征变化为溶血性贫血和黄疸，可见血液稀薄，呈巧克力色，黏膜黄染，胸腔、腹腔有红色积液，肝瘀血肿大、质脆，呈土黄色（图6-11-4），有灶性坏死，广泛的肝小叶中心坏死，胞浆严重空泡化，肝细胞溶解，出现局限性纤维化。胆囊扩张，充满浓稠绿色胆汁（图6-11-5）。肾肿大，呈古铜色，有出血斑点（图6-11-6），膀胱出血，肾小管上皮变质。脾肿大，呈暗黑色、变软（图6-11-7），肝、脾细胞内有大量含铁血黄素沉着。皮下、肌间、大网膜等处脂肪变软，发黄，感官差（图6-11-8）。有出血坏死性胃肠炎，以皱胃最严重，肠内容物呈深绿色。

【诊断】

根据贫血、黄疸、褐色尿等临床症状，长期摄食铜污染的饲料或肝毒性植物的病史，以及剖检时肝和脾的特征变化可以做出诊断。进行胃内容物和粪便分析有助于本病的诊断，取胃内容物和粪便加入氨水，若由绿变蓝，则为阳性。实验室发现血铜为1～2毫克/100毫升或肝铜1000～3000毫克/千克（干重），可做出肯定诊断。

【类症鉴别】

1.与羊钩端螺旋体病鉴别

（1）相似点　均有黄疸，血性腹泻，血红蛋白尿。

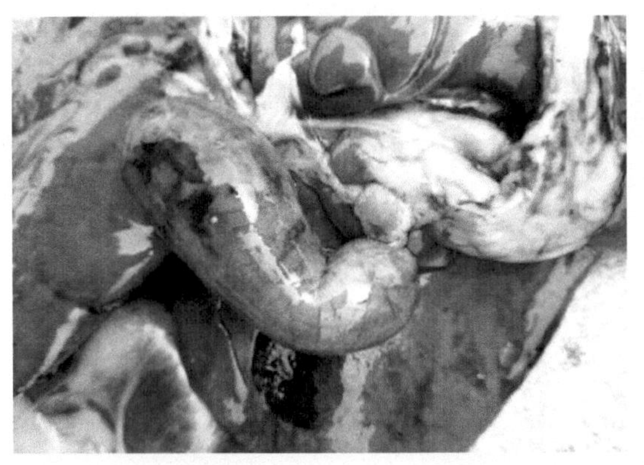

图6-11-5　肝脏肿大，胆囊扩张

图6-11-6　肾脏肿大，呈古铜色，有出血斑点

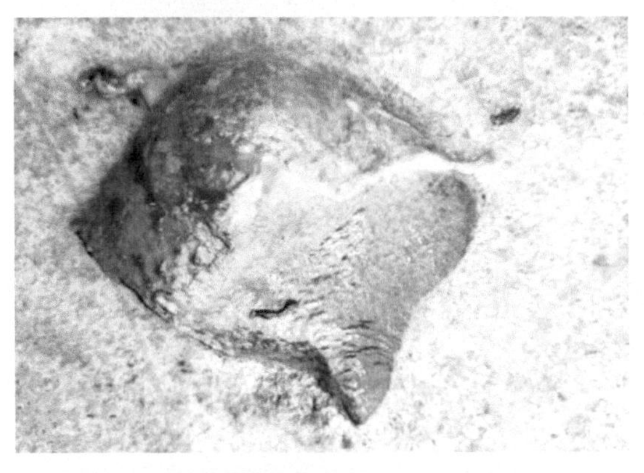

图6-11-7　脾脏肿大，色黑

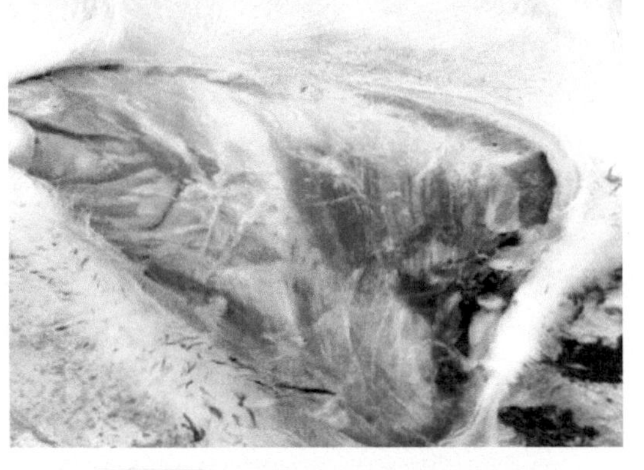

图6-11-8　皮下、肌间等处脂肪变软

（2）不同点　羊钩端螺旋体病是由钩端螺旋体引起的传染病，本病夏秋季节多发，体温升高，皮肤黏膜出血坏死，肾脏皮质部有散在灰白色坏死灶。

2.与羊巴贝斯虫病鉴别

（1）相似点　均有黄疸，血红蛋白尿。

（2）不同点　羊巴贝斯虫病的病原为巴贝斯虫，由蜱传播，体温升高，腹泻，剖检可见淋巴结肿大，有出血点，血检可见巴贝斯虫。

3.与羊泰勒焦虫病鉴别

（1）相似点　均有黄疸，血性腹泻，血红蛋白尿。

（2）不同点　羊泰勒焦虫病的病原泰勒焦虫，由蜱传播，体温升高，肢体僵硬，肩前淋巴结急性肿大，腹泻和便秘交替，剖检可见全身淋巴结充血、出点，肝脾涂片可见石榴体，血检可见泰勒焦虫（图6-11-9）。

4.与羊附红细胞体病鉴别

（1）相似点　均有黄疸，血红蛋白尿。

（2）不同点　羊附红细胞体病的病原为附红细胞体，体温升高，血检可见大部分红细胞呈锯齿状、星状或菜花状（图6-11-10），在红细胞上见到球状虫体，其周围血浆中的虫体有较强的运动性，可前后移动，上下翻滚，运动速度慢，运动中形态会发生变化。而羊铜中毒的血液无明显外观变化。

5.与羊棉籽饼中毒鉴别

（1）相似点　均有黄疸，血便，血红蛋白尿。

（2）不同点　羊棉籽饼中毒是因采食未经脱毒的棉籽饼而发病，表现羞明流泪，夜盲症，佝偻病，尿石症，繁殖机能障碍，硫酸中加入棉籽饼呈胭脂红色。

6.与羊妊娠毒血症鉴别

（1）相似点　均有皮肤、黏膜发黄，肝脏呈土黄色。

（2）不同点　羊妊娠毒血症是由于碳水化合物和挥发性脂肪酸代谢障碍而发生的代谢病，以低血糖、高血脂、酮血、酮尿、失明为主要特征，表现运动失调，视力减退，意识障碍，呼出气有烂苹果气味（图6-11-11）。

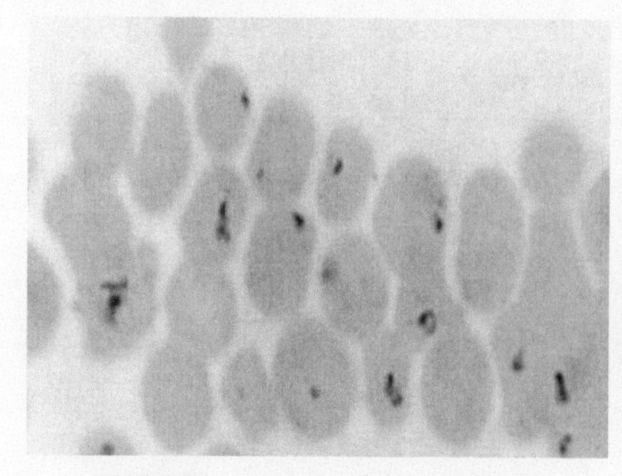

图6-11-9　红细胞内寄生的羊泰勒焦虫

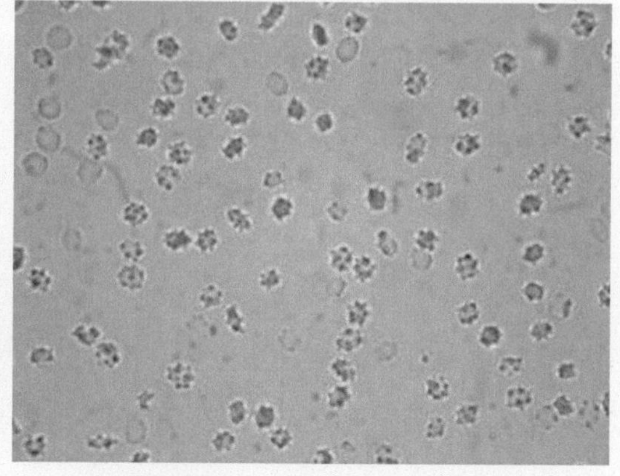

图6-11-10　红细胞周边的附红细胞体

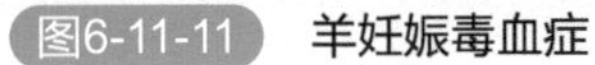
图6-11-11 羊妊娠毒血症

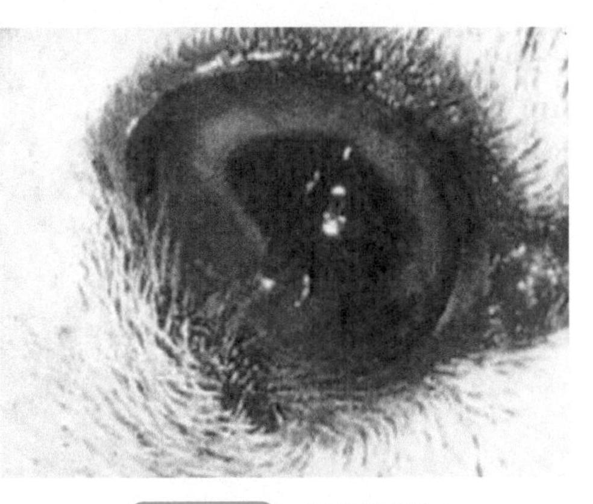

图6-11-12 眼结膜潮红

7.与羊杂色曲霉毒素中毒鉴别

（1）相似点　均有黄疸，血便。

（2）不同点　羊杂色曲霉毒素中毒是由于杂色曲霉菌污染了大麦、小麦、玉米、花生、谷草、燕麦草等产生毒素而引起，多为亚急性经过，临床上表现逐渐消瘦、虚弱，食欲减退或废绝，结膜潮红（图6-11-12）、黄染，重者皮肤呈黄色。

【防治】

1.预防

防止用硫酸铜喷雾污染草料，药用硫酸铜制剂要严格掌握用量，以及使用补加铜饲料添加剂时，必须混合均匀，控制喂量。在高铜草地放牧的羊，可在精料中加入9.5毫克/千克的钼、50毫克/千克的锌及0.2%的硫元素，不仅可预防铜中毒，而且有利于被毛生长。减少应激原的刺激，同时补充少量钼酸铵（含7毫克钼/千克），可预防铜中毒。

2.治疗

治疗原则是消除致病因素，加速毒物的排除及解毒疗法。首先应把病羊置于安全处所，更换饲料，加强护理。促进铜盐的排出，可用0.1%亚铁氰化钾溶液洗胃，也可灌服羊奶、蛋清、豆浆或活性炭等肠黏膜保护剂，以减少铜盐的吸收。排除已吸收的铜盐，可应用乙二胺四乙酸二钠钙或二巯基丁二酸钠。慢性中毒者，每天在日粮中可给予钼酸铵50～500毫克、硫酸钠0.3～1克，连续3周，可使羊群停止死亡。

参考文献

[1] 王建辰等. 羊病学[M]. 北京：中国农业出版社，2002.

[2] 陈怀涛. 羊病诊疗原色图谱[M]. 北京：中国农业出版社，2008.

[3] 丁伯良. 羊的常见病诊断图谱及用药指南[M]. 北京：中国农业出版社，2008.

[4] 马玉忠. 简明羊病诊断与防治原色图谱[M]. 北京：化学工业出版社，2009.

[5] 马玉忠. 羊病诊治原色图谱[M]. 北京：化学工业出版社，2013.

[6] 金东航，马玉忠. 牛羊常见病诊治彩色图谱[M]. 北京：化学工业出版社，2014.

[7] 马玉忠. 肉羊防疫保健手册[M]. 北京：金盾出版社，2016.

[8] 马玉忠. 羊病防治新技术宝典[M]. 北京：化学工业出版社，2017.